中国地质调查成果 CGS 2022-001

"长江中游武汉城市群三维地质调查"

(项目编号:1212011220256、1212011220255、12120113104500)

武汉城市三维地质调查与建模

WUHAN CHENGSHI SANWEI DIZHI DIAOCHA YU JIANMO

裴来政　胡正祥　吴　军　王节涛　霍　炬　张宏鑫　等编著

图书在版编目(CIP)数据

武汉城市三维地质调查与建模/裴来政等编著.—武汉:中国地质大学出版社,2022.2
ISBN 978-7-5625-5146-1

Ⅰ.①武…
Ⅱ.①裴…
Ⅲ.①三维-地质调查-研究-武汉 ②三维-地质模型-建立模型-研究-武汉
Ⅳ.①P622 ②P628

中国版本图书馆CIP数据核字(2021)第249618号

| 武汉城市三维地质调查与建模 | 裴来政 胡正祥 吴 军 王节涛 霍 炬 张宏鑫 | 等编著 |

| 责任编辑:韦有福 王凤林 | 选题策划:韦有福 王凤林 | 责任校对:徐蕾蕾 |

出版发行:中国地质大学出版社(武汉市洪山区鲁磨路388号)　　邮编:430074
电　　话:(027)67883511　　传　　真:(027)67883580　　E-mail:cbb@cug.edu.cn
经　　销:全国新华书店　　　　　　　　　　　　　　　　　http://cugp.cug.edu.cn

开本:880毫米×1230毫米　1/16　　　　　　　　　　字数:444千字　　印张:14
版次:2022年2月第1版　　　　　　　　　　　　　　印次:2022年2月第1次印刷
印刷:武汉中远印务有限公司

ISBN 978-7-5625-5146-1　　　　　　　　　　　　　　　　　　　　定价:180.00元

如有印装质量问题请与印刷厂联系调换

前　言

2012年,在中国地质调查局统一部署下,中国地质调查局武汉地质调查中心启动了"长江中游武汉城市群三维地质调查试点"项目。武汉作为试点城市之一,开展了武汉城市群三维地质调查工作,工作周期为2012—2014年。项目的总体目标任务是在广泛收集武汉城市群地质资料的基础上,开展武汉城区基础地质和水工环地质综合调查,重点调查区域地质背景、工程地质条件和水文地质条件,加强区域地质调查与水工环地质调查的结合,建立三维地质调查数据库,构建三维地质模型,为国土主体功能区划、城市规划与建设等提供地质科学依据。本书相关成果可为浅覆盖区城市三维地质调查工作提供借鉴和参考。

"长江中游武汉城市群三维地质调查"项目由武汉地质调查中心、湖北省地质环境总站和湖北省地质调查院3家单位共同承担,主要围绕武汉城市发展所面临的或亟待解决的城市地质环境问题,采用多学科、多方法、多手段开展综合地质调查与研究,基本查明武汉地区地质环境条件和自然资源状况,分析影响城市环境与安全的重大地质问题。本书在完成1∶5万横店镇幅和茅庙集幅区域地质调查及相关图件报告的编制,1∶5万横店镇幅、茅庙集幅、金口镇幅、武汉市幅、汉阳幅和武昌幅区域水文地质与工程地质补充调查及相关图件报告修编的基础上,系统收集了自20世纪50年以来不同时期、不同部门取得的区域地质、工程地质、水文地质、地球化学调查、环境地质和地质灾害、地质资源、地球物理勘探、遥感地质等各类钻孔和测试资料,建立了武汉地区城市地质数据库,建成了武汉地区三维可视化城市地质信息管理与服务系统,促进了"数字城市"建设。基于MapGIS K9平台,本书采用分块交互式方法构建了横店镇幅、茅庙集幅、汉阳幅、武汉市幅、金口镇幅和武昌幅区域范围一定精度的复杂地质体模型。本书也是3年来地质调查工作成果的总结和提炼。

需要说明的是,本书中提到的武汉地区以及工作区,是指1∶5万横店镇幅、茅庙集幅、汉阳幅、武汉市幅、金口镇幅和武昌幅6个图幅范围,总面积约2700km^2,基本包括了武汉市中心城区和大部分的发展区。

本书共分为6章,第一章由裴来政、张宏鑫编写;第二章由胡正祥、霍炬、王节涛、杜小锋、陈曦、冯稳编写,其中阳逻砾石层专题研究内容由王节涛编写;第三章由吴军、郑金龙、王芮琼编写;第四章由吴军、文美霞、裴来政编写,其中第四节由裴来政编写;第五章第一节、第二节和第四节由吴军、涂婧、李怡然编写,第三节和第五节由胡正祥、霍炬编写;第六章由裴来政、王节涛、张宏鑫、许珂、余绍文编写。全书由裴来政统稿。

本项目自始至终得到了中国地质调查局基础部、水环部,中国科学院地质研究所,三峡大学,武汉工程大学等单位及各级领导的支持与帮助。项目在实施过程中还得到了武汉地质调查中心鄢道平、赵小明、黄长生、牛志军、金维群、胡光明、霍志涛,湖北省地质调查院张汉金、毛新武、田望学、李雄伟、何仁亮,湖北省地质环境总站徐贵来、肖尚德、杨世松等领导及专家的指导,在此表示衷心的感谢。对参与项目野外调查工作的三峡大学肖尚斌、张业明、向薇、张晓娟、刘力,武汉工程大学王威、徐亚杏,湖北省地质调查院胡万强,湖北省地质环境总站的张晖、熊志涛等,在此一一表示感谢。

本书中所引用的文献资料和成果报告将尽可能地在参考文献中列出,所引用较重要的数据或者图件出处将尽可能地在书中加以标注,如有遗漏或者无法明确罗列的情况,恳请相关单位和作者谅解。

由于作者的认知水平有限,书中难免存在不足之处,敬请读者批评指正。

编著者

2021 年 11 月

目 录

第一章 武汉城市地质工作概况 …………………………………………………… (1)
　　第一节 概 述 ……………………………………………………………………… (1)
　　第二节 武汉城市地质以往工作程度 …………………………………………… (1)
第二章 基础地质 ……………………………………………………………………… (10)
　　第一节 基岩地质 ………………………………………………………………… (10)
　　第二节 第四纪地质 ……………………………………………………………… (18)
　　第三节 地质构造 ………………………………………………………………… (43)
　　第四节 新构造运动与区域稳定性评价 ………………………………………… (60)
第三章 水文地质与工程地质 ………………………………………………………… (69)
　　第一节 水文地质条件 …………………………………………………………… (69)
　　第二节 工程地质条件 …………………………………………………………… (87)
第四章 主要环境地质问题探讨 ……………………………………………………… (101)
　　第一节 概 述 ……………………………………………………………………… (101)
　　第二节 岩溶地面塌陷 …………………………………………………………… (102)
　　第三节 软土地面沉降 …………………………………………………………… (128)
　　第四节 湖泊消退 ………………………………………………………………… (130)
第五章 地质资源 ……………………………………………………………………… (138)
　　第一节 地质资源综述 …………………………………………………………… (138)
　　第二节 地下水资源 ……………………………………………………………… (138)
　　第三节 矿产资源 ………………………………………………………………… (145)
　　第四节 地下空间资源及适宜性评价 …………………………………………… (150)
　　第五节 地质景观资源及评价 …………………………………………………… (161)
第六章 三维地质数据库与地质建模 ………………………………………………… (174)
　　第一节 城市三维地质数据库 …………………………………………………… (174)
　　第二节 三维地质建模 …………………………………………………………… (187)
　　第三节 三维地质建模成果应用 ………………………………………………… (209)
主要参考文献 ………………………………………………………………………… (213)

第一章　武汉城市地质工作概况

第一节　概　述

　　武汉市地处我国中部,位于江汉平原东缘,是建设中的国家中心城市。武汉是国家历史文化名城,是中国楚文化的重要发祥地。距今 5000 多年前的新石器时代,已有先民在此繁衍生息,区内的盘龙城遗址有 3500 年历史。清末洋务运动使武汉工业兴起,经济迅速得到发展,使其成为近代中国重要的经济中心。武汉也是中国民主革命的发祥地。武昌起义作为辛亥革命的开端,具有重要的历史意义。同时武汉还是中国重要的科教中心。截至 2019 年末,武汉有普通高校 84 所,教育部直属全国重点大学 7 所,科技研究机构 101 个,国家重点实验室 22 个,国家工程实验室 4 个,国家级工程技术研究中心 28 个,拥有中国科学院院士 31 人,中国工程院院士 41 人。

　　武汉市位于我国中原腹地,北以秦岭山脉为屏,冬季西北风不能肆虐,夏季太平洋湿热气流通过东南部平原及丘陵进入本区,形成四季分明、夏日湿热、冬季干冷的亚热带湿润季风气候特征。工作区年平均气温 15.9℃,极端最高气温 41.3℃(1943 年 8 月 10 日),极端最低气温 -18.1℃(1977 年 1 月 30 日);降水多集中在 4~9 月,多年平均降水量 1 261.2mm,年最大降水量 2 107.1mm(1889 年),年最小降水量 575.9mm(1902 年);5~8 月多暴雨,最大日降水量 332.6mm(1959 年 6 月 8 日);4~7 月盛行东南风,其余为北风或东北风,最大风力 8 级,风速达 27.9m/s(1956 年 3 月 17 日)。

　　武汉市水系发育,汉江与长江在此相汇,构成主干水系和庞大水网,江河纵横,湖泊星罗棋布。长江左岸有汉江、府河、后官湖、南太子湖、什湖、墨水湖、东西湖、后湖等;长江右岸有巡司河、斧头湖、青菱湖、汤逊湖、南湖、东湖、沙湖、严西湖、严东湖等。武汉市城区湖泊水系主要有汤逊湖水系、东沙湖水系、北湖水系、东湖水系等,城区水域总面积达 191.21km²,占全市总面积的 13.98%,居全国大城市之首,淡水资源充足。

第二节　武汉城市地质以往工作程度

　　武汉市在区域地质调查、水文地质调查、工程地质调查、环境地质调查、地球物理勘查、地球化学调查、遥感地质调查等方面开展了大量的工作,在地学各领域都取得了丰硕的成果。

一、区域地质调查

1. 以往工作程度

武汉市已开展的区域地质调查工作情况详见表1-2-1，武汉市除西部盆地区域未开展1∶20万区域地质调查(亦简称区调)外，其余地区已基本覆盖，已完成和正在开展1∶5万地质调查的图幅共22幅，其余10幅未进行1∶5万地质调查。1985年编制了《武汉市主城区系列地质图(1∶5万)》及说明书，涉及11个1∶5万图幅(其中6个完整图幅)，总面积3 765.5 km²；2010年完成了6幅1∶5万武汉市区域地质调查图，编制了《武汉地区基岩地质图》《第四纪地貌地质图》等；2014年完成的武汉市三维城市地质调查项目，初步建立了武汉主城区和其他发展区的城市三维地质数据库与三维地质模型。

表1-2-1 以往武汉市区域地质工作情况一览表

工作性质	工作单位(或个人)	成果名称	完成时间/年	工作程度
基础地质	俞建章、郭鸿俊	武汉三镇地质志略	1948	
	北京地质学院	湖北省新洲县地质概述	1958	
	湖北省区域地质测量队	武汉市幅区域地质调查报告	1965	1∶20万区调
	五七油田第三分指挥部	新洲凹陷地质概况	1975	
	湖北省区域地质测量队	罗田幅、黄陂区域地质调查报告	1976	1∶20万区调
	湖北省区域地质矿产调查所	武汉市主城区系列地质图(1∶5万)及说明书	1985	综合调查
	鄂东北地质大队	夫子河幅区域地质调查报告(1∶5万)	1988	区调
	鄂东北地质大队	松林岗幅区域地质矿产调查报告(1∶5万)	1981	矿产调查
	湖北省区域地质矿产调查所	武汉市地质图(1∶5万)及说明书	1990	区调(遥感)
	湖北省区域地质矿产调查所	保安幅区域地质调查报告(1∶5万)	1992	区调(遥感)
	湖北省区域地质矿产调查所	长轩岭、八里湾幅区域地质调查报告(1∶5万)	1993	区调
	鄂东北地质大队	河口镇、红安县幅区域地质调查报告(1∶5万)	1995	区调
	湖北省地质调查院	簰洲镇、范湖乡幅区域地质调查报告(1∶5万)	2002	区调
	湖北省地质调查院	汉阳、武汉市、阳逻镇、金口镇、武昌、豹澥幅区域地质调查报告	2010	区调
	湖北省地质调查院	金牛镇幅、高桥幅区域地质调查报告(1∶5万)	2010	
	湖北省地质调查院	宋埠、新洲区、淋山河、团风县幅区域地质调查报告(1∶5万)	2013	区调
	湖北省地质调查院	武汉市三维城市地质调查(1∶5万茅庙集、横店镇幅)	2014	三维城市地质调查
	湖北省地质调查院	大悟县、丰店、小河、四姑墩幅区域地质调查报告(1∶5万)	2016	区调
	湖北省地质矿产勘查开发局	湖北省地质志及相关图件	1990	专题研究

续表 1-2-1

工作性质	工作单位（或个人）	成果名称	完成时间/年	工作程度
基础地质	李石等	桐柏山-大别山花岗岩类地球化学	1991	专题研究
	周高志等	鄂北蓝片岩带研究	1991	专题研究
	尹伊仁等	桐柏山—大别山地区物探、化探、遥感编图成果综合解释报告及1：50万大别山地区变质构造图	1994	专题研究
	鄂东北地质大队	大别山东部地质走廊总结	1991	专题研究
	鄂东北地质大队	湖北省大别山东段前寒武纪地层序、构造型式及找矿方向研究	1991	专题研究
	索书田、桑隆康、韩郁菁、游振东	大别山前寒武纪变质地体基本组成	1993	专题研究
	李先梓、严阵、卢欣祥	秦岭-大别山花岗岩	1993	专题研究
	湖北省区域地质矿产调查所等	桐柏山—大别山地区元古宙地层层序及含矿性研究（未版稿）	1995	专题研究
	湖北省区域地质矿产调查所周高志等	武当—桐柏—大别山地区高压—超高压变质作用及其构造演化	1995	专题研究
	湖北省区域地质矿产调查所周高志等	湖北北部高压、超高压变质带	1996	专题研究
	湖北省区域地质矿产调查所陈公信、金经纬等	湖北省岩石地层	1996	专题研究
	中国地质科学院地质力学研究所大别山工作组	大别山造山带深部地质与探测	1996	专题研究
	湖北省区域地质矿产调查所	湖北省高压、超高压变质作用及其与围岩的关系	1998	专题研究
	中国地质科学院地质力学研究所大别山工作组	大别山超高压变质作用机理与性质的模拟实验研究	1999	专题研究
	湖北省区域地质矿产调查所周高志等	大别高压、超高压变质地质体的变质作用及其地质演化1：50万大别山地区变质构造图	1999	专题研究
	湖北省地质调查院王建新等	湖北省大别山区1：5万区调片区总结报告	1999	专题研究
	杨巍然、王国灿	大别造山带构造年代学	2000	专题研究
	中国地质科学院地质力学研究所大别山工作组	大别造山过程深部作用与成矿	2000	专题研究
	中国地质科学院地质力学研究所大别山超高压变质作用与碰撞造山动力学编写组	大别山超高压变质作用与碰撞造山动力学	2005	专题研究
	路凤香、张本仁等	秦岭—大别—苏鲁地区岩石圈三维化学结构特征	2005	专题研究
	湖北省地质矿产勘查开发局	湖北省区域地质志	2016	专题研究

续表1-2-1

工作性质	工作单位(或个人)	成果名称	完成时间/年	工作程度
矿产	湖北省区域地质测量队	武汉市幅区域矿产调查报告(1:20万)	1965	专题研究
	湖北省水文地质工程地质大队	长江中游地区地下水资源评价简要报告	1984	专题研究
	湖北省地质局武汉水文地质工程地质大队	武汉市地下热水赋存条件研究：普查阶段中间性报告	1987	专题研究
	湖北省区域地质矿产调查所	武汉地区矿产图及说明书(1:10万)	1988	矿产
	湖北省区域地质矿产调查所	武汉市矿产资源图及说明书(1:5万)	1990	矿区调查
	武汉市国土资源局	武汉市矿产资源总体规划(2006—2020年)	2008	矿产

2. 工作程度评述

以往调查工作基本查明了武汉市区域地层、构造、岩浆活动及矿产特征，初步建立了区域地层系统及地层层序，并查明了各地层之间的接触关系、岩性岩相特征和含矿性；对武汉地区第四系进行了系统研究，新建了5个组级岩石地层单位；确定了地质构造轮廓，对武汉地区的构造特征、褶皱形态、断裂性质及其分布进行了描述，并确定晚更新世存在较明显的断裂活动。本项工作在取得系列成果的同时还存在以下问题：

(1) 涉及武汉市的1:20万区域地质调查工作于20世纪70—80年代完成，时间久远，已不能满足现在城市快速发展的需求。1:5万区域地质调查完成了73%，基岩区完成比例较高，但覆盖区完成比例较低。

(2) 已完成的地质调查工作程度和精度不能满足城市发展由外延扩张式向内涵提升式转型的要求，与武汉中心城市发展及建设绿色生态城市的地质需求尚有差距。

(3) 对活动断裂的精准定位及其活动性和关键带的演变、第四系沉积规律、晚更新世以来长江演化与地质灾害耦合关系、重大工程与生态地质环境多元响应等方面研究不足。

(4) 对新构造运动、区域构造稳定性的研究程度低，特别是对地热等清洁能源及地下空间开发利用等方面的基础地质研究不够。

二、水文地质调查

1. 以往工作程度

武汉市水文地质勘察工作开展广泛而深入，多年来积累了丰富的水文地质成果资料。20世纪60—70年代，湖北省水文地质工程地质大队开展了1:20万武汉市水文地质普查和1:5万武汉市地下水质量评价，对武汉市区域水文地质条件做了深入研究。20世纪80年代湖北省地质局武汉水文地质工程地质队编制了《武汉市水文地质图》(1:5万、1:10万)。1984—1989年，湖北省地质局武汉市水文地质工程地质大队开展了武汉市区水文地质工程地质综合勘察(表1-2-2)。

2. 工作程度评述

总体而言，工作区水文地质调查工作程度较高，开展了多种比例尺的水文地质普查、详查、专门性水

表 1-2-2　武汉市以往水文地质工作一览表

项目名称	类型	时间/年	编制单位
江汉平原水文地质普查武汉地区勘察(1:20万)	区域	1962	湖北省水文地质工程地质大队
武汉市区域水文地质工程地质勘察(1:10万)	区域	1971	湖北省水文地质工程地质大队
江汉平原(武汉幅)水文、工程地质综合普查(1:20万)	综合	1977	湖北省水文地质工程地质大队
武汉市地下水资源区划(1:20万)	供水	1977	湖北省水文地质工程地质大队
武汉幅区域水文地质调查(1:20万)	区域	1978	湖北省水文地质工程地质大队
武汉市地热资源预可行性研究(1:5万)	地热	1978	湖北省水文地质工程地质大队
湖北省武汉市地下水污染调查研究(1:5万)	水环境	1979	湖北省水文地质工程地质大队
武汉市地下水质量评价调查研究(1:5万)	综合	1981	湖北省水文地质工程地质大队
武汉幅区域水文地质普查	区域	1983	湖北省水文地质工程地质大队
武汉市工业区环境水文地质远景区划	水环境	1984	湖北省水文地质工程地质大队
武汉市环境地质及地下水资源详勘研究报告(1:5万)	供水	1986	湖北省地质环境总站
武汉市地下水资源分布概况	供水	1987	湖北省水文地质工程地质大队
武汉市水文地质工程地质综合勘查(1:5万)	综合	1989	湖北省地质局武汉水文地质工程地质大队
武汉市地下水环境背景值调查研究及水质评价	水环境	1989	湖北省水文地质工程地质大队
武汉市地热赋存条件研究(1:50万)	地热	1990	湖北省地质环境总站
武汉市城区区域地质调查(1:5万)	综合	1990	湖北省水文地质工程地质大队
湖北省武汉市区水文地质工程地质综合勘察(1:5万)	综合	1991	湖北省地质环境总站
湖北省地下水水源地开采现状调查及评价	供水	1996	湖北省水文地质工程地质大队
湖北省武汉市地下水资源调查与开发区划(1:10万)	供水	1998	湖北省地质环境总站
武汉市新洲区地下水资源调查与开发区划(1:10万)	供水	1999	湖北省地质环境总站
武汉市2000年地下水资源及环境地质问题预测研究	供水	2000	湖北省地质环境总站
武汉市成井供水水文地质报告	供水	2008	湖北省水文地质工程地质大队

文地质勘察和地下水动态监测工作,取得了丰硕的成果,主要体现在以下几个方面。

(1)区域水文地质工作。初步查明了武汉地区含水层结构、分布特征,地下水的补给、径流、排泄条件及地下水化学特征,评价了地下水资源量。

(2)综合性水文地质工作。通过大量的水文地质调查、钻探、水文地质试验等手段,基本掌握了武汉市乃至江汉平原的地下水整体补给、径流、排泄特征以及地下水水化学(水质)信息,划分了不同的水文地质单元,结合地表水与地下水的补给关系以及各区段地下水接受的补给量,圈定出不同的地下水源地范围,评价各范围的地下水量和可开采量,对武汉市地下水的各项化学指标、分布和运移特征做了初步说明。

(3)专门性水文地质工作。结合武汉市的规划分区,对地下水的利用、保护相关问题进行了调查研究,从传统的地下水利用到与工业以及生活相关的地下水污染等都进行过专题调查。

(4)地下水动态监测。长期的水位水质动态监测获取了工作区多年的地下水位水质监测数据,初步查清了地下水与地表水的动态关系,便于合理调整开采水量,初步查明地下水动态变化规律。

三、工程地质调查

1. 以往工作程度

工作区内开展了各项工程地质勘察(调查)工作,积累了丰富的工程地质成果资料。勘察(调查)类型主要包括以下几个方面。

(1)区域工程地质调查。20世纪70年代以来,武汉市区域工程地质调查工作详见表1-2-3。

表1-2-3 武汉市以往区域工程地质工作略表

项目名称	时间/年	单位
武汉市区域水文地质工程地质勘察(1:10万)	1971	湖北省水文地质工程地质大队
江汉平原(武汉幅)水文、工程地质综合普查(1:20万)	1977	湖北省水文地质工程地质大队
湖北省武汉市区域水文地质工程地质勘察报告(1:10万)	1982	湖北省水文地质工程地质大队
武汉市水文地质工程地质综合勘察(1:5万)	1989	湖北省地质局武汉水文地质工程地质大队
武汉市城区区域地质调查(水文、工程、环境地质)(1:5万)	1990	湖北省水文地质工程地质大队
湖北省武汉市区域水文地质工程地质综合勘察报告(1:5万)	1991	湖北省地质局武汉水文地质工程地质大队

(2)大中型工程建设项目勘察。工作区内开展了大量的大中型工程建设,主要有武汉火车站、武昌火车站、汉口火车站、汉阳火车站、武汉国际博览中心、轻轨一号线、武汉三环线(又称武汉中环线)、武汉长江大桥、武汉长江二桥、武汉白沙洲长江大桥、武汉鹦鹉洲长江大桥、武汉杨泗港长江大桥、武汉天兴洲长江大桥、地铁轨道线等勘察及施工的相关资料。

2. 工作程度评述

区域工程地质勘察工作初步查清了工作区工程地质条件,编制了《武汉市中心城区、东西湖区1:5万工程地质条件分区评价图》,为本项目开展奠定了基础。

经过长期的工程勘察积累,武汉市中心城区有超过30万个工程勘察孔,其中钻孔密度和孔深都达到了1:1万的填图精度。近城区有不少于1万个工程勘察钻孔,孔深多在30m以内。

四、环境地质调查

1. 以往工程程度

以往武汉地区地质环境工作见表1-2-4。这些环境地质工作形成的一系列报告中均包含武汉市区环境地质调查与评价。武汉市城区主要存在岩溶地面塌陷、崩塌、滑坡、泥石流(以下简称崩滑流)等地质灾害问题,以及膨胀土胀缩变形、软土压缩变形、区域地下水位下降、地下水水质异常及地下水污染等环境地质问题。另外,它还包括城市(镇)地基开挖产生的环境地质问题。

2. 工程程度评述

武汉市环境地质调查主要取得了如下成果:

(1)《武汉市环境地质及地下水资源详勘研究报告(1:5万)》(1986),系统地归纳了过量开采地下水、

表 1-2-4　武汉市以往环境地质工作一览表

成果名称	年份/年	编制单位
武汉市地下水质量评价调查研究阶段性报告(1978—1981 年)	1982	湖北省地质环境总站
武汉市地下水污染调查研究报告(1∶5 万)	1983	
武汉市地下水污染阶段性总结(1981—1983 年)	1986	
武汉市环境地质及地下水资源详勘研究报告(1∶5 万)	1986	
武汉市武昌区陆家嘴地陷调查报告	1988	
武汉市陆家嘴地区岩溶塌陷防治勘察报告(1∶1 万)	1989	
武汉市城区区域地质调查(水文、工程、环境地质)报告(1∶5 万)	1990	湖北省水文地质工程地质大队
长江中游沿岸(武汉—武穴)环境地质综合勘查报告(1∶10 万)	1993	
长江中游地区沿岸(荆沙—武汉)环境地质综合勘查报告(1∶10 万)	1993	
湖北省环境地质调查报告(1∶50 万)	1995	
湖北省武汉市和咸宁地区环境地质调查(1∶50 万)	1999	
武汉市洪山区青菱乡烽火村岩溶地面塌陷应急勘察报告	2000	湖北省地质环境总站
湖北省武汉市余家湾—青菱地区岩溶地面塌陷勘察报告	2001	
湖北省武汉市地质灾害调查与区划报告	2001	
长江中游主要水患区环境地质调查评价	2002	中国地质大学(武汉)
长江中游地质灾害论证	2002	湖北省地质调查院
湖北武汉地区区域地球化学生态环境评价研究	2003	
汉江中下游环境地质调查报告	2004	
武汉武昌楚望台高炮阵地不稳定斜坡应急调查报告	2004	湖北省地质环境总站
武汉市覆盖型岩溶地面塌陷物理模型试验研究	2005	中科院岩溶研究所
武汉市武昌区白沙洲阮家巷路面塌陷应急调查报告	2005	湖北省地质环境总站
长江中游环境地质调查综合研究	2006	宜昌地质矿产研究所
湖北重点地区岩溶地下水与环境地质调查	2006	湖北省地质调查院
武汉市武昌区白土塘边坡失稳应急调查报告	2007	湖北省地质环境总站
武汉市汉南区陡埠村岩溶地面塌陷应急调查报告	2008	
武汉市地面塌陷灾害调查与监测预警	2008	
长江中游城市群地质环境调查与区划综合研究	2010	武汉地质调查中心

地面(岩溶)塌陷、深孔注水诱发地震、堤防稳定性、围垦-填湖造地、河道堆积与冲刷、城市建设地基稳定共 7 个环境地质问题。

(2)《湖北省环境地质调查报告(1∶50 万)》(1995),提出"突变型地质灾害"和"缓变形地质灾害"两类划分法,确定了武汉市岩溶塌陷、膨胀土和软土是城市环境地质中应着重考虑的问题。

(3)《武汉市洪山区青菱乡烽火村岩溶地面塌陷应急勘察报告》(2000)和《湖北省武汉市余家湾—青菱地区岩溶地面塌陷勘察报告》(2001),详细论述了塌陷区下伏基岩的分布、岩溶地质特征、上覆岩层的地质结构和水文地质条件,调查了地下水开采现状,并绘制了塌陷区岩溶地面塌陷易发程度分区图。

(4)陆家嘴、青菱乡烽火村、阮家巷岩溶地面塌陷的调查和监测工作取得了一定的成效。

总之,以往环境地质工作查明了工作区的主要环境地质问题,但在岩溶地面塌陷与工程建设相关性方面,研究程度相对偏低,以往工作着重从理论上加以探讨,未能很好地结合武汉市工程建设的实际。

五、地球物理勘查

武汉市地球物理勘查工作始于 20 世纪 60 年代,先后在不同地区开展了不同比例尺的调查工作,见表 1-2-5。

武汉市地球物理勘查主要包括局部区域的 1∶10 万重力详查,1∶5 万航空磁测,1∶5 万重磁扫面工作,1∶5 万武汉市幅、汉阳幅重力普查、煤田测井、电法勘探、水上地震剖面勘探、重力构造普查,1∶1 万重力与磁法测量及 1∶2.5 万地表温度测量等地球物理勘查工作。

表 1-2-5　武汉市以往地球物理勘查地质工作程度一览表

成果名称	完成时间/年	完成单位
武汉地区航空磁测普查报告	1983	湖北省物探队航空物探分队
武汉地区航空磁测说明书	1985	湖北省地质局地球物理勘探大队
武汉幅区域重力编图说明书	1986	湖北省地质局地球物理勘探大队
武汉地区直流电法资料整理及研究工作报告	1985	湖北省水文地质工程地质大队
武汉市物探推断地质构造图及说明书(1∶10 万)	1988	湖北省地质局地球物理勘探大队
遥感技术在武汉市稳定性评价中的应用	1989	湖北省区域地质矿产调查所
武汉市物探推断地质构造图及说明书	1989	湖北省地质局地球物理勘探大队
武汉环境土壤地球化学成果图及说明书	1990	湖北省区域地质矿产调查所
武汉地面放射性伽马等值线及说明书	1900	湖北省区域地质矿产调查所
武汉市多目标地球化学调查	2002	湖北省地质调查院
武汉市物探推断地质构造图及说明书	1989	湖北省地质局地球物理勘探大队
武汉、黄陂、罗田、蕲春幅重力编图及说明书	1977—2003	湖北省地质局地球物理勘探大队
武汉、罗田、黄陂、蕲春幅区域化探普查报告	1987—1989	湖北省地质局地球物理勘探大队
武汉市物探推断地质构造图及说明书	1989	湖北省地质局地球物理勘探大队

六、地球化学调查

1990 年以来,湖北省地质调查院、湖北省区域地质矿产调查所等单位先后开展了湖北省江汉平原多目标地球化学调查、湖北省江汉流域经济区农业地质调查、武汉市 1∶5 万环境土壤地球化学调查、武汉市农业生态地球化学调查、湖北省武汉地区区域生态环境地球化学评价研究等地球化学调查,以及武汉市 1∶5 万地面放射性伽马调查。这些工作取得了多方面的科学成果:①确定了各级土壤污染标准,划分出了 30 余处中度以上污染异常,并首次发现镉沿长江冲积带的天然富集性污染;②制订了一套完整的全国多目标生态农业区域地球化学调查技术方法;③研究了长江镉的分布状态、迁移演化机理以及生态效应,城区汞、镉、铅的分布、富集趋势和迁移转化特征,农业土壤养分及有益微量元素全量、有效态在不同母质土壤中存在着比较复杂的关系;④完成了武汉市各元素地球化学图、土壤环境质量评价图、土壤污染分布图和土地污染评价图等应用系列图件；⑤地面放射性伽马调查总结了各类地层、岩石、土壤、路面和其他一些物质的放射性强度变化特征，圈定了255处放射性异常，划分了4种不同强度辐射区。

七、遥感地质调查

武汉市的遥感地质调查始于1985年，与武汉市城市地质调查同步开展，完成了《遥感技术在武汉市区域构造稳定性评价中的应用研究专题报告》，采用1∶2万彩红外航空图像，初步研究了武汉市主城区断裂构造的空间展布，大致确定了武汉主城区几条主要隐伏断裂在地表通过的位置；1990年采用1∶5万遥感图像和1∶2万彩红外航空图像完成了《遥感技术在武汉市土地利用现状调查中的应用专题报告》，编制了《1∶5万武汉市土地利用现状图》；1992年完成的1∶5万保安幅采用了遥感图像解译与野外实地检查相结合的方法，探索了遥感地质填图工作方法，编制了《1∶5万保安幅基岩地质构造图》；2010年完成的汉阳等6幅主城区区域地质调查，采用ETM影像数据及SPOT5数据，建立了区内各个地质体的遥感解译标志，编制了《1∶5万遥感地质解译图》；2014年完成的武汉市三维城市地质调查采用了ETM＋、ASTER等遥感数据，对主城区1∶5万横店等8幅范围内的地质构造（特别是活动构造）、地形地貌、土地利用类型、植被分布、河流水系、古河道、岩溶塌陷等不良地质现象开展了相关的解译工作，并完成了遥感成果报告及遥感解译成果系列图件。

这些工作虽然取得了一些成果，但尚存在以下问题：主城区以外的遥感地质工作尚未开展；主城区遥感地质采用的遥感数据精度仅为15m分辨率，不能满足城市遥感地质工作的要求；没有采用多时相、多光谱、多波段分辨率高的高精度遥感数据，没有最大限度地利用遥感数据提取地质信息等。

第二章 基础地质

第一节 基岩地质

一、地层

武汉市地层区划主要隶属扬子地层区下扬子地层分区,出露志留系以上地层,仅阳逻一带属南秦岭-大别山地层区,出露南华系武当岩群地层。全区可划分为25个岩石地层单位(表2-1-1)。

(一)南华系

武当岩群(NhW.):零星出露于武汉市北东阳逻一带,常被第四系与白垩系—古近系覆盖,岩性为灰绿色绿帘绿泥钠长片岩、灰绿色变粒岩等。由于测区露头零星分布,武当岩群与上下地层关系无露头直观揭示。据区域资料,武当岩群与下伏古元古代地层或花岗质片麻岩、与上覆南华系耀岭河组间均为构造接触关系。据区域资料,武当岩群厚度大于500m,未见底。近年来,1:5万新洲4幅联测区调项目在相同层位变质火山岩中获得了(712.9 ± 8.7)Ma及(738.9 ± 9.3)Ma加权平均年龄(LA-ICP-MS锆石U-Pb),表明研究区乃至整个区域武当岩群形成时代应为新元古代南华纪,在该时期,南秦岭-桐柏-大别造山带均处于陆内裂谷构造环境,形成了一套快速堆积的沉积-火山岩建造。

(二)志留系

坟头组(S_1f):区内志留系出露不全,仅有下志留统坟头组分布,大致呈东西向带状分布于武汉市中部美娘山、洪山、喻家山、磨山、鼓架山、白浒山一线,以及南部大军山、八分山、龙泉山一线,形成残丘状地貌,出露面积约$28km^2$。

该组由黄绿色页岩、粉砂质页岩夹薄层状粉砂岩、少量薄层细砂岩组成,在磨山、纸坊等地顶部发育一套砖红色中厚层状细砂岩夹粉砂质页岩,水平层理、小型波状层理及楔状层理发育,厚度大于174m,未见底,平行不整合于上泥盆统云台观组之下。基本层序由页岩或粉砂质页岩—粉砂岩、细砂岩组成。坟头组在工作区内岩性较为稳定,反映了从浅海陆棚向滨岸环境演变的总体趋势,区域上各地基本可以对比。

(三)泥盆系

泥盆系自下而上划分为云台观组、黄家磴组,缺失中—下泥盆统,其中云台观组出露较广,黄家磴组零星出露,多沿褶皱翼部呈带状分布于中西部地区以及北西部睡虎山一带,出露面积$41.9km^2$,厚$72\sim124m$。

表 2-1-1 工作区综合地层表

年代地层				生物地层	岩石地层			层序地层		相对海平面变化曲线（降 升）	沉积环境
界	系	统	阶		厚度/m	组	代号	体系域	层序		
新生界	第四系	全新统			55.6	走马岭组	Qhz				
		上更新统			52.3	下蜀组	Qp_3^3x				
		中更新统			29.6	王家店组 辛安渡组	$Qp_2^2w\ Qp_2^2x$				
		下更新统			6.6	阳逻组 东西湖组	$Qp_1^1y\ Qp_1^1d$				
	新近系	上新统 中新统			> 12	广华寺组	N_1g				
	古近系	渐新统 始新统 古新统			> 500	公安寨组	K_2E_1g				山间盆地
中生界	白垩系	上统 下统									
	侏罗系	下统 上统									
	三叠系	中统	青岩阶		> 100	嘉陵江组	$T_{1-2}j$				局限台地 开阔台地
		下统	巢湖阶 殷坑阶		> 100	大冶组	T_1d				局限台地 台地浅滩 开阔台地 浅海陆棚
上古生界	二叠系	上统	长兴阶	*Misellina—Nankinella-Pisolina-Sphaerulina—Pseudodoliolin—Codonofusiella*	19.4	大隆组	P_3d	HST TST SS SB2	Psq5		外陆棚 滞留盆地 浅海陆棚
			吴家坪阶		58.89	龙潭组	P_3l	TST SB1 HST SS	Psq4		三角洲前缘 沼泽 东吴运动 台盆边缘 滞留盆地
		中统	冷坞阶 茅口阶		42.51	孤峰组	P_2g	SB2 HST	Psq3		开阔台地 台盆边缘 开阔台地
			祥播阶		105.29	栖霞组	P_2q	msf TST SB2 HST	Psq2		台地生屑滩 开阔台地 沼泽 海西运动
			栖霞阶		0~2.5	梁山组	P_2l	TST SB1	Psq1		
		下统	隆林阶 紫松阶		0~5	船山组	P_1c	LHST EHST			台地浅滩
	石炭系	上统	达拉阶	*Protolepidodendron scharyanum-Barrandeina dusliana—Cyrtospirife sinensis-Spinatrypina douvilii—Fusulina-Beedeina—Tolypammina fortis-T. hubeiensis*	15.5~50	黄龙组	C_2h		Csq3		开阔台地
			滑石板阶		25.07	大埔组	C_2d	TST SB1 HST			局限台地 淮南运动
		下统	大塘阶		25~48.4	和州组	C_1h	TST SB2 HST	Csq2		有障壁海岸
					24~46.28	高骊山组	C_1g	TST SB1 HST	Csq1		江南运动
	泥盆系	上统	锡矿山阶		0~30.76	黄家磴组	D_3h	TST SB2 HST	Dsq2		无障壁海岸
			佘田桥阶		42~94.06	云台观组	D_3y	TST TS SB1	Dsq1		
下古生界	志留系	下统	紫阳阶		> 174	坟头组	S_1f	HST	Ssq1		加里东运动 三角洲 浅海陆棚
新元古界	南华系				> 500	武当岩群	$NhW.$				

1. 云台观组(D_3y)

武汉市北部仅睡虎山一带有部分出露,中部大致呈东西向的带状分布于美娘山、洪山、喻家山、磨山、鼓架山、白浒山一线,南部出露面积相对较大且露头分布于大军山、八分山、龙泉山一线,出露面积为 40.9km²。

底部见杂色砾岩层,向上为浅灰白色中—厚层状中—细粒石英砂岩、含赤铁矿细砂岩夹含砾石英砂岩、灰黄色粉砂质页岩,厚 42～94.06m。与下伏志留系坟头组呈平行不整合接触关系。以灰白色石英砂岩出现与下伏页岩分界,底部常见石英质砾岩,接触面上发育古风化壳。地貌上常形成陡坎。

底部基本层序由石英砾岩或含砾石英砂岩、浅灰色中厚层状中细粒石英砂岩组成,为河流相沉积物。其中上部基本层序由浅灰色中厚层状中细粒石英砂岩和粉砂岩组成,组合具明显的退积型沉积特点;发育块状层理、大型低角度的楔状斜层理和交错层理,石英砂岩成熟度高,显示为经过强烈分选的开阔滨岸相沉积环境。

岩石组合在横向上较稳定,但厚度变化大,武汉市中部鼓架山一带厚 26.24m,锅顶山厚约 92.26m。下部含砾石英砂岩总体表现为由东向西、由北向南厚度逐渐变薄和粒径逐渐变小的趋势;底部河流相砾石层向黄石一带厚度明显增厚,向西变薄至消失;中上部由东向西粉砂质、泥质成分增多。区域上总体显示出在东南的黄石向西北的武汉方向上由河流相向滨岸相变迁的趋势。

2. 黄家磴组(D_3h)

该组出露面积有限,于睡虎山、米粮山、锅顶山以及九峰等地有少量出露,面积约 1km²。

灰黄色、浅灰白色薄—中层状石英细砂岩,粉砂岩,浅灰白色黏土岩(页岩),中上部常夹灰黄色、浅灰白色中厚层状细粒石英岩状砂岩,局部层位砂岩底含砾石,厚 0～30.76m。与下伏云台观组渐变过渡为整合接触关系。

泥盆世晚期,受江南运动影响,地壳抬升成陆,海水退却,泥盆纪沉积地层遭剥蚀,形成泥盆纪地层顶部的平行不整合面。区内由于抬升剥蚀,该组遭受风化剥蚀程度不一,总体表现为由东向西沉积厚度变厚的特征。

(四)石炭系

石炭系由下而上依次划分为高骊山组、和州组、大埔组和黄龙组。石炭系与泥盆系多相伴出露,局部地段岩石地层单位时常发生缺失,分布于团鱼山、白云洞、花山、龙泉山等地的低丘陵区,多沿褶皱翼部呈透镜状展布;丰荷山—甲宝山一线和瓠子山、宋家咀北山头等地则以孤丘零星出露,形态上呈环形展布。石炭系分布面积小,总计约 0.76km²,厚 80～171m。

1. 高骊山组(C_1g)

高骊山组零星分布于睡虎山、花山和锅顶山地区。出露面积约 0.42km²。

高骊山组主要为灰白色、浅黄色黏土岩,粉砂质黏土岩,粉砂岩,夹细粒石英砂岩、碳质页岩或煤线,岩层中常含菱铁矿、铁锰结核。发育水平层理,砂岩局部见波状层理、斜层理,砂岩底部含泥砾,厚 24～46.28m。与下伏黄家磴组之间有一沉积间断面,常见风化壳层,为平行不整合接触关系。

2. 和州组(C_1h)

和州组零星分布于锅顶山、鼓架山等地区,出露面积不足 0.1km²,为一套以碎屑岩为主偶夹碳酸盐岩的沉积。

和州组主要为灰黄色、灰绿色中厚层状细粒石英砂岩,粉砂岩,页岩,局部夹生物屑灰岩透镜体。岩层中常含菱铁矿结核。岩石中发育水平层理、透镜状层理，局部砂岩中含岩屑、铁质，见斜层理构造，砂岩底偶见泥砾，厚25～48.4m。和州组与下伏高骊山组呈整合接触关系。

岩石组合在横向上不十分稳定。由于早石炭世晚期受淮南运动影响，地壳抬升成陆，形成下石炭统与上石炭统之间的平行不整合面。由于区内的抬升剥蚀，该组遭受风化剥蚀程度不一。

3. 大埔组（C_2d）

大埔组地表露头较少，主要分布于府河以北的丰荷山一带，出露面积0.26km^2。

大埔组主要为浅灰色、灰色厚层状白云质角砾岩，生物屑微晶白云岩，泥晶白云岩，其中白云质角砾岩多位于底部。生物屑微晶白云岩中生物屑有有孔虫、瓣腮类、海绵骨针、介形虫、海百合茎棘皮类等。大埔组厚约25.07m。与下伏和州组岩性突变，以碎屑岩的消失，白云岩、白云质角砾岩的出现为分界标志，接触面呈微波状面，为平行不整合接触关系。

该组基本层序由浅灰色块状角砾状白云岩、纹层状白云岩和灰色生物屑白云岩组成。层序下部由白云质角砾岩和泥晶白云岩组成，泥晶白云岩纹层发育，向上由（生物屑）微晶白云岩夹白云质角砾岩、泥晶白云岩组成，总体显示局限台地沉积环境。

该组在工作区地表极少出露，常不见底，厚度变化不详，从区域上看岩石组合特征较稳定。

4. 黄龙组（C_2h）

黄龙组岩石组合主要为浅灰色、灰色厚层状—块状灰泥岩，生物屑灰岩，白云质灰泥岩。岩石呈块状构造，生物屑大小悬殊，形态各异，种类繁多，以蓝藻类和棘皮类为主，次为有孔虫、苔藓虫及介形虫，偶见腕足类。该组基本层序由青灰色厚层状含白云质生物屑灰岩、浅灰色厚层状含白云质微晶灰泥岩叠置而成。层序下部、顶部灰岩中常含白云质，生物屑灰岩中生物屑种类繁多，局部见较完整的化石。该组为开阔台地相沉积。

该组在工作区内多未出露地表，厚度变化不详，区域资料显示该组岩性较为稳定。

（五）二叠系

二叠系由下向上划分为船山组、梁山组、栖霞组、孤峰组、龙潭组和大隆组，多沿褶皱翼部呈带状分布，出露面积约7.79km^2。岩性多样，以碳酸盐岩和硅质岩为主，其次还有砂岩、页岩、碳质页岩等。

1. 船山组（P_1c）

船山组岩石组合主要为浅灰色、灰色中厚层状灰泥岩，球粒灰岩。岩石中含大量椭球状球粒，粒径在5mm左右。中心常为深色核心，周边环绕薄皮状浅色圈层，内部有时也可见少量圈层。球粒分布无规律，含量大于50%，基质为灰泥质，块状层理，船山组厚0～5m。船山组为一套碳酸盐岩地层，以球粒灰岩的出现为分界标志，与下伏黄龙组之间为假整合接触关系。

该组基本层序由球粒灰岩构成，具均质型基本层序特征。底部有极薄的泥岩层，纹层发育，应为海侵时的潮间环境；向上沉积了藻团粒、藻球粒灰岩，为浅水台地相的浅滩沉积环境。

2. 梁山组（P_2l）

梁山组主要为深灰色、灰黑色碳质页岩夹煤线，向上夹灰岩透镜体。该组在工作区分布不稳定，多呈透镜状分布，为沼泽相沉积，厚0～2.5m。梁山组为一套含煤碎屑岩，以白云质（生物屑）灰岩的消失或深灰色碳质页岩、碳质灰岩的出现为分界标志，与下伏黄龙组或船山组之间为一舒缓波状面，接触面发育风化壳层，应为平行不整合接触关系。

资料显示，该组在武汉地区向西南一带有增厚趋势，反映出西低东高的古地理环境。

3. 栖霞组（P_2q）

栖霞组出露较少，仅在洪山、瓷器山一带有部分出露，面积 $0.65km^2$。

该组岩石组合：下部由深灰色中厚层状生物屑灰岩、瘤状碳质灰岩夹碳质页岩组成；中上部为深灰色中层状含生物屑微细晶灰岩夹燧石条带；上部由深灰色、灰色燧石结核灰岩，厚层状生物碎屑灰岩组成。与下伏梁山组岩性渐变，应为整合接触关系。

该组基本层序：下部由深灰色中厚层状的瘤状生物屑灰岩、碳质灰岩、碳质页岩组成，生物屑含量由下向上减少，基本层序组合特征反映出振荡变深的特点；中上部由深灰色中层状含生物灰岩与硅质岩组成韵律层，硅质岩中含放射虫，放射虫外形呈圆形或椭圆形，个体细小均匀，成分为硅质，反映了水动力条件较弱的沉积环境；上部由深灰色、灰色燧石结核灰岩，厚层状生物碎屑灰岩组成，生物屑含量高达85%，多为半自形碎片，发育块状层理，岩石单层由下向上变厚，形成向上变浅的进积型基本层序组合。栖霞组总体为开阔台地相环境，其间发育台盆边缘及浅滩微相沉积。

4. 孤峰组（P_2g）

孤峰组出露较多，但除在武汉市中部大致呈东西向的带状分布于向斜核部外，其他地区均为零星出露，面积 $7.02km^2$。

孤峰组下部为灰色、深灰色薄层状含硅质泥岩，极薄层状硅质岩夹少量碳硅质页岩；上部为灰色、浅灰色中厚层状硅质岩。与下伏栖霞组呈整合接触关系。

该组基本层序：下部由深灰色薄层硅质岩和碳硅质页岩组成，其组合特征具退积型结构，反映出快速变深的特点；上部由深灰色、灰色中厚层状硅质岩夹少量页岩组成，为块状层理，向上单层厚度有增大趋势，呈现进积型结构。该组总体表现为滞留盆地相—浅海陆棚相沉积。

5. 龙潭组（P_3l）

龙潭组在工作区仅出露于大长山、营盘山附近，面积不足 $0.1km^2$。

该组下部为深灰色、灰黑色含碳质页岩，含铁、含粉砂水云母页岩夹煤线；上部为灰黄色、灰白色中厚层状含铁中细粒岩屑石英砂岩，含粉砂质页岩。与下伏孤峰组接触面呈凹凸不平状，见风化壳黏土、铁壳等，为平行不整合接触关系。

该组基本层序：下部由深灰色含铁含粉砂水云母页岩、灰黑色含碳质页岩组成；上部由灰黄色、灰白色中厚层状含铁中细粒岩屑石英砂岩，含粉砂质页岩组成，砂岩向上单层厚度有增大趋势。该层序反映了由滨岸沼泽向三角洲前缘沉积的环境。

6. 大隆组（P_3d）

大隆组仅出露于营盘山南的孤丘，面积不足 $0.1km^2$。

该组岩石组合为深灰色薄层硅质岩夹含碳质页岩，向上硅质岩泥质含量增多，局部夹灰白色页岩。岩层细水平层理发育，与下伏龙潭组地层接触面平整，岩性渐变，呈整合接触关系。

该组基本层序由深灰色、灰黑色薄层硅质岩，碳硅质页岩组成韵律性层对，水平层理发育。该层序反映出滞留盆地沉积环境。

（六）三叠系

三叠系自下而上划分为大冶组、嘉陵江组、蒲圻组和王龙滩组。其中，仅大冶组于流芳零星出露，面积不足 $0.1km^2$。嘉陵江组和蒲圻组无露头，仅由钻探揭露。

1. 大冶组（T_1d）

大冶组仅在流芳地区有零星出露，露头极少，面积不足 $0.1km^2$。

大冶组底部为黄绿色页岩夹灰泥岩；下部为灰色中厚层状砂屑灰岩夹薄层灰泥岩；中部为薄层状灰泥岩，生物扰动构造发育；上部为厚层状亮晶砂屑灰岩、颗粒灰岩、鲕粒灰岩、白云质灰岩等。大冶组具水平层理，局部发育斜层理，与下伏二叠系大隆组整合接触，以黄绿色泥质页岩的出现作为分界标志，厚度不详。

2. 嘉陵江组（$T_{1-2}j$）

嘉陵江组为一套以白云岩为主，夹灰岩地层。下部和上部为浅灰色、灰色中厚层状白云岩夹岩溶角砾岩；中部为灰色薄—中层状灰泥岩夹白云质灰岩。总体反映出局限台地相—开阔台地相—局限台地相沉积特征，形成一个完整的沉积旋回。与下伏大冶组整合接触，以薄层白云岩的出现作为分界标志。嘉陵江组仅见于钻孔中，厚度不详。

（七）白垩系—古近系

公安寨组（K_2E_1g）

按岩性特征、区域对比定为公安寨组，在黄陂区的盘龙城、潮峰港、寅田村、孙漆家垸及金口一带有少量零星露头，面积 $2.54km^2$，多见于钻孔内。

公安寨组为一套以棕色、紫红色为主的杂色碎屑岩系，由砾岩、砂岩、粉砂岩、泥岩组成，发育块状层理、平行层理、水平层理、斜层理、交错层理等，未见底，地层厚度大于 500m。区域资料显示，公安寨组显示角度不整合或断层接触于前白垩纪不同时代地层之上，为一套以棕（紫）红色为主色调的杂色碎屑岩系，局部可夹（或侵入）厚度不等的玄武岩。

白垩纪古地理环境已完全转变为内陆山间断陷盆地。晚白垩世燕山运动挤压应力消退，伸展拉张作用加强，形成一系列山间断陷或凹陷盆地，沉积了红色磨拉石建造。据露头、钻孔、区域资料，白垩纪—古近纪古地理表现为剥蚀相区和内陆盆地相区并存的格局。

（八）新近系

广华寺组（N_1g）

该组未出露地表，仅在部分钻孔中揭露。广华寺组下部为一套杂色黏土岩、粉砂质黏土岩，局部夹细砂条带；上部为杂色粉质黏土岩与杂色砾岩互层。发育水平层理、平行层理、斜层理、透镜状层理、脉状层理。

该组以弱固结杂色黏土岩与下伏紫红色砂砾岩、黏土岩区分，顶以弱固结黏土岩、砾岩与上覆第四系松散堆积物区分，顶、底界面均发育铁锰质结核壳。广华寺组与下伏公安寨组呈角度不整合或微角度不整合接触。

该组下部发育水平层理，为湖相沉积；上部有黏土岩、粉砂岩，具水平层理、平行层理、斜层理、透镜状层理等，为河湖交替环境沉积；顶部有杂色砾石层夹透镜状含砾砂岩，具块状层理、斜层理，为辫状河沉积。

二、岩浆岩

武汉市地区岩浆岩不发育，仅出露极少喷发玄武岩。

（一）分布特征

岩浆岩主要分布于武汉市北部黄陂区，零星出露于襄阳-广济断裂以北，黄陂区寅田村侵蚀堆积低岗地之上，与公安寨组相伴出露，面积不足 0.1 km²。该地区岗地上的钻孔也揭露了玄武岩，以公安寨组砂岩中的夹层形式出现。另外，在横店幅汉口北滠水下游地区，由钻孔揭露，玄武岩上方覆盖第四系。

（二）岩石学特征

岩石由变余斑晶(1%)、变余基质(89%~90%)、变余杏仁体(9%~10%)3部分构成。黄陂区寅田村玄武岩剖面岩石学特征见表 2-1-2。

表 2-1-2　黄陂区寅田村玄武岩剖面岩石学特征表

野外编号	矿物成分	含量/%	矿物形态	粒径/mm	结构、构造	室内定名
PM009-1/b	变余斑晶（暗色矿物）	1	残余短柱状	(1.2×0.7)~(0.6×0.4)	变余少斑状结构，基质具变余间粒结构、变余杏仁状构造	变质杏仁状玄武岩
	变余基质	90				
	基性斜长石（钠黝帘石化）	54	残余自形小板条状	(0.5×0.3)~(0.3×0.1)		
	暗色矿物（绿泥石化）	26	残余微柱粒状	0.1~0.5		
	磁铁矿（褐铁矿）	10	粒状或四边形	0.03~0.35		
	变余杏仁体（绿泥石、蛇纹石）	9	多为不规则状，少量近圆形	最大1.2，最小0.4		
PM009-2/b	变余斑晶	1			变余少斑状结构，基质具变余间隐间粒结构、变余杏仁状构造	变质杏仁状玄武岩
	暗色矿物（绿泥石化、铁质）	0.8	残余短柱状	(2.8×2)~(0.7×0.5)		
	基性斜长石（钠黝帘石化）	0.2	残余自形柱状	(0.7×0.5)~(0.6×0.3)		
	变余基质	89				
	基性斜长石（钠黝帘石化）	56	残余自形小板条状	(0.5×0.3)~(0.2×0.1)		
	暗色矿物（绿泥石化）	16	残余微柱粒状	0.12~0.44		
	磁铁矿（褐铁矿）	6	粒状或四边形	0.04~0.4		
	玻璃质	12	隐晶集合体	<0.01		
	变余杏仁体（绿泥石、蛇纹石）	10	不规则状、近圆形	最大3.6，最小0.45		

变余斑晶成分仅见暗色矿物，被绿泥石、铁质取代呈残余短柱状假象，推测原岩矿物可能是辉石。
变余基质具变余间粒结构，即自形小板条状的基性斜长石杂乱分布所构成的三角形空隙格架内充

填着暗色矿物和磁铁矿。基性斜长石发育聚片双晶并伴钠黝帘石化。暗色矿物被绿泥石取代呈残余微柱粒状。磁铁矿有的已经变为褐铁矿,反射光下显钢灰色,外形呈粒状或四边形。

变余杏仁体外形多呈不规则状,少呈近圆形,其内充填物有绿泥石(呈鳞片状或放射状集合体)和蛇纹石(呈叶片状或放射状集合体,平行消光),杏仁体粒度较小。

(三)形成时代讨论

武汉市玄武岩多与公安寨组为同时期产出,准确年龄未见报道。根据野外地质产出状态分析,该处玄武岩的产出主要分3期:①早于公安寨组,依据是在谌家岗公安寨组砂岩中可见玄武岩砾石,其大小不等,剖面上可见最大规模砾石约为30cm×20cm,呈灰褐色,风化程度高,手捻呈粉末状,其中含杏仁体;②与公安寨组同期,公安寨组砂岩与玄武岩互层产出(图2-1-1);③晚于公安寨组,与下更新统阳逻组砾石层接触,并在该地区阳逻组砾石层中发现玄武岩透镜体。

图 2-1-1　公安寨组砂岩与玄武岩接触关系(谌家岗)

三、变质岩

武汉市变质岩主要分布在新洲区北部,在黄陂区北部零星出露,以南地区仅有钻探揭露,在横店镇幅堰上塆、肖家下岗一带,隐伏于第四系与白垩系—古近系之下,其上第四系或红层覆盖向北逐渐减薄。而向北于相邻黄陂区幅开始零星出露,本次钻孔 ZK16、ZK28、ZK29 中见及,岩性为灰绿色绿帘绿泥钠长片岩、灰绿色变粒岩等。暂划归为南华系武当岩群。

岩石类型属低绿片岩相,变余火山碎屑结构较发育,总体为基性—酸性火山碎屑岩。矿物成分由阳起石(20%)、绿泥石(25%)、绿帘石(10%)、钠长石(40%)组成。鳞片粒状变晶结构,片状构造。鳞片变晶绿泥石(0.1~0.3mm)和柱状变晶阳起石(0.3~1.5mm)作定向排列构成片状构造,有大量他形粒状变晶钠长石(发育聚片双晶,晶体表面分布有细小粒状集合体)、绿帘石、黝帘石(0.05~0.35mm),沿片理面上分布他形粒状绿帘石细小粒状晶体及其集合体(0.03~0.15mm)和半自形粒状或自形四方晶磁铁矿(0.05~0.23mm)。还可见稀散分布的石英他形粒状变晶(约0.12mm)和呈柱粒状榍石(0.1~0.2mm)。由于矿物含量的变化,出现绿泥绿帘钠长片岩、绿泥绿帘阳起钠长片岩、绿泥绿帘钠长片岩等过渡岩石。

第二节 第四纪地质

一、地貌

1. 地貌类型

结合武汉市地貌特点，其地貌类型可划分为冲积平原、湖积平原、湖积冲积平原、侵蚀浅凹地、剥蚀堆积低岗地、剥蚀堆积高岗地、剥蚀堆积低丘陵、侵蚀剥蚀低丘陵和侵蚀剥蚀高丘陵（表 2-2-1）。划分高低岗地的高程指标是海拔 25m，高于 25m 为高岗地，低于 25m 的为低岗地。25m 以上的岗地，绝大部分由中更新世网纹红土和棕红色黏土组成，而 25m 以下的岗地，则绝大部分由晚更新世棕黄色砂质黏土和粉土质砂组成。剥蚀堆积低丘陵主要由早更新世砂砾石组成，是新构造因素的特殊地貌现象。侵蚀剥蚀低丘陵由志留纪砂页岩和泥盆纪石英砂岩组成，或由二叠纪硅质岩组成，海拔低于 100m。

表 2-2-1 区域地貌形态成因类型表

序号	形态成因类型	海拔/m	相对高度/m	坡度/(°)	主要组成物质	形成时代
1	冲积平原	19~22	1~3	<3	粉质黏土、粉土、粉细砂、砂砾	Qh
2	湖积平原	18~20	高出湖水面不足 1m	<3	粉质黏土、淤泥质粉质黏土、淤泥	Qh
3	湖积冲积平原	18~20	-1~1	<3	粉质黏土	Qh
4	侵蚀浅凹地	20~35		纵坡度<3，横坡度<10	深灰色、灰黄色粉质黏土和粉土	Qh
5	剥蚀堆积低岗地	22~25	2~5	纵坡度<4；横坡度<7	黏土、粉质黏土、粉土、网纹红土、棕红色黏土	Qp^3
6	剥蚀堆积高岗地	22~50	5~10	纵坡度<5；横坡度<10	网纹红土、棕红色黏土、粉质黏土、粉土	Qp^{2-3}
7	剥蚀堆积低丘陵	50~80	20~30	20~25	砂砾石、粉砂、粉质黏土	Qp^1
8	侵蚀剥蚀低丘陵	35~180	10~140	6~30	砂页岩、石英砂岩、硅质岩、砂岩	S—N
9	侵蚀剥蚀高丘陵	200~270	>200	6~35	砂页岩、石英砂岩	Ar—N

2. 地貌分布特征

（1）冲积平原：包括长江、汉江、府河和滠水等主干河流两岸的河漫滩及天兴洲，由全新世冲积粉质黏土、粉土、粉细砂及砂砾组成。海拔一般为 19~22m，高出中水位（约 19m）可达 3m，地面由江堤侧微缓倾斜,坡度不足3°。据钻孔资料、地貌形态和历史记载,主干河流两侧河漫滩主要是由江心滩靠岸而形成的。另据有关资料显示,由于河漫滩临江部分比边缘部分高,一些原注入长江、汉江和潥水的小河溪由此而堵塞,使低洼部分储水成湖,如青菱湖、东湖、莲花湖、墨水湖、胜海湖、幸福湖等。

(2)湖积平原:分布于东西湖农场、武湖农场、四新农场、长港农场,以及南太子湖、龙阳湖、野芷湖、汤逊湖、南湖、沙湖和北湖沿岸。湖积平原由全新世湖积粉质黏土、淤泥质粉质黏土和淤泥组成。海拔为18～20m,高出湖水面不足1m,地面向湖心倾斜,坡度一般在3°以下。它可分成两种:一种是湖积洼地,分布于现代湖泊周缘及湖泊萎缩干涸区,系人为涸湖或填湖而成,占湖积平原的绝大部分,如北东西湖农场、武湖农场、童家湖沿岸以及太子湖干涸后的四新农场,长港农场大片农田等;另一种是湖滩地,分布平原湖岸,如黄家湖两岸。汤逊湖北岸湖滩地原来面积较大,由于围湖垦殖及控制水位,现已大为缩小,有的甚至消失。

(3)湖积冲积平原:分布于湖积与冲积平原之间或冲积平原与湖泊之间,由河流和湖泊交替堆积而成,以东西湖和武湖一带面积最大,其中以东西湖农场和武湖农场为典型。组成物质主要为全新世粉质黏土,海拔18～20m,地面于冲积平原毗连一侧向湖积平原或湖泊相接微微倾斜,坡度一般不足3°。

(4)侵蚀浅凹地:与岗地相间分布,由全新世深灰色、灰黄色粉质黏土和粉土组成。海拔为20～35m,纵坡度一般小于3°,横坡度一般不足10°。宽一般超过300m,最宽可达1000m。长一般为500～1000m,最长可逾4000m。底部平坦,多呈树枝状、蠕虫状,其末端逐渐过渡为平原或湖泊。

(5)剥蚀堆积低岗地:大面积分布于茅庙集睡虎山以南与张公堤北侧之间的波状岗地之间,汉阳蔡甸、乌金农场、川江池一带,武昌只有数小片散布。海拔为22～25m,高出浅凹地2～5m。纵坡度一般小于4°,横坡度多在7°以下。物质组成包括两种:一种主要由晚更新世冲积黏土、粉质黏土和粉土组成,基本上分布于汉口东西湖和汉阳蔡甸、乌金农场;另一种由中更新世网纹红土和棕红色黏土组成,分布于丰荷山复式向斜地区及武昌石咀一带。

(6)剥蚀堆积高岗地:在区内广为分布,海拔为22～50m,比浅凹地高5～10m。纵坡度一般小于5°,横坡度多在10°以下。呈手指状向邻近平原或湖盆延伸。物质组成也有两种:一种主要的组成物质为中更新世冲积网纹红土和棕红色黏土,分布广泛,如横店镇及其北部;另一种组成物质为晚更新世冲积的粉质黏土和粉土,主要分布在黄陂后湖地区、武昌东湖以东和白浒镇以南一带。

(7)剥蚀堆积低丘陵:相对集中于黄陂横店镇木兰变电站以北的丘陵区,以及武昌青山、凤凰山等几个由晚更新世冲积的粉质黏土、粉细砂、粉土、片岩组成的丘陵区。它由砂砾石、粉砂、粉质黏土等组成,海拔50～80m,相对高度20～30m,坡度20°～25°。

(8)侵蚀剥蚀低丘陵:在区内呈东西向断续延伸,如黄陂区睡虎山和丰荷山一线,由志留纪砂页岩、泥盆纪石英砂岩、二叠纪硅质岩和晚白垩世砂岩组成。除少数向斜山(如磨山)外,大部分为单斜山或猪背脊,海拔为35～180m,相对高度10～140m,坡度6°～30°,有的南坡陡北坡缓,有的南坡缓北坡陡。丘顶呈穹形,丘坡呈凹形,丘麓一般有坡积裙。

(9)侵蚀剥蚀高丘陵:主要由志留纪砂页岩、泥盆纪石英砂岩组成,海拔为200～270m,相对高度超过200m,坡度一般6°～35°。区内仅存纸坊的八分山,海拔为272m。

二、第四系

工作区内第四系分布广泛,面积约为2016km^2,覆盖了全区面积的77.9%,第四系自下而上依次划分为下更新统(其中堆积覆盖区为东西湖组,剥蚀露头区为阳逻组)、中更新统(其中堆积覆盖区为辛安渡组,剥蚀露头区为王家店组)、上更新统(下蜀组)和全新统(走马岭组)。

根据标志层及测试结果,以岩石地层学为基础,结合年代地层学、磁性地层学、生物地层学、气候地层学等多重地层划分进行综合分析,本区划分为堆积覆盖区和剥蚀露头区,共有 6 个组、8 个段。另据成因类型,本区可划分为残坡积、湖积、冲积、洪冲积、冲洪积扇成因类型地层单位(表 2-2-2)。

表 2-2-2 第四系岩石地层单位划分表

地质年代				填图单位		岩性特征	
代	纪	世	标志	代号			
新生代	第四纪	全新世	以浅灰色色调为标志	Qhz^{edl}		走马岭组残坡积:浅灰褐色碎石黏土、浅黄色黏土	
				Qhz^{lal}		走马岭组湖积:深灰色淤泥质土夹灰褐色黏土和粉质黏土	
				Qhz^{al}		走马岭组冲积:灰褐色黏土、砂及砂砾石层,见于现代河流周边,构成边滩和Ⅰ级阶地	
		晚更新世	杏黄色—褐黄色含铁锰结核黏土	$Qp^3 x^{al}$		下蜀组冲积:由浅灰色砂砾层、褐黄色中细砂与灰黄色粉砂质黏土、杏黄色含铁锰质结核黏土组成	
			灰黑色—青灰色淤泥质黏土	$Qp^3 x^l$		下蜀组湖积:灰黑色淤泥质黏土、青灰色含淤泥质黏土、粉土夹灰黄色含铁锰结核黏土。	
		中更新世	以棕红色色调和网纹构造为标志	$Qp^2 w^{pal}$	$Qp^2 x^{pal}$	王家店组洪冲积:砾石层、网纹红土、棕红色黏土	辛安渡组洪冲积:由灰褐色砾石层、灰黄色细砂土层夹浅咖啡色粉质黏土层组成,为河流相沉积,具典型二元结构
				$Qp^2 w^{edl}$		王家店组残坡积:由红土碎石层、网纹红土、结核红土组成	
		早更新世	以浅色砾石为标志	$Qp^1 y^{al}$		阳逻组冲积:由浅黄色砂砾层、含砾砂层组成	
				$Qp^1 y^{psl}$	$Qp^1 d^{psl}$	阳逻组冲洪积扇:浅灰色中粗砾石层、浅灰黄色中—细砂与粉质黏土层	东西湖组冲洪积扇:浅灰色砾石层、灰黄色粉细砂层和粉质黏土层

(一)下更新统

1. 堆积覆盖区

东西湖组($Qp^1 d$):该组在工作区内地表未出露,仅见于部分钻孔中。湖北省地质局武汉水文地质工程地质大队(1988)创名于武汉市东西湖区辛安渡,原定义为一套灰绿色黏土岩夹砂砾岩。本次延用组名,将其修订为灰绿色黏土岩之上的一套浅灰色松散沉积物组合(ZK25 孔剖面上 18~19 层,厚0.8m,ZK33 孔厚为 15.57m,ZK18 孔厚约 7.09m,ZK21 孔厚约 11.25m)。

东西湖组主要由浅灰色砾石层、灰黄色粉细砂层和粉质黏土层组成。砾石分选好,砾径大多在 3~5cm 之间,砾石岩性较杂,以脉石英为主,其次为燧石、砂岩,并见有白垩纪—古近纪红盆砾石。粉细砂层中含半炭化树木残片,厚 0.8~15.57m。东西湖组以松散河流相沉积组合为特征,底以灰绿色黏土岩(或其他基岩)出现为开始,顶以灰褐色、咖啡色黏土组合体出现为其结束标志。与下伏公安寨组呈侵蚀不整合接触。

典型的沉积序列为砾石层-砂土层-粉质黏土层,垂向上具明显二元结构,属河流相沉积。均值粒径为 $2.2\mu m$,标准差 1.4,偏度 0.75,峰度 2.82。分选差,频率分布曲线较平缓,呈多峰、正偏,为洪泛沉积。

2. 剥蚀露头区

阳逻组(Qp^1y):该组在工作区北部出露较为广泛,主要集中分布于横店镇幅北部堆积剥蚀低岗地区,其他地区零星出露,出露面积 $14.16km^2$。

岩石地层单位特征如下。

(1)岩石组合:下部为浅灰色中粗砾石层、浅灰黄色中细砂与粉质黏土层;上部为浅灰色中粗砾石层、棕红色含砾黏土层、棕红色中细砂与粉质黏土层、棕红色(细小网纹)黏土层。厚 5~10m。其中在武汉市黄陂区熊伯涛将军故里剖面(PM002)中该组厚约 7.5m,黄陂区百花村剖面(PM002)中该组厚约 5m,以及在 ZK02-1 孔中厚约 10.1m。

(2)划分标志与接触关系:阳逻组以典型的山间河流沉积二元结构、高岗丘(基座阶地)地貌为识别标志。与白垩系—古近系公安寨组红层或其他下伏基岩呈侵蚀不整合接触。阳逻组为冲洪积沉积组合,结合宏观分布特征,沉积环境解释为山间辫状(砾质网状)河流。

(二)中更新统

1. 堆积覆盖区

辛安渡组(Qp^2x):该组在区内无露头,仅见于部分钻孔中。湖北省地质局武汉水文地质工程地质大队(1988)创名于武汉市东西湖区辛安渡,原定义为灰绿色黏土岩之上的一套松散的河流沉积物组合。本次延用组名,对其修订为一套河流相的褐色砾石层-黏土层二元结构堆积。

岩石组合为灰褐色砾石层、灰黄色细砂层夹深褐(浅咖啡)色粉质黏土层(其中 ZK18 孔厚约 8.2m,ZK19 孔厚约 22.7m,ZK25 孔中厚约 7.55m),为河流相沉积,具典型二元结构。辛安渡组以河流相沉积序列和特有的深褐(咖啡)色黏土层为划分识别标志,与上、下岩组均呈明显侵蚀接触关系,其特殊的深褐(浅咖啡)色色调可能反映了当时的湿热气候。

沉积特征与沉积环境:典型的沉积序列为砾石层-砂土层-粉质黏土层,垂向上具明显二元结构,属河流相沉积。其中粉质黏土粒度组成特征与东西湖组中粉质黏土粒度组成特征相似。

2. 剥蚀露头区

王家店组(Qp^2w):该组在区内分布范围极广,在工作区中北部、中南部的岗地普遍分布,出露面积 $650km^2$。

岩石地层单位特征如下。

(1)岩石组合:主要由残坡积和洪冲积形成的红土碎石层,含砾红土层,网纹状、斑块状红土层,含铁锰结核红土层及均质红土层组成。矛山剖面上厚为 12.5m,流芳剖面上厚为 3.8m,黄陂区横店东剖面(PM007)中该组厚约 7.5m,黄陂区滠口北冯家院子剖面(PM012)上厚为 4.5m。

(2)划分标志与接触关系:该组以特有的棕红色色调及网纹状构造为识别标志。在长江以北,该组大多数以侵蚀不整合与下伏基岩接触、与下更新统阳逻组构成内叠式阶地组合;长江以南大部分地区,该组以风化残坡积层与下伏基岩呈过渡(堆掩)接触。部分地段,冲洪积层以侵蚀不整合超覆于基岩之上或以侵蚀超覆于阳逻组之上。

(三)上更新统

下蜀组(Qp^3x):区内出露面积较广,集中分布于工作区北部,以长江为界,江北出露面积大于江南,主要成因类型为冲积和湖冲积,风成堆积分布有限,其中冲积成因与湖冲积成因大致以府河为界,府河北东主要分布冲积成因类型堆积,而湖冲积成因类型主要分布于府河南西部;风成堆积主要集中于青山、凤凰山一带沿长江南岸零星分布。下蜀组总体出露面积211.6km²。

岩石地层单位特征如下。

(1)岩石组合:具多种组合类型,主要分布于青山、岳家嘴、武钢等地岗顶部,为灰黄色、黄褐色含铁锰质膜黏质粉砂土或均质粉砂土,灰褐色砂土,灰黄色黏土组合;分布于堆积覆盖区及其周缘的青灰色砾砂层、青灰色中细砂与灰黄色粉砂质粉质黏土互层,为灰黄色含铁锰结核黏土夹少量粉砂质黏土、青灰色淤泥质黏土;分布于低阶地部位的杏黄色、黄褐色含铁锰结核黏土,褐黄色均质黏土等。厚度变化大,三店剖面处厚度不足2m,黄陂凌空工业园区老邓湾剖面处厚度约3.5m,ZK26孔中该组厚度约27.5m,青山剖面厚度大于51.48m。

(2)划分标志及接触关系:该组以棕红色黏土结束为开始,以含铁锰结核黄土与青灰色砂土为标志,从而与走马岭组区分。

(3)区内分布变化特征:主要沿长江、汉江流域两侧分布,构成Ⅱ级阶地、Ⅲ级阶地,分布零星。在汉南等地,有少量湖积淤泥质黏土、含结核黄褐色黏土分布(出露海拔一般为22~28m)。此外,在武昌青山镇一带的青山层形成风成沙丘,分布海拔最高达67m,而且本次工作中在东湖至严西湖一带原作为红土层堆积的区域发现了大片含铁锰质膜的黄土堆积层,其分布海拔大多在30~40m间。该组在工作区内的出露面积约120.48m²,占比13%以上,其中冲积成因地层约64.30m²,湖冲积成因地层约56.18m²。

(4)沉积特征与沉积环境:按空间展布和岩(土)石组合特征,可进一步划分为4种沉积组合体。

①河流冲积(Qp^3x^{al}):由青灰色砂砾层、青灰色中细砂与灰黄色粉砂质粉质黏土互层组成,为河道滞留和边滩沉积。完整的沉积序列主要见于钻孔中,上部边滩沉积主要分布在现代河流(长江、汉江)两侧,呈低级阶地(Ⅰ级或Ⅱ级)产出。

②残坡积(Qp^3x^{edl}):主要为褐黄色含铁锰质结核黏土质砂,局部偶夹少量碎石。该套组合主要分布于区内低岗地边缘地带。

③湖冲积(Qp^3x^{lal}):主要为灰黑色淤泥质黏土、青灰色含淤泥质砂土、粉土夹灰黄色含铁锰结核黏土;主要分布在现代湖泊周缘,以湖积阶地形式产出,高出现代湖面2~5m。

④风积砂山(Qp^3x^{eol}):分布于工作区中北部的青山、沙湖—东湖—严西湖之间,形成地势较高的岗丘地貌。它大致可分为4段:下部即"下蜀土",为灰黄色粉砂及黏土层,以粉砂或黏土为主,其次含少量极细砂,各层间无截然界面,呈渐变过渡关系,具大孔隙结构,菱块状外貌,孔隙度大,结构松散,其间含大量铁锰质膜或少量结核,但不同层位含量变化大;中部为结构及成分均一的均质黄土,呈发育柱状节理;上部则以砂为主,常夹黏土及粉砂层;顶部为褐黄色黏土。上述堆积物的物质组成和结构特点与风尘堆积特征类似。上、顶部砂及黄土层分布局限,仅在青山镇附近的几处较高的丘顶部位有残留,其他大部地区分布的多为下部的粉砂质黏土层。

对武昌青山一带呈高阶地产出的一套砂土层的成因,一直有两种不同的观点,即水成和风成。对下蜀组沉积序列,认为下部为下蜀停积期(原凤凰山组),上部为青山期(原下蜀组)。

(四)全新统

走马岭组(Qhz):全新统为区内出露最广泛的第四纪地层,根据区域对比划分为走马岭组,于区内平原地区广泛分布,出露面积1125km²。

(1)岩石组合:主要为灰褐色砂砾层,中细砂、粉砂与粉砂质黏土,局部为灰褐色黏土、灰黑色淤泥质黏土。ZK34 孔厚度为 55.6m。

（2）划分标志与接触关系：该组以浅灰色色调的松散堆积物为识别标志，与下伏下蜀组呈侵蚀接触关系。在堆积覆盖区，二者构成上叠埋藏阶地组合，以色调区分；在剥蚀露头区，二者构成内叠阶地组合。

（3）区内分布变化特征：主要分布在长江、汉江两侧及现代湖泊中。

（4）沉积特征与沉积环境：按岩（土）石组合及成因进一步划分为 3 种类型，沉积特征如下。

① 冲积（Qhz^{al}）：由灰褐色砾石层（河道充填沉积，仅钻孔见及）、中粗粉砂、细粉砂、粉砂质黏土（边滩）组成，见于现代河流周边，构成边滩和Ⅰ级阶地。

② 湖冲积（Qhz^{lal}）：深灰色淤泥质土夹灰褐色黏土和粉质黏土，见于现代湖泊及周缘河湖交汇部位。

③ 残坡积（Qhz^{edl}）：沿山丘周围零星分布，下部为灰褐色含碎石黏土、粉质黏土，上部为灰黄色黏土，分布局限且厚度小，一般超覆于中更新世残坡积红土之上。

三、武汉地区阳逻组砾石层研究及古地理重建

在长江中下游地区沿江两岸的狭长地带，广泛分布着一套砾石层（图 2-2-1）。这套砾石层主要分布在宜昌、阳逻（武汉）、九江、安庆、铜陵、南京等地。它们均呈半固结状，砾石分选和磨圆良好，成分较为简单，为典型河流相沉积体系。武汉地区的阳逻组砾石层既与其他地区的沿江砾石层有相似之处，又有其自身的特点。本书中重点关注武汉地区阳逻组砾石层的地层时代、沉积物成分以及地层之间的相互关系，并据此反演出武汉地区的古地理变迁演化过程。

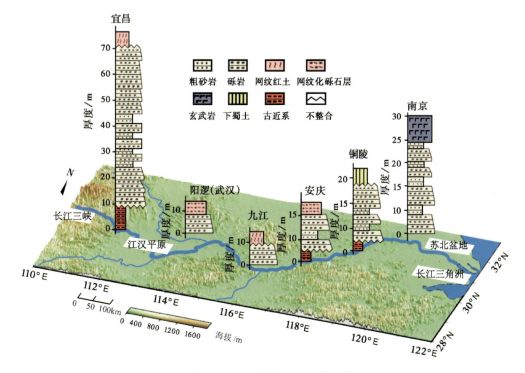

图 2-2-1　长江中下游砾石层的分布与地层层序示意图（据郑洪波，2013）

根据砾石层的空间分布特征、砾石形貌学特征、细粒沉积物成分差异以及成因差别，以长江为界，将武汉地区的阳逻砾石层分为江北和江南阳逻组砾石层两大类进行研究。江北的阳逻组砾石层以河流相

砾石层为主,主要分布在横店—阳逻一带,其沉积厚度自北向南依次减薄,同时存在着自西向东砾石分选度和磨圆度逐渐变好、剖面中砂层厚度逐渐增加的特点;江南的阳逻组砾石层以冲洪积砾石层为主,主要分布在江夏(纸坊)北部开发区星光大道—金龙大道之间,分布范围较小,且砾石大小混杂,分选较差。砾径自西向东逐渐变小,具有典型的山前冲洪积物特征。

(一)前人研究概况

武汉新洲区阳逻镇附近砾石层位于北部滠水、倒水和长江三条河流的交汇地带,主要分布在阳逻镇北侧和东侧(图2-2-2、图2-2-3)。自20世纪60年代以来(方鸿琪,1961),众多学者对阳逻砾石层的物源进行了研究,主要有近源与远源两种观点。

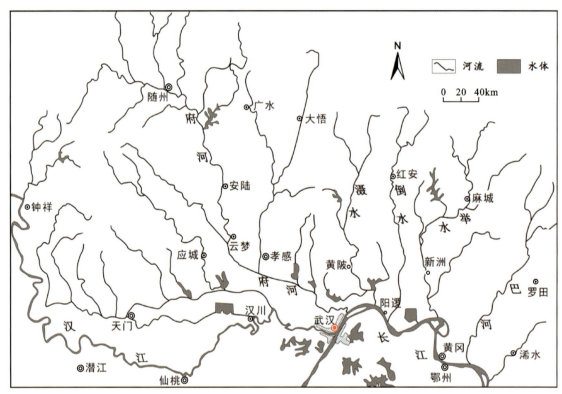

图2-2-2 阳逻附近水系图

近源:砾石层倾向及砾石岩性均指示着阳逻砾石层来自北部的大别山地区,其物源与长江没有关系。黄宁生等(1993)对阳逻附近的半边山、香炉山、阳逻电厂、马鞍山、淘金山、锦屏山、松树湾、龙口、凤凰山等剖面的砾石AB面倾向进行了统计,分析认为形成半边山附近砾石层的古水流主要来自北西方向的黄陂;而东部凤凰山、锦屏山一带砾石的AB面均倾向北东,说明有来自东北方向(麻城、新洲)的古水流流经本区。这两个方向其实都指示了砾石层的物源区为北部的大别山地区(黄宁生等,1993)。陈华慧等(1987)认为到更新世晚期长江才贯通湖北,在阳逻砾石层沉积的时代长江还没有形成,阳逻砾石层中含有大量近源物质,如其中的硅化木和铁质壳就来自底部的新近纪地层。

远源:砾石层一部分来源于长江,另一部分是来源于大别山南麓的倒水或者滠水(陈华慧等,1987;梅惠等,2011)。梅惠等(2011)对半边山剖面的砾石层古水流进行研究时发现其流向主要为西南向,与现今长江流向一致,于是她认为阳逻砾石层主要来自长江。但是这与黄宁生等(1993)对半边山剖面砾石AB面倾向的测量结果完全相反。通过野外实地调查,我们发现在砾石层剖面中常常可见到不同层位砾石的AB面倾向相反。此外,前人对砾石层AB面倾向的测量可能没有注意到不同层位之间的

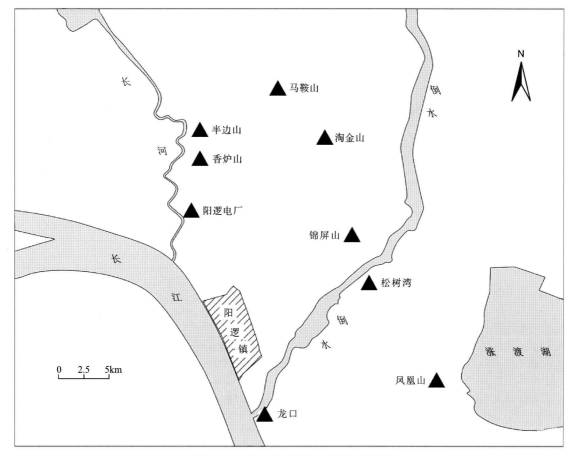

图 2-2-3　阳逻砾石层剖面位置示意图

对比。

阳逻砾石层位于宜昌砾石层和南京雨花台砾石层中间，由于其特殊的地理位置，其中的沉积物很可能同时记录了宜昌与南京两地的特征。作为沿江砾石层的重要一环，对其研究可以为宜昌、南京两地的砾石层研究提供参考。

通过对江汉盆地进行的古地理重建表明，江汉盆地至少在 36Ma 之前应当为内流水系（郑洪波，2013）。古长江通过溯源侵蚀，水系在向上游扩展的过程中首先要经过阳逻地区。通过对阳逻砾石层的研究，可以推算出江汉盆地从内流水系变为外流水系的时间。

由前文可知，目前对阳逻砾石层的研究存在较大的争议，这一方面是受时代的限制，测试手段比较落后，测年结果不准确；另一方面是之前的研究并没有注意到将不同剖面之间、砾石层与现代河流沉积物之间进行对比，这也是产生分歧的重要原因。为了解决上述问题，本书中将采用重矿物分析方法对阳逻砾石层和研究区内的现代河流沉积物进行研究，对阳逻砾石层的物源进行判别。

阳逻砾石层属于河流阶地沉积物，沉积环境复杂多变。以阳逻电厂剖面为例（图 2-2-4），剖面上既有河流相沉积也有湖相沉积，砾石层的顶部发育了超过 2m 厚的网纹红土，指示着砾石层受到后期强烈的化学风化作用。从前人研究的重矿物组合结果中可以看出砾石层中的不稳定矿物几乎被风化完毕，只剩下少量稳定矿物，如锆石、电气石、独居石、金红石等。只有对阳逻砾石层中剩下的稳定矿物进行详细鉴定，才能获得正确的物源信息。此外，前人对阳逻砾石层只进行了重矿物组合研究，且仅采集了 3 个样品是远远不够的。

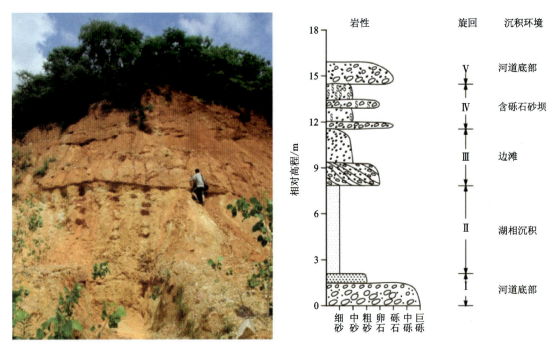

图 2-2-4 阳逻电厂剖面沉积层序与沉积环境

对长江上游重矿物的研究显示,不同河流均有独特的矿物组合(表 2-2-3)。在砾石层中找到具有上游水系特征的不同矿物组合,即可判断上游某条支流的沉积物是否已经被搬运至阳逻地区,并据此来推测研究区内水系的演化过程。

表 2-2-3　长江不同支流重矿物特征矿物

河流名称	重矿物特征矿物
金沙江	红柱石、磷灰石
岷江	蓝晶石
涪江	榍石
汉江	磷灰石、紫苏辉石、硅镁石
湘江	锆石

之前不同学者分别利用岩石地层学(陈华慧等,1987)、热释光法(TL)(黄宁生等,1993)和电子自旋共振法(ESR)(梅惠等,2009)对阳逻电厂剖面进行了年代学测定,认为其时代为早更新世晚期。但是最近对同一剖面的 ESR 测年结果(田望学等,2011)表明阳逻砾石层跨越了第四纪界限,其时代为新近纪至早更新世。而通过生物地层学方法研究后,齐国凡等(2005)却认为阳逻砾石层时代为新近纪。TL 法对晶格缺陷不够灵敏,而且难以测量小于 2mm 的矿物颗粒,已经逐渐被 OSL、ESR 测年法取代(Lian,2013)。虽然之前有学者采用 ESR 测年法,但是测定的剖面数量过少,难以进行不同剖面的对比。例如梅惠等(2009)测量的 6 个样品均在一个剖面上。抑或同一剖面上样品过少,其结果的可靠性值得商榷,例如田望学等(2011)只测量了 2 个样品。为了弥补前人年代学研究的不足,本研究中将采用 ESR 年代学方法对砂层样品进行年代学测定,并且将其在多个剖面获得的年龄数据中进行对比,以区分不同位置砾石层的新老关系。

以阳逻砾石层 6 个典型剖面及研究区内长江、汉江、府河、滠水等河流的沉积物样品为主要研究对象,本次主要开展阳逻砾石层沉积学和年代学分析,以及砾石层与河流沉积物中重矿物研究,最终对砾石层物源进行判别。

(二)研究材料

通过野外调查,我们认为阳逻砾石层并不是之前学者认为的仅仅分布在新洲区阳逻街道等地区,而是在武汉黄陂区横店街道至新洲区阳逻街道广泛分布(图2-2-5)。由于后期河流侵蚀,目前阳逻砾石层被河湖分割为3个地区。

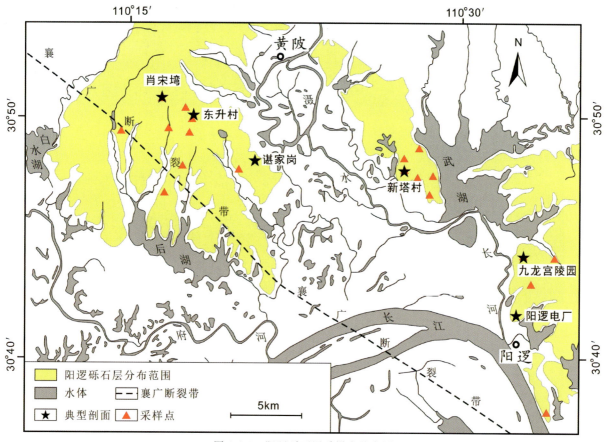

图 2-2-5 阳逻砾石层采样点分布图

(1)黄陂区横店镇西南至后湖这一地区的砾石层厚度较大,普遍超过10m,其中以肖宋塆、东升村和谌家岗地区的砾石层(图 2-2-6a~c)最为典型,3个地区均存在大于15m的剖面。

(2)武湖西侧新塔村(图 2-2-6d)附近也分布有大量砾石层,这一地区的砾石层厚度较小,最厚的砾石层剖面可以达到8m左右,砾石层保存完整上覆网纹红土,以含有较厚的铁壳层为显著特点,铁壳层厚度普遍超过2m。

(3)在研究区的最东面阳逻街道附近也存在大量的砾石层,这一地区的砾石层厚度最大,普遍超过10m。砾石层中有大量硅化木化石,这一地区的典型剖面为九龙宫陵园剖面和阳逻电厂剖面(图 2-2-6e、f)。这一地区的阳逻砾石层也是研究程度最高的地区(方鸿琪,1961;陈华慧等,1987;邓健如等,1991;梅惠等,2009)。

本研究中将在这6个典型阳逻砾石层剖面采集实验所需的样品,同时对采集区域内的现代河流沉积物样品进行对比,包括长江、汉江、府河、滠水、倒水、长河、举水等。

本次共采集自然重砂样品44件,其中6件为基岩样品,其余38件为砾石层中砂层样品。所选砂层厚度均超过30cm,采样时避开风化严重的砾石、砂层裂隙,以及其他生物、流水所形成的孔洞。为避免样品遭到污染,所有采样点均剥去表层10cm左右的沉积物,样品均由剖面底部向上依次取样,采样点均匀地分布在研究区内的阳逻组。

图 2-2-6　阳逻砾石层典型剖面
a.肖宋塆；b.东升村；c.谌家岗；d.新塔村；e.九龙宫陵园；f.阳逻电厂剖面

为了弄清楚砾石层与武汉地区地表河流的关系，我们采集了研究区内的长江、汉江、府河、滠水、倒水以及举水等现代河流样品，采样点如图 2-2-7 所示。

（三）研究方法

1. ESR 年代学样品的采集与测试

ESR 测年是近年来迅速发展起来的以测定地学和考古样品为主的一项新的测年技术，是在 TL 测年技术的基础上逐步发展起来的。ESR 法作为一种测年的手段首先由 Zeller 等于 1967 年提出，在 20 世纪 70 年代后半期才得到系统的研究并用于地学和考古的测年。ESR 方法测年范围可覆盖距今 2.5Ma 以来的整个第四纪，已被广泛运用到河流阶地沉积物的测年中，且取得了较理想的结果。

自下而上在剖面不同高度上的砂层中依次采样，在关键层位至少需要采集两个样品。采样时避免

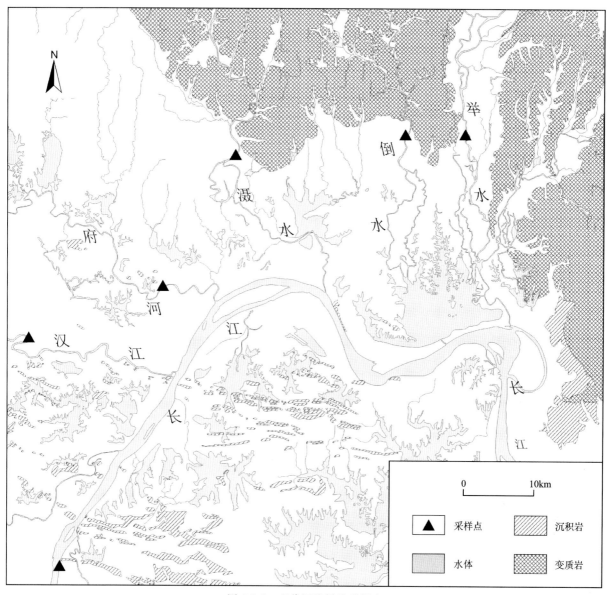

图 2-2-7 现代河流样品采样点

在岩性突变处采样,应至少距离突变界线 30cm 处采集样品。采样前首先剥去表层至少 30cm 厚度的物质,以避免采集到表层曝光的样品;然后将钢管接触剖面的一段塞上避光材料(黑布、黑色塑料袋、棉花等),从另一端将钢管用锤子垂直砸入新鲜剖面中,取出钢管时用相同材料塞紧里端,并用胶带束紧两头,写上样品编号。对一些关键层位需要采集多个样品,对测试结果进行比较。ESR 样品被送往中国原子能科学研究院计量测试部进行测定,所用仪器为德国 BRUKER 公司生产的 E1VIX-8/2.7 型顺磁共振谱仪。

2. 样品采集及重矿物挑选鉴定

利用河流下游的沉积物来反演河流上游水系的重组过程已经被证明是一种非常有效的方法(Van, 2009;Yan,2012;Cina,2009)。由于受后期构造活动改造、河流夷平作用以及崩塌滑坡等因素的影响,在这些河流的上游地区已很难找到完整的沉积记录。这些河流离开山区后,在山前地区由于河流的沉积卸载而形成了丰富的沉积物和大规模的冲积扇。对这些冲积扇中的沉积物进行研究可以反演这一地区的古地理环境。

选择阳逻砾石层典型剖面从下往上依次采样,主要采集砂层中的样品。现代河流样品采样地点选择河流低水位时所出露的砂坝、边滩等位置。为了降低城市、水库以及其他水利设施对河流沉积物的影响,采样地点应尽量选择上游地区。每个样品采集 2kg 以上,用标准分析筛筛选 0.063~0.125mm 的样品,经磁选、重液选、显微镜下鉴定等步骤后挑选出其中的重矿物。

(四)讨论

1. 砾石层与网纹红土的 ESR 年代及其意义

1)江北阳逻组砾石层 ESR 年代

前人对阳逻镇附近的阳逻组地层的时代进行了大量的年代学研究,从地层年代测定的方法上看,主要有生物地层学方法和热释光法,ESR 年代学数据较少。本研究中大量采用 ESR 年代学方法对武汉地区砾石层和网纹红土的年代进行了测量,得到了大量精确的年代学数据,为我们能够更准确地进行地层对比提供了保障。

前人对江北阳逻组砾石层进行了 ESR 年代学测量,得到其年龄如表 2-2-4 所示,从表中可知其年龄集中在更新世卡拉布里雅期(Calabrian)。本书中的 11 个 ESR 样品测试结果,砾石层的沉积年代从杰拉期(Gelasian)晚期一直持续到中更新世(表 2-2-5,图 2-2-8)。最年轻的第一个样品为九龙宫陵园剖面(PM15)中的(360±59)ka,最老的一个年龄为香炉山剖面(PM16)中的(1.842±0.344)Ma。这与前人所测得的数据相近,同时说明采用 ESR 方法对武汉地区的地层进行年代学测定是可靠的。

表 2-2-4 前人对阳逻砾石层测年结果数据汇总

序号	取样地点	取样位置	测年方法	年龄/Ma	资料来源
1	阳逻半边山	剖面下部	TL	0.929	关康年等(1993)
2	阳逻半边山	剖面下部	TL	0.934	关康年等(1993)
3	阳逻半边山	剖面上部	ESR	1.12	梅惠等(2009)
4	阳逻半边山	剖面下部	ESR	1.78	梅惠等(2009)

表 2-2-5 阳逻组砾石层年代学测量结果

序号	取样地点	剖面编号	编号	年龄/ka	误差(±)
1	黄陂区东升村	PM8	JQ-ESR-1	898	145
2	黄陂区东升村	PM9	JQ-3-ESR-1	558	100
3	黄陂区东升村	PM10	JQ-ESR-4-1	905	95
4	黄陂区马周田村	PM11	MZT-ESR-1	931	127
5	黄陂区肖宋塆村	PM12	XSW-ESR-1	1727	282
6	黄陂区谌家岗	PM13	CJG-ESR-1-1	1536	338
7	新洲区阳逻镇九龙宫陵园	PM15	JGLY-ESR-1	525	69
8	新洲区阳逻镇九龙宫陵园	PM15	YL-ESR-1	360	59
9	新洲区阳逻镇香炉山	PM16	XLS-ESR-1	1842	344
10	新洲区阳逻镇阳逻电厂	PM17	YLDC-ESR-1-1	410	58
11	新洲区阳逻镇阳逻电厂	PM18	YLDC-ESR-2-1	1417	314

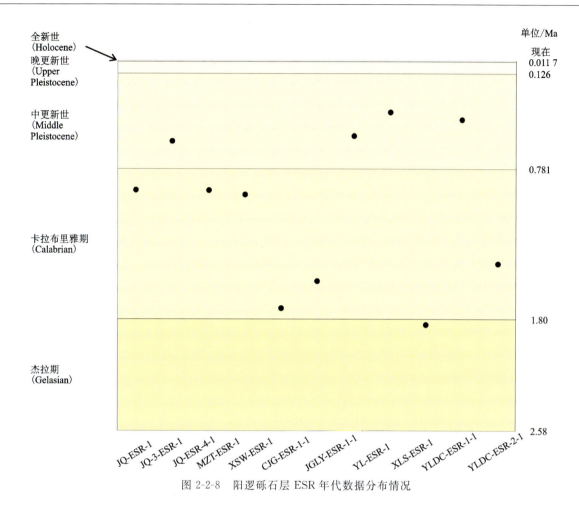

图 2-2-8　阳逻砾石层 ESR 年代数据分布情况

结合前人所得到的数据,江北的阳逻组砾石层形成年代可能跨越了更新世的大部分时期,即肖宋垸—横店地区在这一时期一直以冲洪积相为主。

2)江南阳逻组砾石层与网纹红土 ESR 年代

对江夏区傅家湾砾石层剖面中的砂层透镜体进行 ESR 测年,得到其年龄为(253 ± 54)ka,指示着这一套地层年代为中更新世晚期。这与江北阳逻组砾石层的年代相比明显较为年轻,这显示着在中更新世晚期,江南地区也出现了冲洪积物。但是由于这一地区的河流汇水面积较小,其所形成的冲积扇规模也相对较小。

同时,由于这套砾石层的形成年代与网纹红土的形成时代较为相近,为了弄清楚江南砾石层与网纹红土之间的关系,我们选取 3 个网纹红土典型剖面进行了 ESR 年代学测定。

学者们使用释光技术和电子自旋共振测年法配合磁性地层学法所得出的网纹红土(不含均质红土)的岩石地层单元的底部年龄一般为 0.9~0.8Ma,有些地区为 1.23~1.0Ma;网纹红土顶部年龄一般为 0.5~0.4Ma,有些地区达 0.3~0.1Ma。均质红土岩石地层单元一般为 0.4~0.1Ma。

本研究中的网纹红土主要集中在中更新世(表 2-2-6,图 2-2-9),这与前人对网纹红土的认识一致。从野外露头上看,大部分地区的砾石层也同时出现了明显的网纹化特征,其形成时代晚于砾石层的年代,测试结果也与此相符。

表 2-2-6　网纹红土测试结果

序号	取样地点	编号	岩性	年龄/ka	误差（±）
1	工业一路与刑远长街交会处	FJW-ESR-1	网纹红土	699	98
2	工业一路傅家湾村	FJW-ESR-2	砂砾石层	253	54
3	工业一路傅家湾村	FJW-ESR-3	网纹红土	256	88
4	何王村	HWC-ESR-6	网纹红土	634	64
5	何王村	HWC-ESR-7	网纹红土	499	63
6	何齐尹村	HQY-ESR-9	网纹红土	512	46

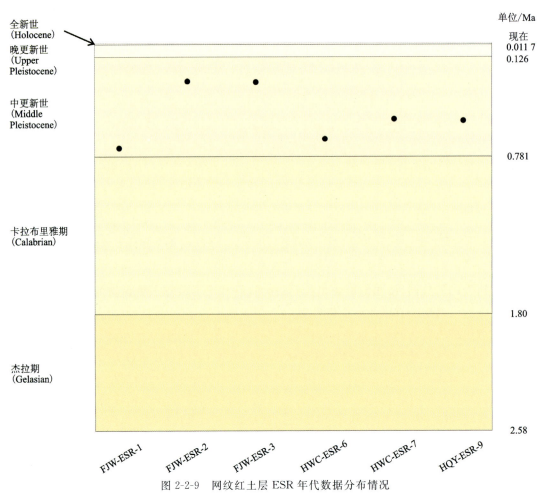

图 2-2-9　网纹红土层 ESR 年代数据分布情况

2. 矿物组成、相对含量比值与物源关系

在砾石层样品中共检测出重矿物有锆石、磷灰石、金红石、电气石、楣石、蓝晶石、独居石、绿帘石、辉石、石榴子石、白钛石、锐钛矿、钛铁矿、黄铜矿、黄铁矿、自然金、方铅矿、碳硅石、辉钼矿 19 种，其中黄铜矿、黄铁矿、自然金、方铅矿、碳硅石、辉钼矿等仅在个别样品中出现，且含量极少。现代河流样品共检出 22 种矿物，除了上述的 19 种矿物之外，还有绿泥石、刚玉、辰砂 3 种矿物（表 2-2-7、表 2-2-8）。

从各个样品的重矿物分布图（图 2-2-10）上可以看出金红石在不同剖面中的含量差异较大，PM7-13 号剖面以及 PM14 号剖面中的 PM14-4 号样品金红石含量较高，剩下的样品中金红石含量较低。这指示着这些沉积物的物源区可能不同。

第二章 基础地质

表2-2-7 阳逻砾石层44个样品重矿物组合

单位:%

编号	Zrn	Rt	Ap	Lcx	Ant	Tou	Ilm	Py	Ccp	Gal	Ky	Mnz	Ep	Aug	Grt	Sph	Msn	Mdn	Gold
PM7-1	13.64	28.16		14.39	5.18	0			2.02	4.55	0					32.07			
PM7-2	17.43	37.57		29.43	2.00	0			3	3.57	1.14					5.86			
PM7-3	17.85	46.05	0	24.11	8.31	0			0	0.95	0					2.72			
PM8-1	49.31	12.63	0	21.26	4.78	2.00		0		0.77	0		0.31		0.46	8.47			
PM8-2	35.89	24.60		20.83	4.70			0		3.36	0.81				2.42	7.39			
PM8-3	18.56	32.98		14.54	5.32				0	0.83	0					27.78			
PM8-4	19.13	28.16		18.50	1.44				0.72	0	0					32.04			
PM8-5	18.47	33.45		11.39	2.16				0	0.84	0					33.69			
PM8-6	24.73	41.94		18.31	6.42	0		0	3.29	1.10	0				4.23				
PM9-1	23.13	26.67		8.44	4.90	0			0	1.09	0					35.78			
PM9-2	18.66	21.82		15.64	11.73				0	0	0.64					32.16			
PM10-1	21.51	49.76	0	26.16	0			0	0	1.93			4.65						
PM10-2	17.84	55.28	1.01	20.35	0				0.50	0.38	0		0		0				
PM11-1	21.18	67.91	1.03	8.47	0				0	1.41	0		0		0	5.33			
PM11-2	34.73	45.07	7.11	5.17	0		0	1.00	0	2.58	0		0		0				
PM11-3	33.10	39.09	3.99	8.99	5.99			0	0	2.43	0	0	0		0	4.42			
PM12-1	32.17	47.70	5.71	11.25	0		0		0	2.06	0		0		0	1.11			
PM12-2	33.39	37.27	7.93	11.80	0				0	5.40	0		0		0.51	3.71			
PM12-3	30.69	35.71	5.83	4.08	0				0	2.10	0		0		0	21.59	0		
PM12-4	27.54	56.81	2.03	6.89	0.94		0	0.94	0	1.88	0		0		0	2.97			
PM12-5	43.11	44.54	3.04	6.08	0				0	1.07			0		0	2.15		1.00	
PM13-1	29.80	43.14	4.99	18.95	1.00		0		0	2.12			0						
PM13-2	29.51	30.46		31.55	4.24				2.04	2.20	0		0					0	

续表 2-2-7

编号	Zrn	Rt	Ap	Lcx	Ant	Tou	Ilm	Py	Ccp	Gal	Ky	Mnz	Ep	Aug	Grt	Sph	Msn	Mdn	Gold
PM13-3	30.73	55.21	0	8.51	3.13				1.04	1.39	0								
PM13-4	24.70	53.78		16.73	3.39				0	0.20						1.20			
PM14-1	66.16	25.17		2.04	5.27					0.34	0.51					0.51			
PM14-2	20.17	37.18		1.58	2.31				10.09	0	0		0			28.68			
PM14-3	26.61	16.81		3.55	2.80				12.61	0.84	1.77		0			35.01			
PM14-4	13.82	23.15		2.20	1.10	0			9.97	0.37		34.77	0.27	0		14.36			
PM15-1	27.98	7.53	0	34.52	6.68	0			0	6.96	0			1.87	3.55	12.78			
PM15-2	46.62	4.68		17.86	3.92	0			0.76	2.07	1.09			1.61	5.23	17.76			
PM15-3	30.11	6.85		36.97	4.27	0			0.90	3.60	0.34	0.34	0.22	0.88	6.40	10			0
PM15-4	19.60	8.43		30.29	4.28				3.56	2.14	0			1.31	3.33	28.38			0
PM16-1	28.27	6.19		10.75	2.57	0			0	3.74	0.58			0.28		46.03			
PM16-2	33.51	10.05		11.39	2.55	0			0	1.61	0.54			0.87		38.74			
PM16-3	27.94	17.65		9.56	3.38				2.79	2.50	0.29			1.81		35.00			0
PM17-1	48.76	4.95		9.17	5.68	0			0	2.62	2.62			1.11		24.89			
PM17-2	42.94	18.28		3.46	2.08				0	1.52	3.19			0.28		28.25			
PM17-3	34.55	23.96		8.33	4.51				0.35	2.60	5.21			0.87		19.62			
PM17-4	25.84	5.81		19.90	1.81	0			0	3.10	0.65			1.81		41.09			
PM18-1	48.12	7.23		10.71	2.23				0	3.34	1.11			1.11		26.15			
PM18-2	25.31	8.73		30.37	0.52	0			0.17	11.69	0.52			4.36		18.32			
PM18-3	23.55	5.39		22.89	2.37				0	7.50	0.53			2.37		35.39			
PM18-4	22.88	8.46		20.53	3.05				0	5.13	0.69			1.94		37.31			

矿物名称简写:Ccp. 蓝铜矿;Zrn. 锆石;Ap. 磷灰石;Ant. 锐钛矿;Rt. 金红石;Lcx. 白钛矿;Sph. 榍石;Tre. 透闪石;Ky. 蓝晶石;Grt. 石榴子石;Aug. 普通辉石;Hor. 角闪石;Ep. 绿帘石;Chl. 绿泥石;Tou. 电气石;Ilm. 钛铁矿;Py. 黄铁矿;Mnz. 独居石;Crn. 刚玉;Gold. 自然金;Msn. 碳硅石;Cn. 辰砂;Gal. 方铅矿。

表 2-2-8 现代河流 12 个沉积物样品重矿物组合

单位：%

编号	Zrn	Ap	Rt	Ant	Lcx	Sph	Tre	Ky	Grt	Aug	Hor	Ep	Chl	Tou	Ilm	Py	Mnz	Msn	Gold	Crn	Cn	Gal
HJ-1	7.58	6.12	4.08	2.77	1.31	20.41	2.04	0.73	5.39	7.58	5.39	16.76		0.73	19.10	0	0				0	
HJ-2	10.77	4.84	8.72	2.18	1.09	10.29	0.61	0.24	5.81	10.90	4.24	14.16		0.73	25.06	0.24	0.12				0	
HJ-3	13.96	7.36	8.13	2.91	2.15	11.81	1.07	0.31	4.14	13.04	4.14	10.58		1.69	18.71		0		0		0	
FH-1	11.44	1.05	5.95	1.52	1.98	14.94	1.98	0.35	3.27	3.27	14.24	23.34		0.12	10.97	5.48	0				0.12	
FH-2	25.83	0.52	5.58	1.65	6.20	7.85	0.52	0.52	8.99	3.41	6.92	7.54		2.07	20.66	0.52	0.10	0	0	1.14	0	
CJ-1	20.88	2.00	7.13	3.88	5.25	9.75	2.63	1.25	5.00	3.50	11.38	7.13	5.00	0.38	14.88	0	0				0	
CJ-2	34.72	2.07	8.02	2.07	4.01	8.02	0.69	0.28	3.04	6.78	3.04	7.47	4.56	0.55	14.25	0.28	0.14	0	0		0	
SSH	2.05	2.51	9.25	0.57	1.03	10.27	1.48		11.99	5.59	14.38	27.97		0.11	12.79		0					
DS-1	13.27	2.28	22.25	0.51	0.51	9.99	1.14	0.51	3.03	1.90	4.93	26.30		0	13.40		0					
JS-1	0	1.83	0		0	35.28	0.55	1.28	0.91	0.91	39.49	18.10			1.65	0						

注：表格中"0"代表本样品中含有极少量某种矿物；空白表示没有检出某种矿物。

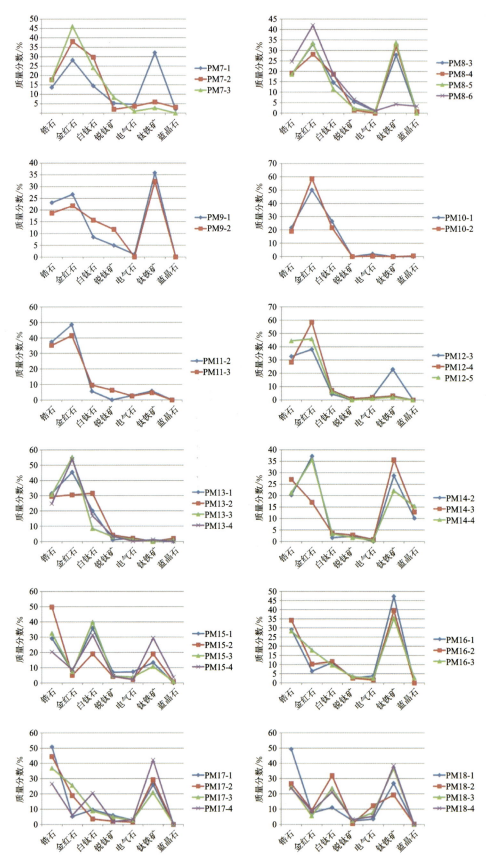

图 2-2-10 各个样品中重矿物分布图

根据锆石-电气石-金红石(ZTR)关系(图2-2-11)以及重矿物指数 ZTR、RuZi 指数相关性图显示，横店附近的样品与武湖西侧新塔村剖面的样品较为相似。而阳逻地区的样品与上述两个地区的样品 ZTR 组成差异较大。PM14 新塔村剖面中有一个样品中的锆石含量较高，在图像中的位置位于这两组数据的中间位置，可能指示着样品中有一部分沉积物与阳逻地区的沉积物相似。

将阳逻砾石层中的重矿物样品与现代河流样品进行对比，可以看到两者之间有较好的对应关系(图2-2-12)。长江、汉江、府河的样品与阳逻镇附近的样品相似，这表明阳逻镇附近的沉积物成分可能受到过长江沉积物的影响。

阳逻砾石层重矿物样品的 ZTR 指数和 RuZi 指数显示，剖面 PM7～PM14 的样品 ZTR、RuZi 指数比 PM15～PM18 高；不同河流样品两个指数在图上的差异明显，滠水要明显比其他河流高(图2-2-13～图2-2-14)。在河流样品中，只有长江的 RuZi 指数比 ZTR 指数小，这指示长江与其他河流相比有不同的沉积物组成，其中金红石含量明显较少。

重矿物组合及相关指数分析结果均显示，横店附近的砾石层(包括肖宋垮、东升村、谌家岗剖面)与新塔村剖面较为相似，与阳逻地区的砾石层相比差异较大，指示着两者沉积物的源区来自不同的河流。

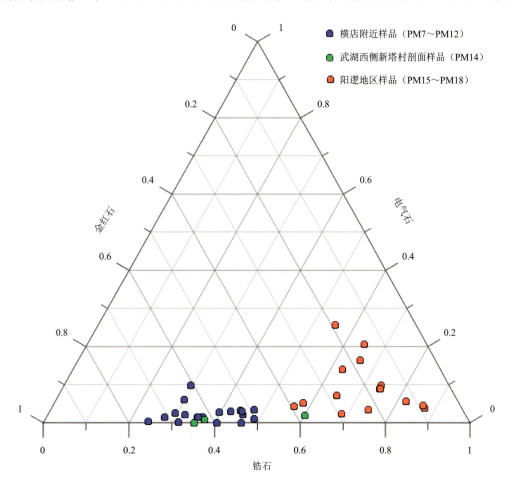

图 2-2-11 阳逻砾石层样品中锆石-电气石-金红石(ZTR)三角图

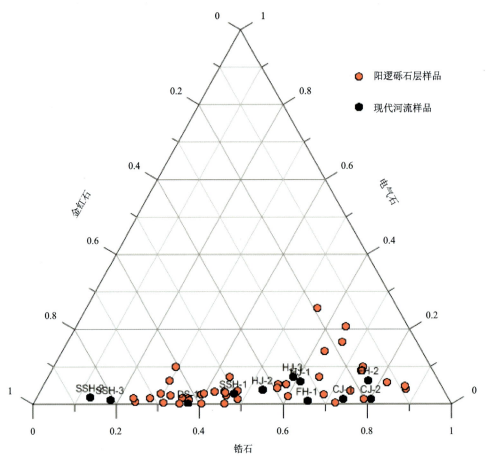

图 2-2-12 阳逻砾石层与现代河流重矿物中 ZTR 三角图

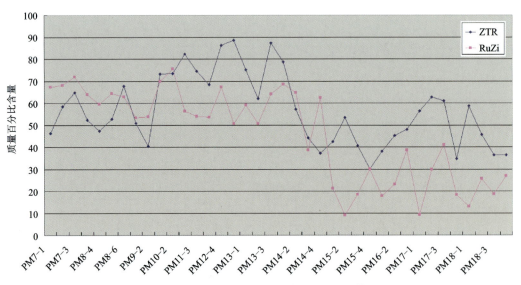

图 2-2-13 所有样品 ZTR 指数和 RuZi 指数

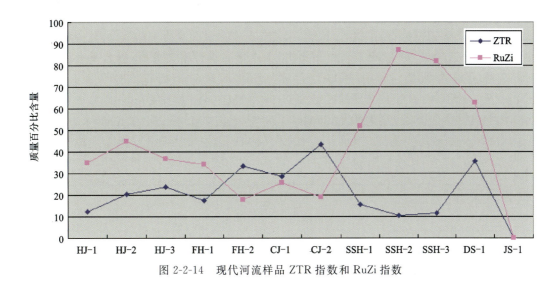

图 2-2-14 现代河流样品 ZTR 指数和 RuZi 指数

3. 利用聚类分析来对样品进行分组

聚类分析是将比较相似的样本聚集在一起,形成群组(cluster),以"距离"作为分类的依据,相对距离愈近的,相似程度愈高,归类成同一群组。聚类分析可分成分层聚类法(hierarchical)和 k 均值聚类法(k-means)。k-means 聚类要求数据满足正态分布才可以使用这种方法,所以在本书中采用分层聚类法,用来获得所有样品的分类关系。由于各个样品中重矿物的种类差异较大,我们选取锆石、金红石、白钛石、锐钛矿、电气石、钛铁矿、蓝晶石 7 种矿物作为指标进行聚类分析。这 7 种矿物在每个样品中均有发现,具有一定的代表性。

现代河流样品进行聚类分析结果表明,发源于大别山的 3 条河流,即府河、滠水、倒水的样品(FH-1、SSH-3、DS-1)可以聚为一类,长江的 2 个样品可以聚为一类,汉江的 3 个样品(HJ-1、HJ-2、HJ-3)可以聚为一类(图 2-2-15)。这一结果显示,不同物源区的河流沉积物在重矿物组成上有明显的差异,而且这种差异可以用聚类分析进行判别。

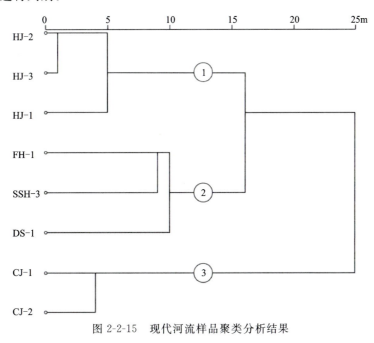

图 2-2-15 现代河流样品聚类分析结果

综合考虑各样品中重矿物的含量,除选取锆石、电气石、金红石3种最为稳定的矿物之外,还选取了在各样品中均出现的矿物白钛石、锐钛矿、钛铁矿、蓝晶石作为聚类分析中的指标,这4种矿物也是大别山变质岩区所常见的矿物。对12个砾石层剖面中38个样品进行聚类分析,结合所有剖面的空间分布关系,将所有样品分为两组。其中,PM7-1、PM8-3、PM8-4、PM8-5、PM9-1、PM9-2、PM12-3、PM14-2、PM14-3、PM14-4、PM16-3、PM15-1、PM15-2、PM15-3、PM15-4、PM18-2、PM17-1、PM17-2、PM17-3、PM18-1、PM16-1、PM16-2、PM17-4、PM18-3、PM18-4归为一组;PM7-2、PM7-3、PM8-6、PM10-1、PM10-2、PM11-2、PM11-3、PM12-4、PM12-5、PM13-1、PM13-2、PM13-3、PM13-4归为另外一组(图2-2-16)。

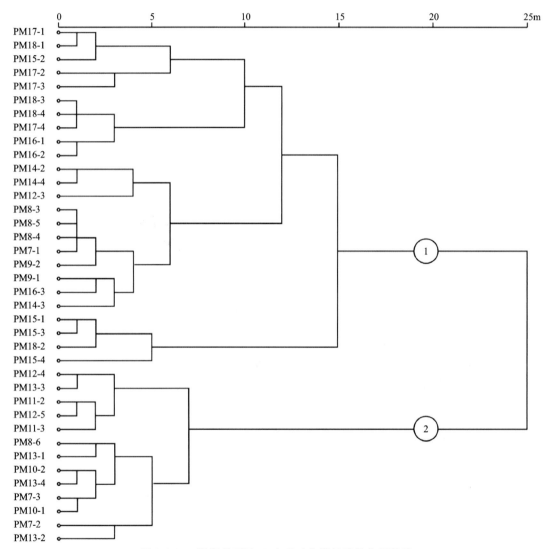

图2-2-16 阳逻砾石层38个重矿物样品聚类分析结果

将阳逻砾石层样品与现代河流样品一起进行聚类分析后可以看到,现代河流样品与第一组样品较为接近(图2-2-17)。

(五)大别山南麓古地理重建

重矿物指数(ZTR、RuZi)的分析结果显示,阳逻地区的砾石层和横店镇附近的砾石层有着较为明显的差异。结合SPSS软件对重矿物数据进行了聚类分析,将所有样品分为两组。其中,PM7~PM13号剖面上部样品均出现了与其他样品差异较为明显的特征,在聚类分析中聚类为第二组。以上预示着这些样品所对应的沉积物可能与第一组样品所对应的沉积物源区不同。结合前人研究成果,笔者认为

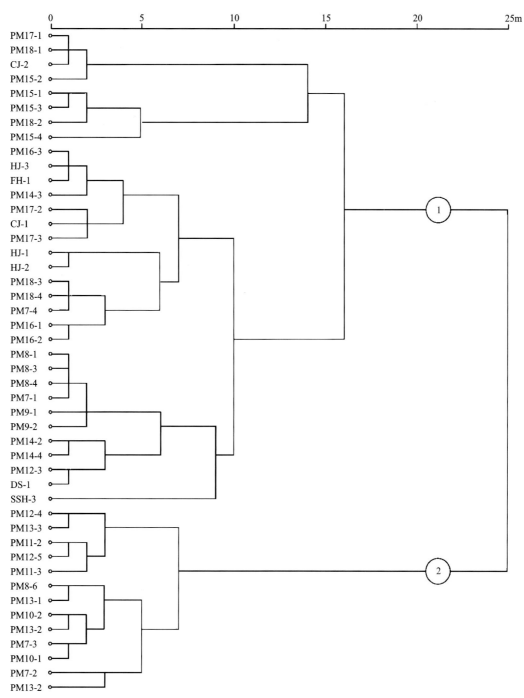

图 2-2-17 所有样品聚类分析结果（包括阳逻砾石层样品和现代河流样品）

来自府河和长江的冲洪积物组成了本地区第四纪早期的沉积物,其上堆积了大别山南麓河流包括滠水、倒水、举水所形成的冲积扇,这些河流对本地区的古地貌格局产生了较大的影响。

根据本研究,推测长江、府河、滠水、倒水、举水等河流组成了长江中游地区一个巨大的水系网络在中更新世早期已经形成。沉积物组成以长江、府河所携带的中细颗粒沉积物和滠水、倒水、举水从大别山地区所携带来的冲洪积物为主。地貌上,武汉地区位于滠水、倒水、举水所形成的冲积扇上,冲积扇南缘附近的河流形态以辫状河为主;现今武汉城区部分以起伏较大的丘陵岗地为主,同时在长江南部地区发育少量小型冲洪积扇(图 2-2-18)。

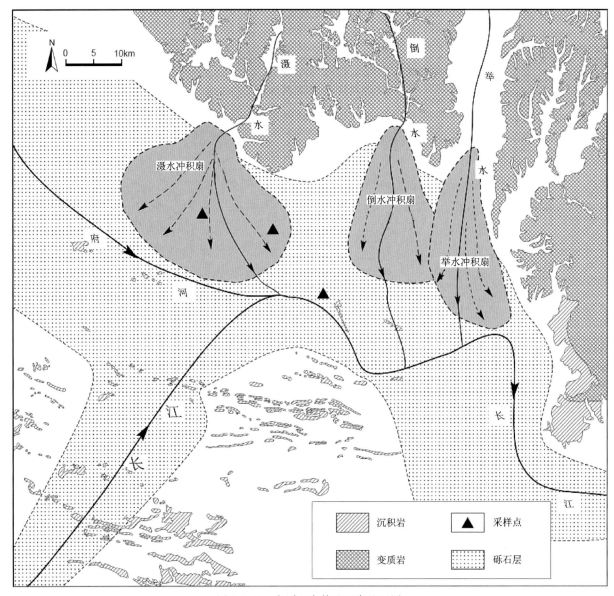

图 2-2-18　大别山南麓地区古地理图

(六) 结论

(1) 在对砾石层中砂层进行 ESR 年代学测定的基础上,结合重矿物分析和聚类分析,对黄陂至横店地区阳逻砾石层有了更为全面的认识。肖宋塆至新塔村剖面的上部可能为古㵲水冲积扇的沉积物,而其剖面下部与阳逻镇附近砾石层成分相似,二者可能有共同的物源。从阳逻砾石层空间分布特征和重矿物组成上看,推测其沉积物可能来自长江、府河的河流沉积物。

(2) 以现今长江为界,江北侧的阳逻组砾石层与南侧的砾石层在其形成年代上有一定差别。江北侧的砾石层规模较大,地层出露完整,中更新早期到晚更新世底部为河流相,顶部为风尘沉积物堆积。露头较少,以江夏(纸坊)北部开发区地区出露较多,但是其厚度与分布面积也无法同江北侧砾石层相提并论。长江南部阳逻组砾石层形成年代较晚,主要集中在中更新世晚期。

(3) 在中更新世时期,武汉地区的古地貌特征受大别山南麓㵲水、倒水、举水等河流所形成冲积扇的影响。而中更新世之后的砾石层规模明显缩小,武汉地区的地貌格局主要受长江的影响,并开始在沿江地区发育大量的风成山和风成沙丘。

进入全新世后,由于海平面的上升,造成河流侵蚀基准面上升,水流流速降低,大量泥沙沉积在武汉地区。河流形态从辫状河发展成顺直河道,并形成大量河间洼地和湖泊。

第三节 地质构造

武汉市跨及扬子陆块和秦岭-大别造山带两个Ⅰ级构造单元,地表主要为第四纪松散堆积物覆盖,有少量古生代海相沉积地层及中—新生代陆相盆地地层出露,零星出露新生代玄武岩。古生代地层变形强烈,其主要为印支-燕山造山运动影响的结果。新构造运动的差异性明显,第四纪堆积类型及厚度差别较大,造成现今多种阶地类型和多种地貌形态共生的特点。

一、构造单元划分及边界断裂

1. 构造单元划分

武汉市地区南侧为扬子陆块区下扬子陆块之鄂东南褶冲带,所处Ⅳ级构造单元为武汉台地褶冲带,北侧为秦岭-大别造山带之随南陆缘裂谷(大陆边缘裂谷盆地)、麻城-新洲凹陷(图 2-3-1)。区内两大Ⅰ级构造单元以区域大断裂为界,具有明显不同的构造特征,而北侧随南陆缘裂谷、麻城-新洲凹陷于工作区内并无明显界线,但两大盆地控盆构造及演化特征不同,仍沿用其划分方案。

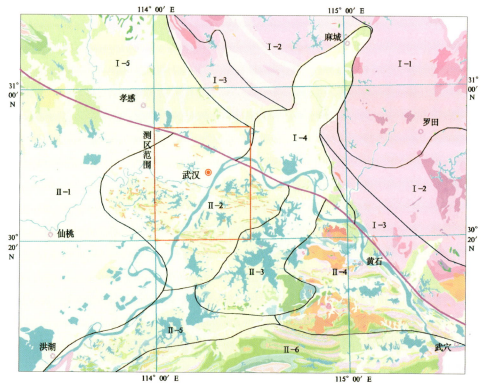

图 2-3-1 区域构造分区示意图

Ⅰ.秦岭-大别造山带;Ⅱ.扬子陆块;Ⅰ-1.桐柏-大别基底杂岩带;Ⅰ-2.英山-红安超高压变质岩系折返带;Ⅰ-3.木兰山-四望高压变质岩系折返带;Ⅰ-4.麻城-新洲凹陷;Ⅰ-5.随南陆缘裂谷;Ⅱ-1.江汉断陷盆地;Ⅱ-2.武汉台地褶冲带;Ⅱ-3.梁子湖凹陷;Ⅱ-4.大冶台地褶冲带;Ⅱ-5.嘉鱼台地褶皱带;Ⅱ-6.咸宁台地褶皱带

2. 边界断裂

两大构造单元以襄广断裂为界,该断裂是一条规模宏大的区域性断裂,东西横贯湖北省,长 600 余千米。区域资料表明,断裂带宽时达数千米,构造岩发育,出现飞来峰、构造窗等现象,具长期活动特征。该断裂在区内呈北西西向展布,在武汉市地区长约 40km,规模宏大,活动时间长,但因隐伏地下具体位置及形貌特征不详。本次调查针对上述断裂进行了物探、钻探、遥感解译、地质构造剖面调查等针对性的工作。

1)断裂两侧地层及沉积环境

以襄广断裂为界,断裂两侧地层在沉积物质组合、岩相特征、地层层序、构造演化等方面均存在较大差异。

断裂带南侧属上扬子陆块,为古—中生代沉积盖层,属碳酸盐岩及碎屑岩类,沉积稳定;断裂北侧为秦岭-大别造山带,为一套变质沉积-火山岩系,属新元古代时期的一套陆缘裂谷相沉积组合,后期受区域变质作用,整体具中、浅变质特征。进入中生代,随着扬子陆块与华北陆块发生碰撞,扬子北缘发生构造反转,由早期构造伸展向晚期挤压逆冲转化,导致南秦岭造山带地层与扬子碳酸盐岩台地以青峰断裂直接接触。中生代晚期,随着挤压应力的释放,断裂带表现为张性特征,断裂带及两侧发育断陷湖盆沉积。

2)断裂位置及几何特征

根据本次遥感解译,地貌上沿断裂带呈负地形,形成由府河、后湖等组成的条带状水系,显示断裂活动的痕迹。另据前人钻孔资料,工作区丰荷山北部红层突然出现,且沉积厚度大于 100m,推测为襄广断裂的控盆边界(图 2-3-2)。工作区外涨渡湖西南的凤凰山、龙王咀等地发现多处零星分布的白云钠长石英片岩,经区域对比应属南华系武当岩群,而在稍南的白浒山则为扬子区沉积地层,指示该区为断裂通过区域。

该断裂构造几何形态具较典型的三层结构特点:印支-燕山造山运动时期,南华系武当岩群由北向南逆冲推覆于台缘物质之上,根据中国地质大学(武汉)1991 年电测深资料显示,在武当山玛瑙关地区造山带物质向南位移量大于 10km,在大别山黄陂地区约 30km;燕山晚期构造伸展作用以该带发育控制白垩纪—古近纪红盆沉积的断层。

区域上该断裂由一系列逆冲断层组成,在剖面上呈叠瓦状产出,断层面波状起伏向北倾斜,呈犁状,向下逐渐变缓,倾角 25°~70°。在地表露头上,顺断裂带扬子地层区普遍发育白云岩硅化、碎裂岩化等现象,构造角砾岩、挤压透镜体、同断裂斜歪褶皱较发育。本次调查重点研究了基岩出露区变形特征,其中石英砂岩中挤压构造透镜体、碎裂岩发育,白云岩中均可见硅化现象,石英硅质基本交代原岩中的白云石,导致岩石能干性极强。

3)断裂性质

断裂带在工作区内影响宽度超过 7km,由多条近平行的断裂组成,分别为龙王咀断裂、龙口断裂、青山断裂。本次物探显示,区内也发育 3 条北西西向的大断裂(图 2-3-3),由北往南为孙家湾断裂(YF_{10})、方家咀断裂(YF_9)、府河断裂(YF_8)与其相对应。

高密度电法Ⅰ线剖面解译,剖面上可见大量电阻率陡降带,推测为断层活动,为襄广断裂南侧的次级断裂。剖面上可见襄广断裂北侧新生代红盆与南侧古生代地层呈断层接触,盆地边界受断裂控制;同时断裂面南倾,指示喜马拉雅造山运动对断裂的改造作用,这也与该期盆地受挤压作用而封闭吻合。

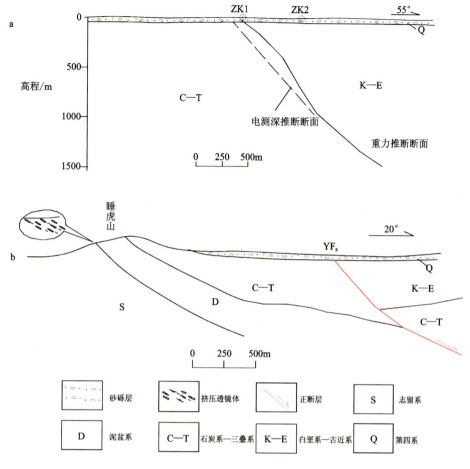

图 2-3-2 府河断裂剖面特征示意图（睡虎山）
a.物探推断剖面；b.地质解释剖面

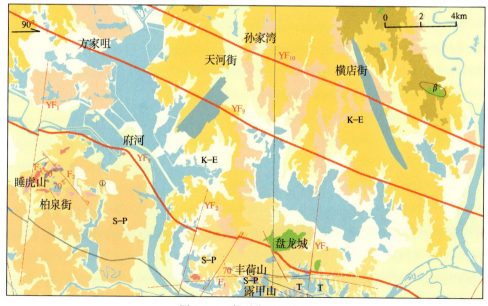

图 2-3-3 断裂位置示意图

根据前人及本次钻孔资料显示，红盆于盘龙城以北一带最厚可达150m，往北逐渐减薄，至图幅北东角振兴村一带尖灭，呈南厚北薄的楔状。且根据前人电法解释，断裂南侧古生代地层盖在红盆之上，其为红盆沉积之后区域上受南北向挤压应力作用，襄广断裂复活，并由南往北的逆冲推覆，导致断裂南倾，古生代地层推覆在红盆之上，红盆挤压关闭。因此，盆地的发展演化与襄广断裂的活动有着密不可分的关系。

在重力、磁场异常方面，磁场表现为断裂以北为正值，磁场升高；断裂以南出现大面积负值。对应的岩性，断裂北侧分布着老变质岩系，南侧则为古生代及其以后的沉积盖层。在重力场方面，工作区内低重力场中有一条沿横店镇—五通口—阳逻镇一带延伸的梯度密集带，与襄广断裂在本区的位置相符。

襄广断裂是一条规模宏大的断裂带，断裂的形成不仅造就了其周边基岩的变形特征，其发展过程也造就了现今构造分区格局。根据沿该断裂构造带不同时期、不同地段地质调查研究资料揭示，襄广断裂发生、发展与演化可识别出3期构造变形形迹。

第一期构造变形：以脆韧性变形为主，表现为一组相互平行的逆冲推覆断裂构造带，造山带物质由北向南推覆，前陆褶冲带物质向北俯冲，下插于造山带外带变质地体之下。区内武当岩群变质岩系直接逆冲于前陆褶皱带物质沉积盖层物质之上，其构造样式表现出由北向南逆冲推覆型脆韧性剪切变形带与岩片叠置的特征，为印支期陆陆碰撞造山作用的产物。工作区主要发育该期变形构造形迹。

第二期构造变形：造山后期的伸展作用，沿该带形成一系列断陷盆地，控制了白垩纪—古近纪一套红色磨拉石沉积建造。以脆性变形为特征，在盆地边缘常形成北西向正断层，受后期构造影响及盆地沉积超覆掩盖，破坏了前期构造的连续性。

第三期构造变形：形成于喜马拉雅期，以浅层次脆性变形为特征。区域上形成由南向北脆性逆断层，断面南倾，倾角低缓，这种南北向挤压作用导致了区内红盆大面积关闭。

二、地球物理场特征及隐伏构造

工作区地球物理场总体表现为北部属低重、强磁、低阻区，中南部则表现出高重、弱磁、中高阻特征，以此两大Ⅰ级构造区为背景，工作区所发育的各类物理场异常，良好地反映了区内基岩和隐伏构造特性。

1. 重力场基本特征

工作区主体间夹于北部桐柏-大别隆起区与南部幕阜山区之间，区域重力场整体呈现出北部负异常、中南部正异常的特征。

北部负异常与区内断陷盆地发育和盆地内广布密度较低的中新生代红层有关。在重力负异常的背景下，该区域在东山头、茅庙集、丰荷山一带出现一重力高值带，应由该带古生代出露地层引起的。因工作区东南跨及桐柏-大别隆起区南缘，区内属麻城凹陷的一部分，致使向北重力值急剧降低。工作区东南角位于麻城-新洲凹陷边缘，其红层及第四系厚度都有增加，受其影响，在该区域形成一北东向的梯度密集带，向南东方向，重力值急剧降低。

工作区主体间夹于北部桐柏-大别隆起区与南部幕阜山区之间，区域重力场为正异常。其中汉阳幅 Δg 布格最高达16mgal以上，与区内广布密度较高的古—中生代地层有关；总体呈近东西向展布，与其南、北两侧负异常均呈梯度带衔接，与工作区构造展布方向吻合。区内重力场北高南低，于工作区南部边缘太子湖南部递减为零值线。最高值位于吴家山北部，该处有古生代基岩露头；最低值位于江堤乡南部，可能有隐伏红盆分布；武汉市幅 Δg 布格最高为8mgal以上，与区内广布密度较高的古—中生代地层有关；东北角出现负异常，为密度低的红盆分布区。重力场总体呈近东西向展布，叠加北西向重力场，代表了工作区构造线的基本展布方向。最高值位于北湖、天兴洲一线，向北呈急剧递减的梯度带，与青山断裂分界线基本吻合；向南呈平缓波状递减，在徐东至小潭湖一线相对重力低谷与近东西向的隐伏红盆有关；金口镇幅 Δg 布格在 $-2\sim 6$ mgal 之间，变化平缓，与区内广布密度较高的古—中生代地层有关，沌口一带局部低值区可能分布有密度较低的隐伏红盆。重力场总体呈近东西向展布，叠加北西及北北东向重力场，代表了工作区构造线的基本展布方向；重力场方向变化和重力梯度变化沿长江一线最为显著，与长江断裂的位置基本吻合；而武昌幅 Δg 布格在 $0\sim 8$ mgal 之间，变化平缓，与区内广布密度较高的古—中生代地层有关，流芳、牛山湖等地局部低值区可能分布有密度较低的隐伏红盆，而东北角和西南角峰值区与地表露头基岩分布区基本吻合。重力场总体呈近东西向展布，代表了工作区构造线的基本展布方向，并叠加了北西西向和北北东向重力梯度带，是工作区隐伏构造的良好反映。

中南部地区 Δg 布格达 15mgal 以上，与工作区广布的密度较高的古—中生代地层有关。在重力正异常的背景下，该区中部沌口、东南牛山湖一带出现负异常。沌口负异常范围不大，可能为局部小红盆引起；牛山湖一线负异常呈北北东向展布，与梁子湖凹陷的范围吻合。

工作区重力值总体呈北西西方向展布，同时伴随着小范围异常，这些均反映了各构造单元及构造层的物质组成与隐伏构造的特征。

2. 磁场基本特征

区域磁场为复杂磁场区（图 2-3-4），反映了厚度达 6~8km，不具磁性的沉积盖层通常形成区域负异常，变质岩集中出露区形成正异常。

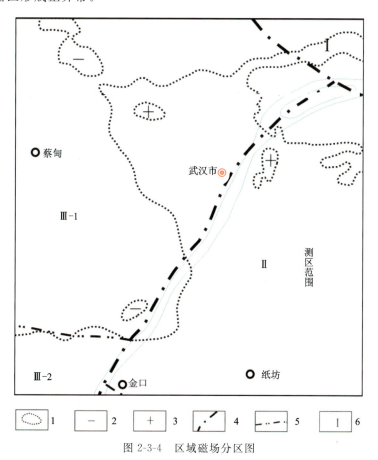

图 2-3-4　区域磁场分区图

1.磁场强度零值线；2.负异常；3.正异常；4.磁场分区界线；5.磁场亚区界线；6.分区编号

区内磁场分布总体与构造区相吻合，工作区襄广断裂南部总体为平缓磁异常区，磁场总体呈正负波动,磁场背景为－30～0γ,在该区东北部武汉钢铁厂一带受隐伏玄武岩影响,磁场强度可达180γ;工作区襄广断裂以北为秦岭-大别造山带,总体为正异常区,往北变质岩厚度增大,正异常逐渐增高,最高可达140γ,寅田村一带,有玄武岩出露,导致其出现磁异常高值,达180γ。

3. 电场基本特征

区内第四系、白垩系—古近系红层电阻率一般为20～60Ω·m,志留纪砂页岩、页岩似真电阻率为140～200Ω·m,常见值为170Ω·m左右,为相对中阻,三叠纪灰岩、二叠纪、石炭纪灰岩、泥盆纪石英砂岩似真电阻率均在400Ω·m以上,为相对高阻。

工作区襄广断裂以南,视电阻率均呈北西西—东西向展布,浅视电阻率($AB/2=150m$)大多在30Ω·m左右,深视电阻率($AB/2=1500m$)则变化略大,一般大于70Ω·m,表现为中、高阻特性,尤其是深阻呈密度较大的线状排列,为古生代地层北西西向构造特性的反映。襄广断裂以北无论浅或深视电阻率变化都不大,在30Ω·m左右,呈等值线宽缓稀疏的低阻异常,显示断陷盆地的低阻特征。

4. 隐伏构造

上述地球物理场的基本特征及现有露头资料和钻探资料表明,工作区第四纪松散堆积层覆盖下的隐伏构造形迹主要有近东西向的线状褶皱和具较大规模的北北东向、北西西向断裂。

工作区襄广断裂以南古生代基岩褶皱强烈,主体隐伏地下,大多数隐伏褶皱在局部地表有不同程度的露头,为背斜开阔、向斜紧闭的线性褶皱,北部多倒转,向南过渡为正常类型,一般呈近东西—北西西向延伸。而隐伏的中—新生代红盆均为宽缓向斜。

工作区内隐伏断裂构造较发育,在地球物理场上有所反映且具规模的断裂,以北北东向及北西(西)向为主,主要断裂简述如下。

襄广断裂带(YF):主要由从北至南分布的孙家湾断裂(YF_{10})、方家咀断裂(YF_9)、府河断裂(YF_8)3条组成。其中孙家湾断裂浅部表现为一大别造山带内断裂,其往南延伸控制着麻城盆地的西南边界,方家咀断裂则是分割扬子陆块和秦岭-大别造山带的主断裂,为襄广断裂带在浅部的表现;而府河断裂则为该断裂带的南部边界断裂,控制着随南陆缘裂谷的展布,同时也控制了沿断裂展布的红盆的南部边界。本次及前人浅震、电法剖面测量结果显示,该断裂带内部还发现有多条次级断裂破碎带,几何特征与方家咀断裂类似。3条断裂均隐伏地下,在物探、遥感及钻探中均有良好显示。

舵落口断裂(YF_2):位于工作区舵落口—后官湖—麦家湖一带,呈北北东向展布,断裂北部受襄广断裂控制延伸不远。断裂两侧磁场特征差别明显:北部微弱正磁场处,断裂西侧的磁场强度明显比东侧强;中部负磁场处断裂西负磁场强度值比东部强;南部正磁场处,断裂西正值往北推移,造成断裂两侧磁场强度和梯度都有差异。从断裂两侧的磁场差异分析,断裂东部的地层向南错动。

长江断裂(YF_4):呈北北东向展布,往北受襄广断裂控制,中部顺长江展布,往南出侧区后向南西延伸进入湖南省。从航磁ΔT剖面平面图中清楚看出,断裂两侧虽然都是微弱的波动磁场,但其波动磁场的延伸明显被断裂所截,致使两侧磁场展布不连续。本次电法剖面资料显示,测线Ⅱ的2080～2120m段存在低阻向下延伸地质体,推断该低阻异常带可能为断裂破碎带。另有区域资料显示,断裂向南特征更为明晰,沿带有中强地震发生,说明其近代以来仍有活动。

五通口断裂(YF_6):呈北北东向展布,位于工作区东部五通口船厂—东湖—汤逊湖一线,北侧终止于襄广断裂带,往南迁出图外。该断裂磁异常标志清楚:断裂北部部分地区磁场等值线在断裂处发生扭曲,并见明显错动现象;中部两侧磁场强度和梯度不同,东湖处断裂以东的负磁场平静,以西磁场有波动;东湖以南到华中农业大学断裂处磁场梯度变陡,造成华中农业大学处断裂两侧磁场强度不同。五通口以北重力场为北北东向梯级带,往南使条带状重、电异常脱节扭曲,并在蒋家墩、水果湖等处出现明显的重力低值带,隔断了北西西重力异常的连续性。部分电测深切过该断裂的剖面线ρ_s、ρ_z等值线出现楔状低阻形变,清晰地反映了该断裂的存在。从北部五通口磁异常扭曲和南部负磁场变化特征表明断裂东盘向北推移。该断裂还具有遥感异常,沿线湖泊与断裂展布方向吻合,对汤逊湖、东湖的形成均具控制作用,并造成湖泊两侧不对称地貌现象。

马场咀断裂(YF_{12}):位于工作区南部,呈北西西向沿青菱湖南臣子山、汤逊湖南大桥村至牛山湖一线,长约30km。在遥感影像图上,沿断裂具线性异常,表现出南高北低,南为高岗及丘陵地貌,北为岗地,湖泊发育。基岩地质图表明,断裂两侧隐伏地层差异明显,造成地层缺失,北侧并分布有一系列白垩纪—古近纪小断陷盆地,并已为本次及前人钻探资料、地表填图资料所证实,与两侧地势及地貌差异相吻合。因此,推测该隐伏断层发生于印支运动时期,早期为逆冲性质断层,在燕山运动晚期再次活动,表现为张性,并控制了沿断裂分布的小红盆。

其他规模较小的还有三元寺断裂(YF_3)、蒋家墩-青菱湖断裂(YF_5)、严西湖-流芳断裂(YF_7)、柏泉断裂(YF_{11})等,均呈北北东向展布,与舵落口断裂、五通口断裂等特征类似,在地形地貌及物探、遥感等方面均有不同程度的显示。

三、武汉台地褶冲带(Ⅱ-2)

武汉台地褶冲带位于工作区襄广断裂以南。区内主体为古—中生代沉积地层,其间发育规模不大的山间凹陷或断陷小红盆。地表多为第四纪堆积物所覆盖,零星露头主要为志留系、泥盆系和二叠系。区内经多期构造改造过程,褶皱、断裂均十分发育,构造运动按其作用特点和相互关系,大致可划分为加里东期—海西期、印支期和燕山期三大阶段。目前所展现的构造形迹主要是印支期的产物,构造连续性好,构造特征清晰,宏观上表现为近东西向的线状构造(图2-3-5)。

(一)印支期

这一时期由于受区域南北向挤压应力,工作区表现为由北往南的逆冲推覆作用,区内侏罗纪以前的地层发生大规模的褶断变形,形成了一系列北西西—东西向构造形迹,以大型褶皱为主,断裂为辅,本期构造奠定了区内的基本构造格局。

1. 褶皱

该期构造表现为一系列北西西或近东西向展布的近平行线状褶皱,背斜较宽阔,一般隐伏地下,构成山间谷地,向斜狭窄,构成残丘骨架、隔槽式组合特征。区内北部褶皱多形成紧闭同斜线状类型,长宽比大,轴面北倾,形态规整(图2-3-6)。坚硬的石英砂岩中发育轴面劈理,而薄层状的硅质岩、页岩等内部次级小褶皱发育,常见有褶断现象。南部褶皱相对开阔,逐渐由倒转变为正常,变形强度逐渐减弱,轴面劈理不发育。本构造分区内规模较大、新隆-豹澥复式倒转向斜①、百镰湖-庙岭背斜②、代表性的褶皱有大桥倒转向斜⑤、锅顶山-王家店倒转背斜⑦、丰荷山复式斜⑪等,特征见下述。

其他褶皱特征见表2-3-1。

新隆-豹澥复式倒转向斜①:西起蔡甸南,经新隆、北太子湖、关山至豹澥,东为药水湖、五四湖淹没。中段大多隐伏地下,东段在关山—梨山段零星有翼部地层出露。核部为三叠系,两翼为二叠系—志留系,轴面北倾,倾角陡,为60°~75°。在中段发育次级褶皱,荷叶山向斜⑥和大王山背斜⑭。

百镰湖-庙岭倒转背斜②:西起百镰湖,经插耳山、华中农业大学、豹澥南至庙岭镇,西端延出图外,东端掩伏于红盆下,北西西向展布,中段略向南西凸出呈弧形,宽1.5~3km,长约65km,除有少量北西向、北(北)东向断层切割外,形态完整,中段多隐伏。核部为志留系,两翼为泥盆系—二叠系,轴面北倾,倾角为45°~75°不等。

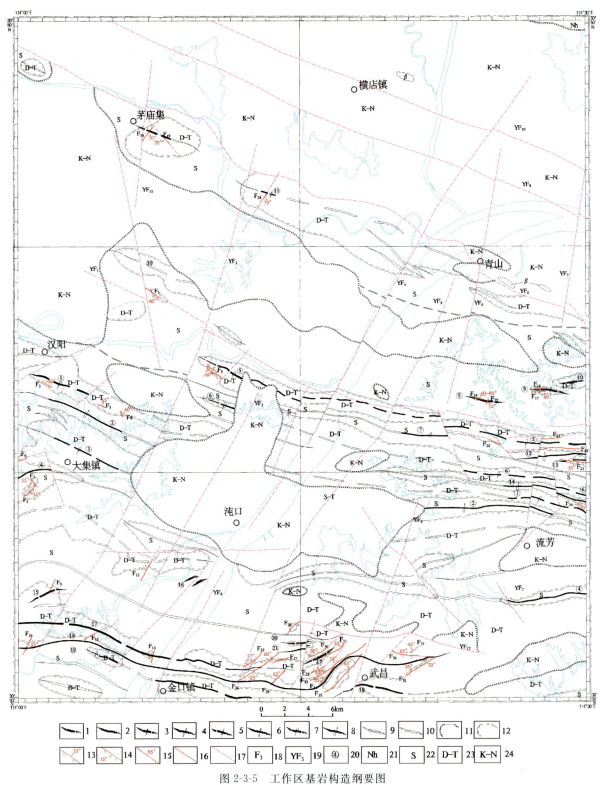

图 2-3-5 工作区基岩构造纲要图

1.向斜;2.背斜;3.复式向斜;4.复式背斜;5.扬起向斜;6.倾伏背斜;7.倒转向斜;8.倒转背斜;9.隐伏向斜;10.隐伏背斜;11.角度不整合界线;12.平行不整合界线;13.逆断层及产状;14.正断层及产状;15.平移断层及产状;16.性质不明断层;17.隐伏或推断断层;18.露头断层编号;19.主要隐伏断层编号;20.褶皱编号;21.基岩:南华纪变质基底;22.基岩:志留纪沉积基底;23.基岩:石炭纪—三叠纪沉积盖层;24.基岩:白垩纪—新近纪陆相断陷凹陷盆地

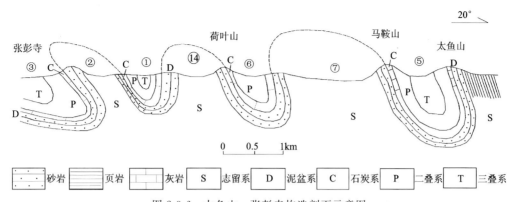

图 2-3-6 太鱼山—张彭寺构造剖面示意图
①新隆-豹澥复式倒转向斜;②百镰湖-庙岭背斜;③沌口隐伏向斜;⑤大桥倒转向斜;
⑥荷叶山向斜;⑦锅顶山-王家店倒转背斜;⑭大王山背斜

表 2-3-1 武汉台褶带印支期褶皱特征一览表

编号	褶皱名称	区内规模/km		主要特征						出露状况
		长	宽	核部地层	翼部地层	北翼产状	南翼产状	轴迹或枢纽	形态类型	
③	沌口向斜	47.0	4.0	大冶组	二叠系—志留系	340°~355°∠75°	340°~355°∠60°~70°	西段走向北西西,东段为东西向	紧闭线状、倒转	隐伏,大集偶有露头
⑥	荷叶山向斜	40.0	2.5	大冶组	二叠系—志留系	340°~350°∠70°~80°	340°~355°∠55°~70°	走向稳定,北西西285°	紧闭线状、倒转	隐伏,东段偶有露头
⑧	磨山向斜	2.9	0.7	云台观组	坟头组	195°∠35°	25°∠40°	走向北西西280°	中常直立	露头好,两侧隐伏
⑨	鼓架山向斜	3.8	1.3	高骊山组—云台观组	泥盆系—志留系	185°∠55°	185°∠60°	走向北西西,中部向北弧曲	倒转褶皱,紧闭线状	露头较好
⑩	葛店向斜	29	3.3	二叠系—泥盆系	石炭系—志留系	185°~200°∠70°~80°	10°~25°∠55°~65°	波状弧曲,总体呈北西-南东向	紧闭线状	东段隐伏,西段有露头
⑫	石门峰背斜	11.0	1.0	坟头组	泥盆系—石炭系	34°∠65°~85°	170°~190°∠30°~50°局部340°∠65°	近东西向	紧闭线状褶皱,局部倒转	露头相对较好

续表 2-3-1

编号	褶皱名称	区内规模/km		主要特征						出露状况
		长	宽	核部地层	翼部地层	北翼产状	南翼产状	轴迹或枢纽	形态类型	
⑬	九峰向斜	13.2	1.8	三叠系—泥盆系	二叠系—志留系	170°～195°∠30°～50°	345°∠10°～55°	近东西向，东端向南偏转	线状开阔褶皱	东段隐伏，西段有露头
⑭	大王山背斜	44	1.6	坟头组	泥盆系—二叠系	20°～30°∠45°	10°～25°∠60°～70°	北西西向弧曲	紧闭线状、倒转	隐伏，东端出露
⑮	千子山向斜	3.7	1.5	二叠系—泥盆系	石炭系—志留系	不清	350°∠35°	北东走向，中部向北弧曲	倾伏、中常直立	仅见零星露头
⑯	小军山向斜	1.5	0.6	云台观组	坟头组	150°∠20°	350°∠15°	走向北东东	开阔直立	露头好
⑰	大军山向斜	20	2.5	三叠系大冶组	二叠系—志留系	340°～15°∠30°～50°	160°～195°∠30°～50°	北西西走向，枢纽呈波状起伏	开阔褶皱	露头相对较好
⑱	横山-纸坊背斜	25	3	志留系	泥盆系	330°～15°∠20°～50°	150°～195°∠20°～50°	西段呈北西西向，东段呈弧形	开阔直立	露头相对较好
⑲	金口向斜	16.5	1.9	三叠系—志留系	二叠系—志留系	185°～210°∠35°	10°～30°∠20°～40°	走向北西向，枢纽起伏	开阔直立、线状	仅西段有零星露头
⑳	夜泊山向斜	2.9	1.1	云台观组	坟头组	170°∠15°～35°	345°∠35°～45°	近东西向	开阔直立	露头较好
㉑	宋家湾背斜	3.3	0.8	坟头组	云台观组	345°∠35°～45°	170°∠15°～35°	近东西向	开阔直立	零星露头

龙泉山倒转背斜④：在工作区南部汤逊湖和梁子后湖之间的龙泉山一带出露较好，向西经大桥乡、石咀镇至伏牛山段则基本隐伏。核部为志留系，两翼为泥盆系—二叠系，龙泉山一带地层均倾向北北东向，南翼地层倒转，褶皱轴面北倾，东段倾角缓，在25°～40°间，向西变陡，倾角在40°～50°之间。龙泉山以西的隐伏段在基岩地质图上褶皱出现起伏、分叉及受后期断裂切割破坏，造成形态复杂。

大桥倒转向斜⑤：西起慈惠农场，经琴断口码头、珞珈山、金鸡山，东被药水湖淹没。呈北西西向，是区内出露较好的褶皱之一，珞珈山以东多有基岩露头。核部为三叠系—二叠系，两翼为石炭系—志留系，褶轴北倾，倾角50°～70°，北翼地层倒转。沿褶皱带发育顺层褶断，造成地层重复或缺失；同时多受后期北北东向、北西向断层错断破坏。褶皱东端发育次级小褶皱。

锅顶山-王家店倒转背斜⑦：西起蔡甸北，经锅顶山南、王家店至下汤。东段在王家店西分为两支，北支至方家湾一带倾伏，南支至下汤被药水湖淹没。核部由早志留世页岩构成，两翼为晚泥盆世砂岩，产状北倾，南翼倒转，倾角50°～75°。该背斜多被掩盖，在珞珈山—营盘山、石门峰、长岭山—梨山等地有翼部地层出露。

丰荷山复式向斜⑪：西起东山头，经睡虎山、丰荷山至藤子岗，呈轴向北西西向穿过工作区。东、西两端均为第四系掩盖，北翼为襄广断裂所截，南翼则隐伏地下，地表所见多为其核部，出露主要为抗风化能力强的硅质岩、硅化白云岩、石英砂岩等；核部为二叠系，两翼为石炭系—志留系；其地表产状总体北倾，局部南倾，应受喜马拉雅期构造改造作用影响；在坚硬的石英砂岩中发育稀疏的轴面劈理，而薄层状的硅质岩、粉砂质泥岩等内部次级小褶皱发育，常见有褶断现象。

2. 断裂

工作区形成于印支期的断裂较发育，但所见规模较小，为在褶皱过程中伴生形成，有北西西—近东西向、北东向及北西向等。

其中北西西—近东西向断裂为顺层褶断及顺层推覆性质，以逆断层为主，造成地层缺失。断面一般倾向北，倾角在35°～60°之间。多出现在紧闭向斜的近核部或两翼，常见多条规模不等的断层相伴出现，并伴生有大量牵引褶曲、小褶皱等现象。北西西—近东西向断裂规模较大，多隐伏，并常被后期断裂错移破坏。

工作区北西西—近东西向断裂有九峰断裂（F_{23}）、座山断裂（F_{36}）等共计15条，各断裂特征如表2-3-2所示。

表2-3-2 武汉台褶带印支期断裂特征一览表

编号	断裂名称	位置	规模/km	产状	主要特征	性质
F_1	吴家山断裂	吴家山农场北	0.4	断面产状210°∠60°	岩石产状杂乱，具强烈的硅化现象，节理发育，局部见擦痕现象	逆断层
F_2	万湾断裂	工作区西缘蔡甸南	0.9	30°∠40°	发育断层破碎带，岩层十分破碎，带内见构造角砾岩，大小混杂，多棱角状，较松散，可见牵引褶曲，断面略具舒缓波状	正断层
F_3	马鞍山断裂	蔡甸新农镇南约2km	0.7	30°∠65°	两侧岩石变形强烈，石香肠化、挤压透镜体发育，显示由北向南逆冲；南侧石英砂岩产状陡，北侧产状缓。发育牵引褶曲。具多期活动性：早期为由北向南逆冲，晚期为张性活动，北盘下降	早期逆断层，晚期正断层
F_4	梁湾断裂	新农镇南马鞍山东梁湾	0.5	70°∠60°	带宽约10m，发育碎裂岩、碎粉岩、构造透镜体、片理化带等，显示多期活动性，现表现为正断层，破碎带内有早期压性作用留下的断裂岩	早期压性，晚期张性
F_5	锅顶山断裂组	永安堂以西的锅顶山北坡	1.5	北西走向，断面产状30°∠60°	断面呈舒缓波状，附近岩层破碎，发育断层泥、挤压透镜体和"W"形褶皱。地层重复，志留系坟头组推覆于泥盆系云台观组之上。由两条性质类似的断层组成	逆断层
F_6	虎头山断裂	后官湖南岸的笔架山北	0.7	北东走向，断面不清	断层南盘为坟头组，北盘为孤峰组，发育破碎带，坟头组页岩揉皱明显。覆盖严重，断层产状、性质不明	不明

续表 2-3-2

编号	断裂名称	位置	规模/km	产状	主要特征	性质
F_7	周湾断裂	大集镇南西伏牛山	0.9	235°∠55°	断层两侧地层有明显的错动现象,错距仅约1m,裂隙发育,有地下水渗出	正断层
F_8	伏牛山断裂	大集镇南西伏牛山	1.2	135°∠35°	断裂带上岩石节理发育,十分破碎,一侧形成小陡坎,断面上见光滑的滑动面,发育擦痕,指示顺层滑动	正断层
F_{11}	曾家大山断裂	官莲湖和长河间曾家山	0.9	北东走向,断面不清	断裂两侧地层相抵,因覆盖严重,性质和产状不清	不明
F_{14}	磨山断裂	武昌磨山	1.2	20°~45°∠60°~80°	发育宽50~100cm的破碎带,见构造透镜体和片理化构造,两侧地层产状不同,北侧具拖曳现象,早期为张性,后期为压性	逆断层
F_{16}、F_{17}	长山断裂组	武东以南长山	0.6	185°~190°∠52°~60°	两侧地层不连续,分割云台观组和高骊山组,断面擦痕明显,发育厚5cm断层泥,见硅化现象,南、北地貌差别大,断面平直	逆断层
F_{22}	小刘村断裂	九峰乡石门峰北坡	3.4	不清	断层分割和州组、栖霞组,顺层走向。因露头差,特征不明,推测露头及隐伏总长约11.5km	不明
F_{23}	九峰断裂	九峰乡宝盖峰北	2.2	25°∠55°	发育宽约1m的断层破碎带,断面上多见擦痕,两侧岩石中发育密集的节理	逆断层
F_{24}	谭庙断裂	流芳北东鄂黄高速北	1.0	200°∠70°	发育宽约1m的破碎带,破碎带外侧岩石变形强烈,产状变化大,上盘为230°∠42°,下盘为175°∠80°	逆断层
F_{25}	长山断裂	金口长山中学北西2km	1.8	350°∠27°	发育断层破碎带,具清晰断面,指示上盘下降,两侧岩层产状不协调	正断层
F_{26}	神山断裂	金口长山中学至张家岭	4.1	160°∠25°	断层两侧岩性及产状不协调,产状分别为45°∠24°和350°∠35°,岩石破碎	正断层
F_{27}	喻家湾断裂	前进水库北西山坡上	1.2	走向北东东,断面不清	接触处岩层破碎,两者岩层产状不协调,覆盖严重,断面产状及性质不明	不明
F_{28}	臣子山断裂	青菱湖南东臣子山	1.5	北东走向,断面不清	发育断层破碎带,南东盘产状较平缓,倾角15°,北西盘产状增陡,倾角45°,地貌上形成线性负地貌	正断层
F_{29}	姚家大山断裂	前进水库南西姚家大山	1.5	300°∠65°	断层两侧分别为页岩和石英砂岩,地层明显错位,呈左行平移,带上岩石较破碎,两侧产状不协调	平移

续表 2-3-2

编号	断裂名称	位置	规模/km	产状	主要特征	性质
F_{30}	范家湾断裂	纸坊北西王家湾—范家湾	1.7	340°∠50°	两侧岩层产状不协调,北盘石英砂岩形成北东东向的断层崖,断面上见擦痕,显示向下运动。南盘页岩变形强且十分破碎	正断层
F_{31}	风灯山断裂	纸坊北西凤凰山—扁担山—风灯山一带	2.3	310°∠30°	发育破碎带,见棱角状断层角砾,两侧岩石形成劈理带,断面清楚,上、下盘岩层产状不一致,上盘产状为 220°∠32°,下盘为 150°∠42°,上盘向下位移 8m 左右	正断层
F_{32}	石家塘断裂	沙港水库西	1.0	走向北东,断面不清	断层两盘分别为砂岩、页岩,产状不协调,其中砂岩中发育密集的劈理带,并可见棱角状断层角砾,宽仅 20cm,具张性特征	正断层
F_{33}	陈傅士断裂	沙港水库南	2.2	345°∠65°	断层两侧地层分别为云台观组和坟头组,产状相抵,北盘产状为 125°∠30°,南侧为 340°∠20°。发育断层角砾岩带,具张性特征,两侧挤压劈理密集。具多期活动性	早期压性,晚期张性
F_{34}	八分山断裂	长虹机械厂以北麻坡—八分山一带	5.3	345°∠55°	断层两侧地层分别为云台观组、坟头组,地层产状分别为 170°∠25°、340°∠20°,发育破碎带及挤压劈理带,破碎带内一般为棱角状角砾。具多期活动性	早期压性,晚期张性
F_{35}	香炉山断裂	纸坊北西山坡上	4.4	315°∠65°	发育宽 0.5~1m 的构造角砾岩带,角砾岩主要成分为粉砂岩和细砂岩,棱角状,大小 2~5cm 不等,局部具一定排列方向。断层边界呈参差不齐的锯齿状	正断层
F_{36}	座山断裂	纸坊北东花山—座山	2.2	10°∠65°	发育不宽的破碎带,断面清晰,两侧岩性和产状差别明显,北盘岩石破碎,局部可见碎粒岩。具多期活动性,早期推覆,晚期滑覆	早期压性,晚期张性
F_{37}	万家湾断裂	纸坊北东约 3km 万家湾	0.4	320°∠45°	断裂带宽 1.5~2m,带内以发育断层碎粒岩为主,局部可见残留"Z"形褶皱,其倒向南,两侧地层分别倾向南北,产状不协调	逆断层
F_{38}	罗汉肚子断裂	纸坊以东约 3km 罗汉肚子山	2.6	335°∠55° 330°∠70°	见连续 3 条特征类似的断层,两侧基岩破碎,发育密集的节理,可见明显的层位错移现象,3 条断层总错移距离约 2.5m,呈台坎状,具雁列特征的正断层,形成光滑的镜面。向南具逆断层特征	压性和张性多期活动

北东向与北西向断层组成一组共轭断裂,前者多见,具逆冲及平移性质,造成地层错移,因受褶皱后期应力张弛及燕山期运动影响,现地表一般表现为正断层特征。部分断层因后期北东向断裂改造迁就,或归并为规模较大的北北东向断裂的一部分。该组较为发育,局部地段密集出现,但一般规模较小,

相对早期的走向断层更易识别。

北西向断层走向300°～340°,断面多倾向北东,倾角陡,有时近直立。一般北东盘向南东方向错移,错距达200～1000m,且后期被北北东断层错断,具挤压性质,后期表现为张性,为正断层,有梁湾断裂(F_4)、周湾断裂(F_7)等。北东向断层走向北东30°～40°,倾向南东,倾角陡立,大多为右行扭动,方向与北北东向断层一致,目前一般表现为正断层性质。工作区有伏牛山断裂(F_8)、神山断裂(F_{26})、陈傅士断裂(F_{33})、罗汉肚子断裂(F_{38})等17条。

其中,梁湾断裂(F_4)发育断层破碎带,带宽约10m,主要由石英砂岩构成,发育碎裂岩、碎粉岩、构造透镜体、片理化带等,显示多期活动性,现表现为正断层,破碎带内有早期压性作用留下的断裂岩。断面产状为70°∠60°。周湾断裂(F_7)两侧地层有明显的错动现象,错距仅约1m,具平推和正断层性质,呈顺时针扭动,断面产状为235°∠55°。各断裂基本特征如表2-3-2所示。

(二)燕山期

滨太平洋活动时期,工作区转入北西-南东向压扭构造应力场,地质构造形迹以断裂变形为主,褶皱不发育,于区内形成北北东向、近南北向断裂。燕山晚期,挤压逐渐向松弛的弹性回落阶段转化,区内表现出伸展裂陷作用特点,形成北西西向断裂和沿断裂展布的断陷小盆地及山间凹陷小盆地,并使得早期断裂再次活动。

1. 断裂

本期断裂主要有北北东向和北北西向两组,规模较大,地表露头较少,多隐伏地下,并改造先期构造。隐伏断裂主要有舵落口断裂、长江断裂、蒋家墩断裂、五通口断裂、严西湖断裂等。

地表所见该期断裂规模较小,以北北东向为主,常密集成带。一般是在迁就、利用、改造早期北东向断裂的基础上发展而成的,其性质由早期压(扭)性转化为晚期张扭性,使原先形成的一系列压性逆断层又表现出张性正断层特征。走向北东10°～25°,大多南东盘相对下降。除了早期的改造断裂外,燕山期新生的北北东向断裂主要有睡虎山断裂(F_{18})、丰荷山断裂(F_{20})、大军山断裂(F_{13})等。北西向断层较少,大多是在印支北西向断裂基础上的继承性活动,使得原具强烈挤压性质的断裂转为张裂性质,其中露头可见的有团鱼山断裂(F_{19})。

睡虎山断裂(F_{18}):位于睡虎山北侧,露头约20m,断层呈北东-南西走向,倾向130°左右,倾角70°左右。断裂发育约1m宽的断层破碎带,带内岩石破碎,发育断层角砾、断层泥,总体以断层泥为主。断层两侧发育次级小断层或节理,次级断层面上可见明显擦痕及阶步构造,显示右行走滑断层特征(图2-3-7)。

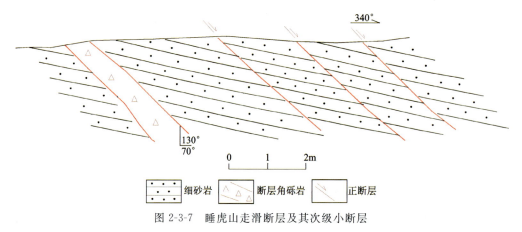

图2-3-7 睡虎山走滑断层及其次级小断层

丰荷山断裂(F_{20}):区内仅丰荷山西北山脚下可见露头,呈北北东走向,倾向120°,倾角70°。断层发育 3m 宽的破碎带，带内断层角砾、断层泥发育，指示挤压走滑性质。断裂两侧岩层差异明显，上盘为块状硅化白云岩多挤压为碎裂状，下盘砂岩则褶皱变形明显（图 2-3-8）。

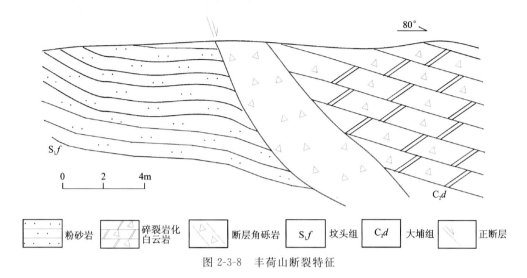

图 2-3-8 丰荷山断裂特征

工作区内燕山期其他露头断裂特征如表 2-3-3 所示。

表 2-3-3 武汉台褶带燕山期其他露头断裂特征一览表

编号	断裂名称	位置	规模/km	产状	主要特征	性质
F_9	千子山断裂	常福乡南约 2km 的千子山	0.9	北东走向，断面不清	断层斜向切割地层走向，两侧地层相抵，覆盖严重，断面不清	不明
F_{10}	虎山断裂	官莲湖南西虎山、大山	1.5	110°∠55°	发育断层破碎带，断层见擦痕，有地层缺失现象，两侧岩石中节理发育，地貌上具线性特征	正断层
F_{13}	大军山断裂	军山镇大军山	1.0	走向北北东，倾向西	断层两侧地层及产状不协调，断面较清楚，其上擦痕示上盘向下运动	正断层
F_{15}	磨山东断裂	武昌磨山	0.4	290°∠35°	断裂造成两侧云台观组与坟头组从走向上错断，发育约 1m 宽的破碎带	平移断层
F_{12}	彭湾断裂	株山湖南、劳教所东	1.8	走向北东，倾向北西	发育较宽的断层破碎带，岩石破碎，节理裂隙发育，产状凌乱，在卫星图片及地形资料上显示的线性特征及线性负地形，掩盖严重	正断层
F_{19}	团鱼山断裂	柏泉团鱼山西侧	0.3	250°∠70°	断裂两侧地层发育牵引褶皱，两侧岩层差异明显，显示断层活动痕迹；断裂面平直光滑，上可见水平方向的擦痕，指示断裂的水平运动特征，未见破碎带	平移断层

2. 盆地构造

燕山运动晚期，随着造山运动结束，工作区进入造山后调整阶段，挤压应力释放，导致区内普遍发生区域性张裂作用，出现陆相红盆。武汉台地褶冲带内也有较多规模很小的盆地分布其间，据钻探揭示，红盆主要发育于褶冲带北部，其他区域多为山间盆地，不成片。由于红盆一般分布于地势较低的部位，均为第四纪松散堆积物所掩盖,红盆地层露头极为零星。

红盆基底为古—中生代沉积地层,多为山间小凹陷盆地,沉积地层为上白垩统—古近系公安寨组,在流芳岭处有新近系出露。红盆地层角度不整合于基底之上,多受控于先期基底构造,呈北西西向展布,红盆地层多形成向盆地中心缓倾的向形构造。南部汤逊湖南小盆地为南断北超的断陷盆地,南缘断层走向北西西向。零星露头显示,地层走向呈北北西—近东西向;南缘地层北倾,最陡处约30°;北侧地层南倾,倾角缓,小于15°,构成不对称的向斜构造。

四、麻城-新洲凹陷(Ⅰ-4)

麻城-新洲凹陷位于襄广断裂北部区域的东南角,工作区内主要为该凹陷西南边缘的一小部分。该凹陷是白垩纪时期开始发育起来的陆相红盆,主体受控于团麻断裂,区域上呈北北东向,基底为秦岭-大别造山带元古宙—古生代变质岩系。

(一)盆地特征

工作区内盆地基底主体为元古宙变质岩系,靠近盆地南缘有古生代未变质地层基底。盆内为一套上白垩统—古近系公安寨组内陆冲积扇-湖相沉积,地表均为第四系覆盖。

区域上麻城-新洲盆地的主要控盆构造为团麻断裂,控制了盆地东部边界,造成盆地北北东向的展布特征,形成东断西超的断陷盆地。南部边界受控于襄广大断裂带,呈北西西向通过。工作区主要为其南西边部,主要受控于襄广断裂(图2-3-9)。

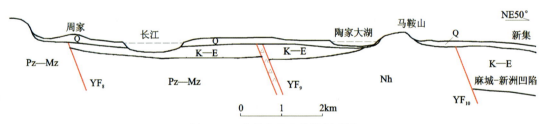

图 2-3-9 麻城盆地南缘横剖面图

Nh.南华纪变质基底;Pz—Mz.古生代—中生代地层;K—E.白垩纪—古近纪红盆;
Q.第四系;YF$_8$.府河断裂;YF$_9$.方家咀断裂;YF$_{10}$.孙家湾断裂

据区域资料,盆内地层走向多呈北西向,局部呈北东向,显示盆地受北西、北东两个方向断裂的共同控制,倾向北东的产状较陡,局部近直立,达80°,可能代表盆地边缘处控盆断裂附近的地层,而南倾的产状则逐渐变缓,盆内与基底呈角度不整合接触。区域物探资料表明,盆地中心位于工作区北部不远处的汪集,厚度达5000m。

(二)盆地演化

燕山晚期,桐柏-大别主造山作用结束,工作区转入松弛拉张阶段,沿团麻断裂和襄广断裂等区域性大断裂发生继承性断陷活动,开始了盆地沉积。晚白垩世时期盆地剧烈沉降,在断裂边界部位沉积冲积扇相-浅湖相沉积。此后盆地转入稳定沉积期,以滨浅湖相沉积为主,至古近纪末的喜马拉雅运动开始,工作区转入挤压应力场,盆地相继关闭,结束了持续沉降的历史,并发生轻微褶皱变动。

新生代时期,盆地震荡升降,形成多级阶地,全新世以抬升作用为主。

五、随南陆缘裂谷（Ⅰ-5）

随南陆缘裂谷位于工作区北部，总体呈北西西向展布，工作区位于整个裂谷带东南角，南以襄广断裂与扬子陆块交界，北与木兰山-四望高压变质岩系折返带相邻，工作区面积约400km²。地表多为第四系覆盖，仅出露零星红盆地层及少量玄武岩，基底未见出露。

（一）基底构造

工作区内未见基底出露，通过钻孔揭示，该裂谷基底南侧为扬子陆块早古生代未变质地层，北侧为桐柏-大别造山带元古宙—古生代变质岩系。北侧岩性以绿帘绿泥钠长片岩为主，经区域对比，归属新元古界武当岩群，北侧工作区外可见大量变质岩露头，变质基底受变质变形作用强烈。据区域资料，变质片理总体产状为倾向180°～260°、倾角20°～50°，其构造线方向总体为北西西向，褶皱、断裂发育。同时北北东—北东向断裂也较发育，并叠加改造北西西向构造形迹。而南侧扬子陆块区为白云岩、灰岩、砂岩岩石组合，总体受北西西向构造控制，内断裂、褶皱发育，并受后期构造叠加改造，岩石总体破碎较强烈，沿断裂带发育硅化、碎裂岩化等。

（三）盆地特征

盆内为白垩纪—古近纪内陆冲积扇-湖相红层沉积，但地表多为第四系掩盖，公安寨组露头极少，另于寅田村一带见少量玄武岩出露。区内公安寨组为砂砾岩、砂岩、粉砂岩的岩石组合，据前人钻孔资料，区内最深处超过160m。盆地总体呈宽缓向形构造，南部红层产状总体为倾向320°～350°、倾角15°～30°；盆地北侧则为倾向170°～220°、倾角5°～20°，与基底武当岩群为角度不整合接触。

区内成岩期后的构造对盆地的改造作用较小，未见具规模的红盆断裂，但小断层较发育，露头上可见两种性质断层：①近东西向，均为正断层，断层产状较陡，倾角多为55°～70°，基本不发育破碎带，多于断层面上充填一层白色钙质黏土质层。其中规模较大的为黄泥岗断层，断层倾向200°，倾角50°，断裂两侧发育牵引褶皱（图2-3-10）。②北西向左行走滑断层，断层多为北西倾向，倾角多为70°左右，显示左行走滑特征，顺断层面发育擦痕、阶步，局部可见充填一薄层灰白色钙质、黏土质物质。

此外，岩层中发育少量节理，节理产状均较陡，黄泥岗一带可见几个方向的节理，其中发育东、西向两组节理，产状分别为5°∠70°、195°∠59°；另在局部也发育一组北西向的节理，较为稀疏，倾向北东，产状305°∠75°。

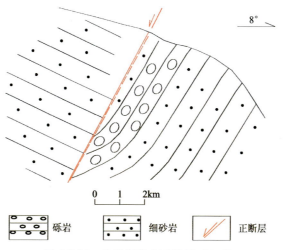

图2-3-10 公安寨组内正断层（黄泥岗）

(三) 盆地演化

桐柏-大别主造山作用过程结束后,于燕山晚期转入松弛拉张阶段,沿襄广断裂发生继承性断陷活动,开始了盆地沉积(图 2-3-11)。晚白垩世,盆地剧烈沉降,接受沉积,沉积特征具南断北超的沉积特点。根据钻孔揭示,红层厚度可达 200m,由南往北厚度逐渐变小。古近纪末喜马拉雅运动开始,区内由拉张转入挤压阶段,盆地结束了持续沉降的历史。新生代,盆地震荡升降,形成多级阶地,全新世以抬升为主。

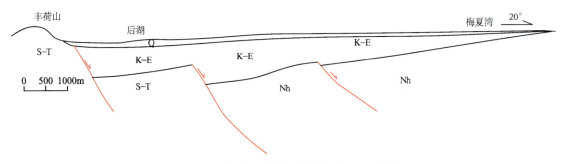

图 2-3-11　襄广断裂以北红层盆地推测剖面图
Nh.南华纪变质基底;S—T.志留系—三叠系;K—E.白垩纪—古近纪红层;Q.第四系

第四节　新构造运动与区域稳定性评价

一、新构造运动

本书所指的新构造运动是指自新近纪以来所发生的地壳运动。工作区新构造运动痕迹普遍存在,部分区域活动强烈,主要表现为地壳的多次升降运动、第四系差异性堆积,并伴随有岩浆活动,地震也有发生。

(一) 活动断裂

新构造运动时期的断裂活动分为新生活动断裂和继承性断裂。工作区内既有新生活动断裂,又有老断裂的继承性活动。

1. 新生活动断裂

目前所发现的新生活动断裂集中分布在襄广断裂两侧的青山一带,规模一般不大,构造形迹也比较清楚。综合本次发现及前人资料,工作区主要活动断裂有武钢技校断裂(Qp_3,F_1)、青山武丰闸断裂(Qp_3,F_2)、青山凤凰山断裂(Qp_3,F_3)等。

武钢技校断裂(F_1):位于武汉工程职业技术学院红钢城校区球场一人工开挖面,发育于中更新统王家店组红色黏土层中,由一张性和张扭性断层组成,前者近东西向,倾向北,倾角75°;后者走向北西305°,倾向北东,倾角35°,前者被后者所截,断距20cm。该断裂为 20 世纪60年代1:20万水文地质调查时发现,后湖北省区域地质矿产调查所在武钢技校新大门右侧基建露头处下蜀组粉质黏土中发现两组破裂面,断面光滑平整,其间具氧化铁晕和薄钙质充填物,具张裂特征,略显位移,断裂特点不显著。一组走向280°,倾向北东,倾角85°;另一组走向北东20°,倾向南东,倾角87°。

青山武丰闸断裂（F_2）：位于闸南坡坎上，发育于中更新世红土砾石层中，由两条相邻的断裂组成，地表可见裂缝。南西侧断层裂隙带地表宽45cm，向下收窄为28.5cm，呈楔状，其内充填深红色黏土及少许砾石。断面产状43°∠75°，上盘上升，断距8cm，为逆断层。北东侧断层裂隙带宽21～25cm，上、下宽度变化小，破碎带因淋滤作用形成凹槽，仍充填深红色黏土及砾石。断面产状73°∠52°，为正断层，错距62cm。两断裂向下均切入上白垩统—古近系公安寨组红砂岩中。

青山凤凰山断裂（F_3）：位于青山凤凰山东端，武汉炼油厂西侧第四纪堆积残山。发育于晚更新世土黄色粉质黏土中，断面平整光滑，间夹一层薄薄的乳白色钙质薄膜，略显滑动迹象，北东盘北扭，错动距离仅几厘米。断面倾向北北东，倾角85°，走向北西284°。

2. 继承性活动断裂

区内活动断裂最主要的表现还是古老断裂的继承性活动，对工作区地壳稳定性和城市建设有重要影响，主要有襄广断裂、长江断裂等，均为隐伏断裂，基本特征见前述隐伏断裂一节，其挽近时期的活动特征如下。

（1）襄广断裂：经过工作区的多旋回深大断裂带，为长期活动的继承性断裂，挽近时期以来具张扭性活动。钻孔资料显示，在断裂经过的天兴洲一带，长江河床标高达－70m，远低于其他地区，而区外白浒镇的长江河床标高从－3.8m急降至－35.1m，河床坡降较其他地段远远为大，其控制了天兴洲一带长江的走势及槽地的形成。断裂附近有玄武岩分布，区内寅田村玄武岩处于襄广断裂带内。近代武汉地区沿断裂带发生多次有感地震，断裂以东的广济于1972年曾发生4级地震、黄冈一带历史上曾多次发生4级以上的破坏性地震。沿断裂有地下热水分布和温泉出露。地形形变测量及现代地貌变化特点表明，断裂仍处于北升南降运动中。

（2）长江断裂：燕山运动时期发育起来的北北东向区域性大断裂，挽近时期仍有活动。断裂大致沿长江展布，走向北东30°，第四纪以来控制着长江槽谷的形成发展。地貌上断裂控制了两岸的升降关系，往南控制了江汉盆地的西部边界，西侧沉积了厚达700m的新近纪和第四纪沉积层。工作区内断裂两侧可见明显的地貌差异，西侧以岗地地貌为主，东侧则为平原地貌，指示西侧上升、东侧下降的断裂特征，而断裂的升降关系也造成了该区域上叠型的阶地类型。

地形形变测量表明，近期断裂东侧下降（1～4mm/a），西侧上升（约0.9mm/a）。沿断裂带有地震发生，断裂北端于1972年3月发生2.7级地震，南端嘉鱼于1974年5月曾发生3.8级和3.9级地震。长江大桥钻孔资料揭露，该断裂带由数条大致平行的断裂组成，形成宽达1200m的长江地堑，穿切上泥盆统—下三叠统。在航磁上有明显反映，主断裂展布于谌家矶—金口—嘉鱼西一带。该断裂局部地段有新生代玄武岩喷发，并在中—晚更新世以来表现为地堑型断陷，堆积了较厚的碎屑沉积物。

（二）新构造运动的地貌表现

新构造运动在工作区地表突出表现为地壳的差异升降，对地貌的形成具有明显控制和改造作用，造成工作区独具特色的多种地貌类型、多级及多种类型阶地并存的格局。另外，挽近时期形成的地貌特点也反映了新构造运动的基本特征。

1. 地貌差异

工作区西部走马岭一带位于江汉盆地东缘，北部则为大别造山带西界，南部为武汉褶冲带，处于几大构造区的过渡带。大致沿主要河流、湖泊展布位置可将工作区分为沉降区（Ⅰ）、剥蚀区（Ⅱ）、强剥蚀区（Ⅲ）3类地貌区域（图2-4-1），形成丘陵、垄岗和平原3类地貌单元，组成了阶梯状地形。

沉降区（Ⅰ）：分布于工作区西部走马岭一带。地貌类型以平原为主，仅有少量低岗，地表高程大多小于20m。露头堆积物以全新统为主，未见下更新统，中—晚更新世堆积也极为零星，表明该区挽近时期堆积作用强烈,处于长期持续沉降过程。本次钻孔显示,该区域第四系沉积厚度达 50m,均大于其他地区厚度,显示其持续沉降的特征。

剥蚀区(Ⅱ):工作区大部区域属此类型,以岗状地貌为主,岗间少量洼地,于武湖农场等湖区发育湖积平原,基岩出露区发育丘陵地貌,岗面高程大多为 30 余米。该区地表以中更新世红土堆积为主,少量基岩及早更新世砾石堆积,晚更新世及全新世堆积主要位于沿江侵蚀堆积区,形成内叠阶地,表明在中更新世晚期该区发生了一次显著的抬升作用,自中更新世晚期至今均以剥蚀作用为主,未发生明显的沉降。该区早更新世和中更新世阶地底座高程在东西方向上相差悬殊,且具有分段性,推测为北北东向活动断裂的垂向错移运动造成。

强剥蚀区(Ⅲ):位于工作区北部睡虎山—黄泥岗一带,地貌上属岗地及丘陵。地表高程多在 40m 以上,与周缘区域高差明显,该区以基岩及中更新统出露为主,未见上更新统下蜀组堆积,说明该区不仅在中更新世末期,而且在早—中更新世间均存在剧烈的抬升作用,剥蚀作用强烈。

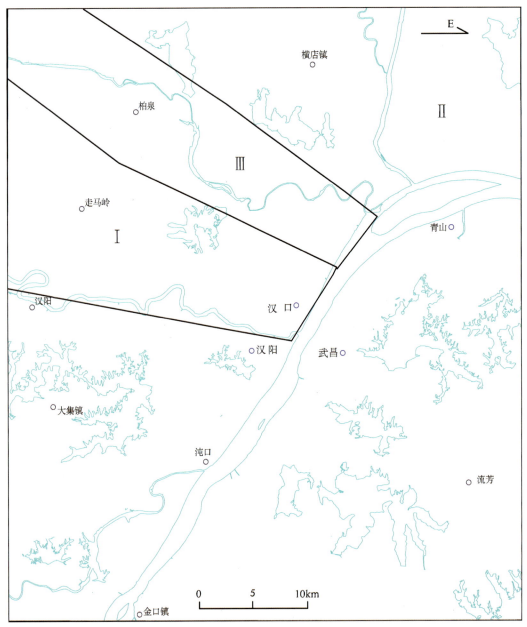

图 2-4-1 工作区构造地貌分区示意图

2. 多级阶地

工作区内不同区域的沉积特征差异明显，导致其发育多种阶地类型，同时相同时期的阶地高程相差悬殊。

经本次及前人钻探资料表明，工作区第四纪沉降区（汉水以北走马岭一带）全新世堆积层下有更新世堆积层，形成埋藏阶地，早、中、晚更新世阶面海拔分别约为－30m、－20m、－10m，松散堆积物厚度最大处超过 60m。

工作区北部泾河—武湖一带则形成堆积阶地，形成早更新世—晚更新世阶地叠置关系。早更新世阶地（Ⅳ级）底座高程大于 50m；中更新世阶地（Ⅲ级）底座高程多在 30m 以上，向北增高，阳逻组底界海拔高程最高超过 60m，较平面上的距离仅约 50km 的沉降区早更新世阶面高出约百米。

汉江和长江以南的大片区域以中更新世阶地为主，阶面高程多在 35m 左右，并有晚更新世阶地出现，阶面高程在 25m 左右，形成上叠阶地，沿江具内叠型。该区局部有零星的早更新世阶地出露，阶面高程变化大，在不同部位晚期阶地与其构成基座型或上叠型。

3. 地形形变测量

前人地形形变测量结果也反映出现代地壳运动仍在进行，近期以下降为主。从较大的区域上看，武汉以北若以团风—淋山河—宋埠—孝感北作一弧线，以北是上升区，向北东方向上升速率增加；以西和以南为下降区，沉降速率向南增加，如龙口水电站沉降速率为－2.76mm/a，青山一带为－2～3mm/a，汉阳龟山为－4.3mm/a。

国家地震局地震研究所于 1992 年完成的湖北省现代地壳垂直形变图，搜集了自 1972—1986 年施测的 1 万多千米的水准测量资料，所得结果也明确反映出，桐柏-大别山现在仍以 2～3mm/a 的速率抬升，武汉则以 0.5～1mm/a 的速率下降。

近期利用地震 GPS 网络监测站点（监测点编号 WUHN，位于武昌区），由国家地震局地震研究所在 2002 年 10 月进行了复测，1998 年以来垂直形变率为－4.3mm/a（GAMIT 处理结果）。

4. 河湖演变

工作区内河流湖泊的发展与新构造运动关系密切。根据遥感解译资料，工作区内后湖、马家湖、野猪湖、王母湖等呈直线状排列，与青山断裂所在位置吻合。

工作区西部走马岭一带新近纪以来处于持续沉降状态，导致其沿睡虎山—丰荷山一线往西形成一沉积中心"古云梦泽"，随着人类活动的加剧，该沼泽区消失。

工作区主要河流展布受断裂控制现象明显。长江于金口-武汉段顺直河道与长江断裂的位置和展布方向吻合，至天兴洲处遇襄广断裂带发生 90°大拐弯，折而向南东，顺断裂直至武穴；而区内的汉江河段也大致与隐伏的吴家山-花山断裂位置相当。

随着现代地壳运动所表现的北侧抬升、南侧沉降的特点，也明显造成长江和汉江有向南迁移的趋势，造成现代河床横断面一般南东岸深陡而北西岸浅缓。按照当前长江自然河道的特点，天兴洲段河水对外侧迎水面的侧蚀作用应造成河道向北迁移，但由于地壳有由北向南掀斜的特点，造成天兴洲河道南深北浅，向南侵蚀作用强烈。

据记载，武汉江段历史最枯水位发生在清朝同治四年（1865 年），当时天兴洲北汊仍为深水港，如今原作为主航道的天兴洲北汊变狭变浅，且枯水期断流，有并入北岸的趋势（图 2-4-2）。汉江也长期处于南迁的进程中，本次及前人钻探资料显示，东西湖有古河床掩埋地下，全新世河床底界向南降低，其下保留有厚度不一的更新世堆积，与南岸呈不对称状。从较大范围上看，汉江新沟镇至舵落口段呈现一典型向南凸出的弧形，南侵迁移趋势明显。

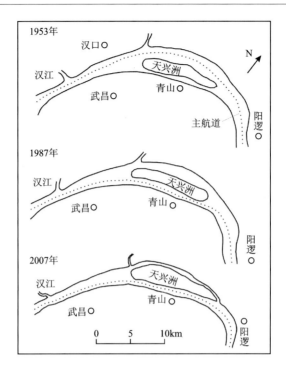

图 2-4-2　不同时期长江天兴洲段向南迁移特征
(据 1∶5 万汉阳等 6 幅区调报告)

5. 古岩溶及地面塌陷

随着第四纪以来地壳的垂直升降运动,地下水侵蚀基准面也随之变化,因此形成了地下岩溶。工作区岩溶发育,且具垂直分带现象。据水文调查钻探资料,工作区在标高 2.5～15m 隐伏第一层溶洞,标高 -12～-4.5m 隐伏第二层溶洞,标高 -31～-25m 隐伏第三层溶洞,下部一层溶洞规模较大。据本次钻孔资料,工作区在丰荷山—岱家山一带岩溶极为发育,钻探中多有掉钻现象。

工作区由岩溶及地下水作用形成的地面塌陷作用也时有发生,其主要分布于碳酸盐岩发育区。目前,地面塌陷已成为武汉市最严重的城市地质灾害,由此引发的伤亡事故及财产损失时有发生。

此外,武汉地区古地名如鹦鹉洲所反映的原始地貌,古遗迹如盘龙城由方形演变为拉长的菱形等地貌变迁特点,也从一个侧面反映了新构造对现代地貌的改造。

(三)第四纪差异堆积

工作区内第四纪堆积包括分布位置、出露高程、厚度、岩性组合、接触界面及堆积时代等。这些差异均是新构造运动的直接反映。

早更新世时期,工作区普遍接受堆积,但北侧堆积普遍较厚,如军犬训练基地、灵泉寺等地,可见巨厚砾石层,堆积厚度达 30m;而南侧仅于沌口—流芳一线有零星露头。这显示沉降堆积中心位于工作区北部。本次电子自旋共振测年数据显示,工作区北部早更新世物质测年数据均在 950～800ka 之间,缺失早更新世早期的物质记录,显示早更新世早期处于抬升剥蚀阶段;而前人测年数据显示,工作区南部早更新世物质测年数据为 1.7～1.3Ma 间,显示为早更新世早期的沉积物质,缺失晚期沉积记录,说明早更新世时期,工作区南北相继出现过沉降与抬升运动。

中更新世时期,工作区出现较大范围的沉降,但总体上升降差异性不强,物质成分以细粒物质为主,沉降过程缓慢。

晚更新世时期,地壳出现差异升降,工作区内该时期沉积物差异较大,总体为一套河湖相沉积,地表所见均为河湖相细粒沉积物。根据钻孔揭示，该时期沉积物主要有河流相砂砾石、湖相含碳淤泥质土等，显示其快速沉降的沉积特征。

全新世时期，地壳升降差异持续，工作区西南为沉降中心，沉积厚度达 40m 的河湖相沉积物。此外，工作区东南武湖、天兴洲一带沉积厚度达 20m，而工作区其他区域则仅于岗间洼地有 2～5m 的沉积。

通过对黄泥岗一带的地貌类型及高程进行统计研究，显示晚更新世时期该地区存在差异升降运动，导致中更新世沉积物高程及沉积厚度差别较大。调查显示黄泥岗公安寨组顶部普遍存在一套中更新世洪冲积砾石层，应为山前沉积。砾石层中砾石成分主要为石英砂岩、硅化白云岩等，砾石砾径达 15cm，大者可达 2m，为粗、巨砾级，分选、磨圆较差；最近的物质来源为横山—丰荷山一带。而现今地貌特征与中更新世的堆积特征具有较大差别，显示中更新世以来该地区经历过较强烈的升降运动（图 2-4-3）。

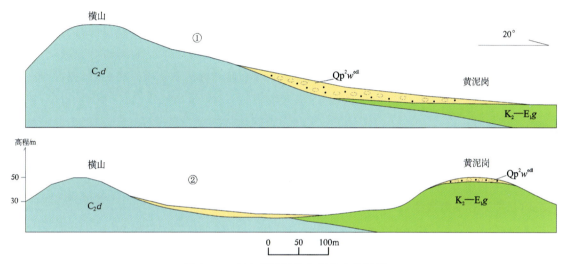

图 2-4-3　现今砾石层及物源分布位置图
①中更新世时期地貌；②现代地貌

工作区新构造运动时期的堆积物内存在重要侵蚀界面或间断面，包括 Qp^1/E、Qp^2/Qp^1、Qp^3/Qp^2、Qh/Qp 等沉积界面。阳逻组砾石层底界面（Qp^1/E）在工作区北部可见大量露头，具强烈侵蚀特征，界面波状起伏，界面间发育不厚的铁质风化壳，上覆河流砂砾石堆积，表明其间经过长期停积过程。Qp^2/Qp^1 在小江湾一带见少量露头，具明显的侵蚀作用，发育铁质风化壳，上覆河道砾石层。上述 Qp^1/E 和 Qp^2/Qp^1 间界面上均具铁质风化壳，显示其具沉积间断，指示工作区在该期先后发生过强烈抬升。同时工作区内 Qp^3/Qp^2 也具侵蚀现象，接触界面特征各异，工作区北部孙家湾一带可见接触界面呈"U"形，显示强烈的河流侵蚀特征；而于郭家咀一带接触面上可见大量铁锰质结核，显示短暂暴露的特征。Qh/Qp 间工作区内主要表现为侵蚀接触特征，接触面主要受现代地貌控制，并具有垂向掩覆、超覆、侧向披覆等不同类型。这些接触界面的特征均反映了该时期地壳运动的特征。

（四）地震

工作区在湖北省地震构造区划上属鄂东南地震构造区，地震活动较弱，频度低，烈度不高，外围的影响烈度也未超过Ⅵ度。根据《1∶400 万中国地震烈度区划图》(1990)，工作区主体为Ⅵ度区，西部及南部边缘跨入小于Ⅵ度区。工作区地震活动不甚频繁，据记载，从 1221 年至今，武汉市有感地震 40 余次，但尚未发生过 4 级以上地震，震级一般在 2 级左右，未造成地表破坏。一般在工程建设中工程抗震设防烈度取Ⅵ度即可。

地震多发生于活动性断裂带及盆地边缘。具有 6 级地震背景的团麻断裂通过工作区东南缘五四湖、牛山湖一带,具 5 级地震背景的襄广断裂从区内青山通过,具有 3 级地震背景的长江断裂沿金口而上,因此工作区具有发生轻度破坏性地震的可能。

其中,团麻断裂控制的中—新生代红盆沉积厚度达 4000m,挽近时期活动强烈,沿断裂带历史上曾发生两次破坏性地震,分别为 1932 年 4 月 6 日 6 级地震(31.9°N、111.4°E)、1913 年 2 月 7 日 5 级地震(31.2°N、115.0°E),是湖北省东部重要的发震断裂。

襄广断裂为一级构造单元的分区断裂,同时也对中—新生代盆地及两侧地貌有明显的控制作用,工作区沿断裂带新生活动断裂发育。区域上,断裂东段的广济和西段的房县等均有破坏性地震发生,而在距离研究区很近的团风一带,与团麻断裂的交会部位历史地震活动频繁,且记载的有 1605 年 4 月 17 日 4.75 级地震(震中 30.5°N、114.3°E)、1629 年 4 月 22 日 4.75 级地震(30.3°N、115.1°E)、1633 年 4 月 6 日 4.75 级地震(30.6°N、114.9°E)、1634 年 3 月 26 日 5 级地震(30.5°N、114.9°E)、1640 年 9 月 16 日 5 级地震(30.5°N、114.9°E)等。

长江断裂南与洪湖、湘阴断裂相连,挽近时期控制了洞庭湖、洪湖、沙湖东部边界及长江走向,研究区以南沿断裂带常有地震发生。1556 年岳阳发生 5 级地震,1974 年 3 月 7 日嘉鱼曾发生 3.8 级地震,1976 年洪湖发生 2.8 级地震,1983 年薛丰堡发生 2.1 级地震。与断裂带南段相比,研究区所在部分地震强度较弱,发生过 1.4～2.7 级地震。研究区最大地震(1972 年岱山地震)位于该断裂带与襄广断裂交会部位。

前人对研究区所在的武汉地区地震活动统计分析得出,武汉地区地震活动周期大致可分为两个活动期:第一活动期(?)—1424 年为平静期,1425—1673 年为活跃期;第二活动期 1674—1912 年为平静期,1913 年至今为活跃期。因此,武汉地区目前处于地震带应变能量的释放阶段。

据此,研究区存在着发生破坏性或轻度破坏性地震的构造背景。

(五)岩浆活动

工作区北部见一处玄武岩出露点,呈溢流相出露,出露面积约 $0.35 km^2$,玄武岩多与公安寨组砂岩相伴,但偶见其贯入下更新统阳逻组砾石层中,显示其具两次活动性。第一次喷发发生于公安寨组沉积时期,其穿过公安寨组下部砂岩层,并形成枝杈状细脉,局部可见烘烤边构造;玄武岩顶部与砂岩接触面平整,未见烘烤边等特征,玄武岩之上的砂岩层中可见大量玄武岩砾石,砾石磨圆度极差,基本未受搬运作用(图 2-4-4)。第二期喷发发生于古近纪与第四纪之间,其切过下伏公安寨组地层,玄武岩顶部呈舌状插入阳逻组底部砾石层中,于上部阳逻砾石层中未见玄武岩砾石。根据产出形态,砾石层沉积应早于玄武岩就位。故推测本期玄武岩产出于更新世时期,与上覆下更新统阳逻组为侵蚀接触。另据钻孔及物探资料,青山郭家咀钻孔中见安山岩、玄武岩穿插于古近系红色砂岩中,底部发育厚达 63m 的破碎带;在青山炼油厂东钻孔(孔深 237.94m)红色砂岩中,除见玄武岩外,底部还有火山角砾和灰岩砾石被胶结在一起构成砾石层。上述火山岩沿红盆内裂隙喷溢,显示工作区主要断裂带的新生代活动痕迹。

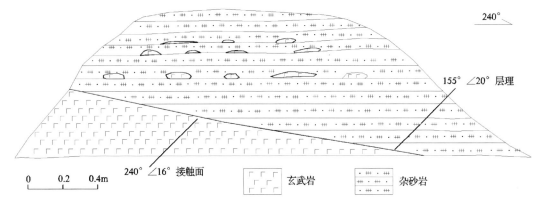

图 2-4-4 玄武岩与砂岩接触面及同沉积玄武岩砾石(寅田村)

二、区域稳定性评价

工作区挽近时期地壳以缓慢的升降运动为主,地震烈度为Ⅵ度区,无破坏性地震记载,地壳活动性不强,总体上属构造稳定性好的地区。以区内构造块体结构及其构造活动性为基础,考虑地壳运动、地震活动、活动构造、深断裂或隐伏断裂、温泉活动、物探及遥感异常等几大因素,可将工作区划分为稳定区、基本稳定区、较稳定区3个等级(图2-4-5),综合评价如表2-4-1。

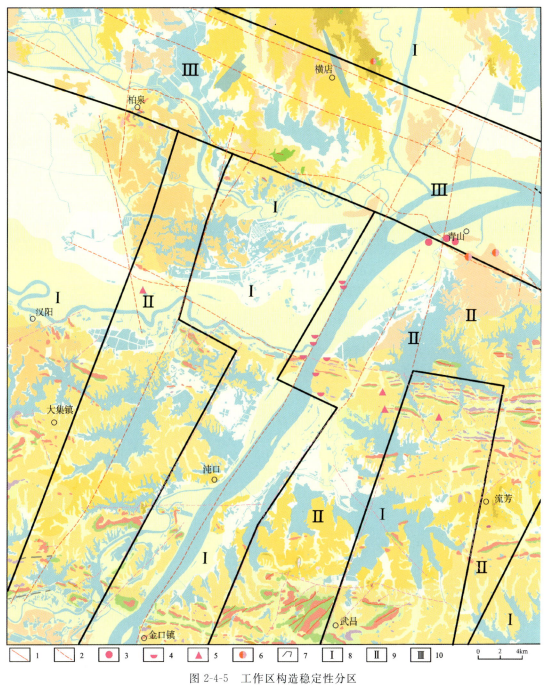

图 2-4-5 工作区构造稳定性分区

1.基岩露头断裂;2.推测隐伏断裂;3.活动断裂出露点;4.地震灾害点;5.钻孔控制温泉点;
6.钻孔控制玄武岩点;7.构造稳定性分区界线;8.稳定区;9.基本稳定区;10.较稳定区

表 2-4-1　工作区区域构造稳定性分区综合评价表

评价指标	稳定区Ⅰ	基本稳定区Ⅱ	较稳定区Ⅲ
块体结构	块体结构完整性好，基岩中断裂构造相对较少	块体结构完整性较好，基岩中断裂构造较发育	块体结构完整性较好，基岩中断裂构造较发育，有挽近时期隐伏玄武岩分布
地壳运动及活动断层	地壳以缓慢升降运动为主，内部断块活动不明显，未见活动断层	地壳以缓慢升降运动为主，跨及不同的断块边界，活动断层少见	地壳发生明显差异性升降运动，内部有次级断块活动，新生活动性断层较发育
隐伏大断裂	隐伏大断裂少，继承性活动不强	有较多隐伏性大断裂通过，部分断裂挽近时期有继承性活动	有隐伏断裂或深大断裂贯通全区，或为数条大断裂的交会处，断裂挽近时期有继承性活动
地震	无破坏性地震记录，属Ⅵ度或小于Ⅵ度区	地震烈度属Ⅵ度区，有地震灾害点及温泉点分布，曾有2.7级地震活动记录	地震烈度属Ⅵ度区，有钻孔控制的温泉点分布
地形地貌	以冲湖积平原或岗地区为主，有零星丘陵及湖泊分布	丘陵、岗地及平原地貌，阶地类型多，地势差别较大	丘陵、岗地及平原在不大的范围内共存，发育多级阶地，高差悬殊，有阶地倒置现象
物探及遥感异常	异常不明显	物探异常较明显，有遥感线性及少量环形异常	异常较明显

第三章　水文地质与工程地质

第一节　水文地质条件

一、水文地质条件综述

自古生代以来,武汉市沉积了一套海相、陆相交替沉积的岩石及河湖相堆积的松散层。由于长期的构造运动和地下水侵蚀作用,使得沉积和堆积物中岩溶洞穴、裂隙、孔隙均较为发育,形成了良好的储水空间,有利于地下水的赋存、运移。

武汉市气候湿润,雨量充沛。年降水量1100~1500mm,雨季多在5~9月,枯水期常在12月至次年3月,区内地表水系发育,大气降水和地表水系是地下水补给的主要来源。

武汉市地下水主要可分为松散岩类孔隙水、碎屑岩类孔隙裂隙水和碳酸盐岩类岩溶裂隙水三大类。松散岩类孔隙水分布范围最广,总面积约有1026km^2,碳酸盐岩类岩溶裂隙水分布面积为756km^2。区内构造对地下水的分布控制明显。构造控制了含水岩组的展布,同时构造和岩性又控制了地下水的赋存与富集。不同的地貌又反映着地下水不同的赋存运移形式。在几类构造体系中,新华夏系构造以及其复合部位对地下水富集的控制最为突出,表现为东西向以褶曲控制为主,南北向以断裂控制为主。

二、地下水类型及含水岩组富水性

(一)地下水类型划分

根据地下水的埋藏条件及含水介质,区内地下水可划分为松散岩类孔隙水、碳酸盐岩类岩溶裂隙水、碎屑岩类孔隙裂隙水、岩浆岩类风化裂隙水、变质岩类风化裂隙水五大类型。其中,松散岩类孔隙水按水动力特征又划分为孔隙潜水、孔隙承压水两个亚类;碳酸盐岩类岩溶裂隙水按埋藏条件又划分为埋藏型与覆盖型两个亚类(表3-1-1)。

(二)含水岩组(层)及富水性划分

1.含水岩组(层)划分

区内饱水带岩(土)层按其传输及给出水的性质划分了含水层,结合以具有统一水力联系、水化学特征和一定成因联系的单层或多层含水层的空间组合,在区内划分了8个含水岩组(层)、2个相对隔水岩组(层)和1个透水非含水层(表3-1-2)。

表 3-1-1 工作区地下水类型一览表

类型		含水组(层)代号	主要岩性名称
大类	亚类		
松散岩类孔隙水	孔隙潜水	Qhz	粉细砂、中粗砂等
	孔隙承压水	Qhz、Qp_3^3x	砂、砂砾(卵)石
碳酸盐岩类岩溶裂隙水	覆盖型	T、C—P	灰岩、白云质灰岩泥质灰岩等
	埋藏型		
碎屑岩类孔隙裂隙水		N—K、$P_3 l+d$、$P_2 g$、$D_3 y+h$	砂岩、砂砾岩等
岩浆岩类风化裂隙水		β_6	玄武岩
变质岩类风化裂隙水		NhW.	南华系武当岩群

表 3-1-2 含水岩组(层)划分一览表

地下水类型	含水岩组及隔水岩组(代号)
松散岩类孔隙水	全新统走马岭组(Qhz)孔隙潜水含水岩组(H①)
	全新统走马岭组(Qhz)孔隙承压含水岩组(H②)
	上更新统下蜀组(Qp_3^3x)孔隙承压含水岩组(H③)
碎屑岩类孔隙裂隙水	白垩系—新近系(K—N)裂隙承压含水岩组(H④)
碎屑岩类裂隙水	二叠系(P)碎屑岩裂隙含水岩组(H⑦)
	泥盆系(D)碎屑岩裂隙含水岩组(H⑧)
碳酸盐岩类岩溶裂隙水	三叠系(T)岩溶裂隙含水岩组(H⑤)
	石炭系—二叠系(C—P)岩溶裂隙含水岩组(H⑥)
隔水岩组裂隙水	中更新统王家店组(Qp^2w)相对隔水层(N①)
	志留系坟头组($S_1 f$)页岩相对隔水层(N②)
透水非含水层裂隙水	下更新统阳逻组($Qp^1 y$)透水非含水层(N③)

上述含水岩组(层)中,H②、H③、H④含水岩组因其分布范围广、导水性和储水条件好而成为区内主要含水岩组,其次为 H⑤、H⑥水岩组。

下志留统坟头组($S_1 f$)页岩构成背斜核部,分布于武汉周边及纸坊八分山等地,小面积断续出露,大部被中更新统王家店组棕红色黏土覆盖。下石炭统、上二叠统构成背斜两翼,分布于喻家山等地,呈窄条状近东西向展布,埋于棕红色黏土之下,在八分山一带分布上二叠统并夹有透镜状灰岩。中三叠统蒲圻组泥岩地表未见露头,呈带状隐伏于向斜核部。上述地层由于岩石颗粒细小,泥质含量较高,岩性较软弱,地层受到构造应力的影响易于变形,但不易发生脆裂,因此裂隙不发育。裂隙的张开性差,储水空间甚小,从而含水甚微,视为相对的非含水层。

上述岩层与碳酸盐岩地层相间分布,对岩溶的发育规律和岩溶水的分布起到一定的控制作用。中更新统王家店组($Qp^2 w$)棕红色黏土分布于广阔的岗状地形上,覆盖面积约占工作区的1/4,在汉南、纸坊、长港、华容等地大面积出露,其下部夹透镜状黏土砾石层。该层上部垂直裂隙发育,裂隙面见铁质浸染,岩性软弱,可塑性强,一般不透水也不含水,厚度多在几米至20余米之间。由于分布范围广,且具有一定的厚度。因此,该层是下伏含水层接受大气补给的障碍,同时也为保护水质、减少人为污染创造了有利条件。而全新世冲积-湖积、湖积黏土呈透镜状分布于Ⅰ级阶地后缘及湖泊周围,或夹于松散堆积物孔隙含水层内,透水性差,一般不含水。

第四系下更新统阳逻组砂砾石层由其形态及其底板标高,决定了地下水储水条件极差,大气降水经孔隙迅速下渗补给下伏碎屑岩裂隙水,或沿地貌斜坡迅速排泄。因此,该层虽然透水性好,但由于所处的地貌位置,且砾石层之上多有黏土层覆盖,形成接受大气降水补给的天窗,构成透水非含水层。

2. 含水岩组(层)富水性划分

依据本区的实际情况,参考前人资料,为方便对区内各含水岩组(层)富水程度进行对比,进行单井涌水量统一换算。其中,第四系松散岩类孔隙承压含水岩组和新近系裂隙承压含水岩组,按孔径203.2mm、降深5m进行单井涌水量统一换算。对碳酸盐岩裂隙岩溶含水岩组根据抽水试验资料,依据降深和流量的关系曲线数学表达式,求得外推20m降深时的单井出水量(当外推20m降深值大于不同曲线类型所规定外推1.5~2倍数值时,则按规定允许的最大外推降深值进行换算),并结合泉流量统计进行富水性等级的划分。含水岩组富水性等级划分见表3-1-3。

表3-1-3 区内含水岩组(层)富水性等级表

富水性等级	单井涌水量/($m^3 \cdot d^{-1}$)			泉流量/($m^3 \cdot d^{-1}$)
	松散岩类	碎屑岩	碳酸盐岩	松散岩类
水量丰富	>1000	>100	>65	500~1000
水量较丰富	500~1000	35~100	35~65	100~500
水量较贫乏	100~500	5~35	5~35	10~100
水量贫乏	10~100	<5	<5	<10

(三)含水岩组(层)特征及富水性

1. 全新统走马岭组(Qhz)孔隙潜水含水岩组(H①)

含水岩组主要分布于Ⅰ级阶地,长江、汉水、长河的河心滩和漫滩等区域。含水介质为粉土、粉质黏土、粉细砂和淤泥质粉质黏土。在阶地不同部位,含水岩组的岩性、厚度、潜水位埋深及富水性均有明显差异,而在天兴洲、铁板洲、白沙洲等沙洲和漫滩中,潜水含水层一般与地表水体联系较为密切,含水岩组厚度一般为6~45m,结构松散,透水性强,接受大气降水和地表水系补给,水位埋深0.5~2m,受季节控制呈动态,变化大,水量丰富,如天兴洲单井涌水量为1000~5000t/d。

在阶地的不同部位,含水岩组的岩性、厚度、潜水位埋深及富水性有明显的差异(表3-1-4)。

表3-1-4 全新统孔隙潜水含水岩组特征统计表

位置	含水层岩性	水文地质参数			隔水层顶板埋深/m
		厚度/m	水位埋深/m	渗透系数K/($m^3 \cdot d^{-1}$)	
Ⅰ级阶地前缘	粉土	3.5~6.0	0.05~4.74	0.26~0.67	4~8
Ⅰ级阶地后缘	粉质黏土、淤泥质粉质黏土		0.4~1.7		

据《湖北省武汉市区水文地质工程地质综合勘察报告(1∶5万)》(1991),区内部分民井孔隙潜水氚、氚、$\delta^{18}O$含量分析测试,武汉市西北角走马岭北两处民井水中氚含量分别为28.5TU、27TU,表明该类井水绝对年龄较新,为大气降水补给形成。另据武汉市东西湖区东山农场五七大队00024号孔所取土样,在温度115℃蒸馏取得的水分进行测试结果:0~2m深度内δD值在-52‰~-50‰之间,$\delta^{18}O$在

−8.5‰～−7.0‰之间;2～10m深度δD值在−41.9‰～−36.5‰之间,δ^{18}O为−6.184‰～−5.013‰;而大气降水取样分析结果,δD值为−52.82‰,δ^{18}O为−7.85‰。

从上述试验结果看,地表以下0～2m深度土样中所含水分的分析测试数值则与当月降水的测试数据相同;2～10m深度土样水分的同位素含量与降水的δD、δ^{18}O的年平均值分别接近−45.36‰、−7.19‰。而该处民井水位埋深在2m左右,因此上述结果充分说明大气降水由土壤饱气带入渗补给潜水。

区内潜水位的起伏与降水量具一定相关性,但不同部位由于地形、岩性及水理性质的差异,潜水位动态变化有所不同。处于Ⅰ级阶地前缘或后缘的民井,均表现为"降水量大时潜水水位高、降水量小时潜水水位低"的规律性。潜水水位升高与降水强度有关,但不呈线性关系无限增大。当降水强度大于20mm/d时,民井地下水位上升10mm;而降水强度大于40mm/d时,地下水位虽也上升,但受地表黏性土弱透水的控制,降水除部分入渗外,大多转为地表径流散失。因此,降水强度增加,潜水水位不按一定比例继续增加。

2. 全新统走马岭组(Qhz)孔隙承压含水岩组(H②)

含水岩组分布于长江、汉水Ⅰ级阶地,汉口至东西湖、五通口至界埠、余家头、青山东区,以及殷店、白沙洲等地,汉口地区自辛安渡—东山农场一线以东,经走马岭、慈惠墩、唐家墩、武汉关至江岸一带,汉阳及江夏地区则分布在金口镇—小军山—青菱乡一带。该含水岩组(层)呈大面积广泛分布。武汉地区在白沙洲、积玉桥—青山—杜家井—胡家墩一带,以中等规模、独立成片的水文地质块段分布。汉阳地区由于河谷阶地不对称,除鹦鹉洲及黄金口等地分布面积稍大外,其余沿汉江右岸呈宽600～1000m狭窄条带伸展(图3-1-1)。

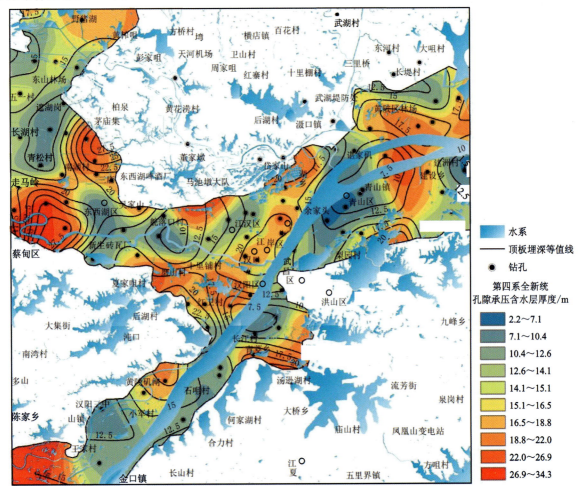

图3-1-1 孔隙承压含水层分布范围示意图

赋存于第一含水岩组中,由全新世河流相砂、砂砾石等组成。上覆粉土、粉质黏土。含水层顶板埋深9~27.3m,厚9~34.3m。一般前缘厚,后缘薄且含淤泥质。砾石层呈透镜状分布,厚7~8m(图3-1-2)。含水岩组颗粒在横向上的变化与长江、汉江河道的变迁有关。东西湖区Ⅰ级阶地自阶地前缘至后缘,含水岩组颗粒表现为中—细—粗的变化规律。汉口城区、白沙洲、鹦鹉洲等地段Ⅰ级阶地,系长江水流塑造,虽然近代表现了部分分支水流的变迁,但是自阶地前缘至后缘,含水岩组颗粒在总体上显示了由粗至细的变化规律。徐家棚及武钢水源地一带亦属长江Ⅰ级阶地,长江河道在该地段曾有摆动,自阶地前缘至后缘,含水岩组颗粒呈现了中—粗—细的变化规律。

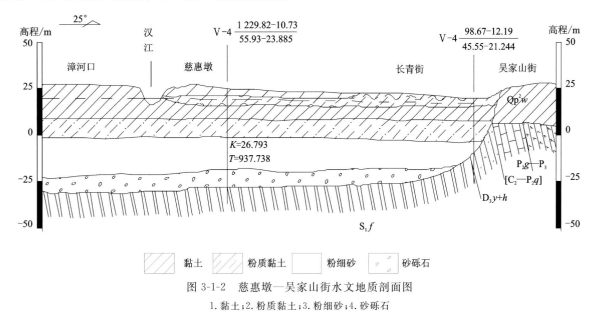

图3-1-2 慈惠墩—吴家山街水文地质剖面图
1.黏土;2.粉质黏土;3.粉细砂;4.砂砾石

区内该含水岩组隐伏于Ⅰ级阶地微弱透水的全新统黏土、粉质黏土层之下,局部上覆泥质粉砂。下伏岩层几乎遍及古生代以来所有地层,但大多数为志留纪砂页岩。其中,汉口大部分地区及武昌徐家棚、白沙洲、武钢水源地等地段,下伏地层多属白垩纪—古近纪砂岩及粉砂岩;东西湖地区、幸福大队—新沟一带下伏新近纪泥岩及泥质粉砂岩,新沟—辛安渡一带其下局部为晚更新世黏土阻隔;白沙洲及鹦鹉洲等地则以石炭纪—三叠纪碳酸岩盐岩地层为底界。

含水岩组接受大气降水和江水的补给,局部能取得下伏含水层的越流补给。水位埋深0.20~13m,与江水的水力联系密切,近江变化大,呈互补关系,故动态随季节变化显著。含水岩组厚度在Ⅰ级阶地区多在20~50m间,Ⅱ级阶地区多小于10m。Ⅰ级阶地较Ⅱ级阶地薄。底部多为上白垩统至白垩系古新统公安寨组或志留纪泥岩、页岩、泥质砂岩等,埋深多大于30m,略呈水平状。

区内含水岩组厚度及顶、底板埋深的变化与地貌等沉积地质环境条件有关。一般表现为阶地前缘含水岩组厚度大,底板埋藏深;后缘部分则厚度小,底板埋藏浅的规律。东西湖区、汉口、徐家棚及武钢水源地等地段,含水岩组的厚度较大,顶、底板埋藏较深,并有一定变化。其次,武汉市区Ⅰ级阶地分别由长江和汉江水流形成,不同河流的冲刷、堆积情况各异。而且区内长江流经地段地质条件不同,河道宽窄变化对物质沉积状况也会造成一定的变化。因此,各地段含水岩组厚度及顶、底板埋深,显示了相应的差别。如白沙洲和鹦鹉洲一带,因大军山、小军山等残丘及垄岗平原的约束,长江河道难以向两侧扩展,水流搬运能力较强,沉积相应减弱,因此,上述两地含水岩组厚度小于20m;过龟山、蛇山狭口后,地域骤然开阔,水流速度减小,搬运能力减弱,沉积加强。因此,汉口和武昌徐家棚一带,含水岩组厚度分别达到31.89~48.19m、30.74~52.17m;跨越丹水池后,长江水道更加宽阔,且河道主流线原从天兴洲北侧穿越,而武钢水源地一带仅为其分支河道所在,水流搬运沉积状况又有所改变,因此该地段含水岩组厚度多小于30m。区内该含水岩组厚度及底板埋深,亦受隐伏基岩地形起伏的控制。

工作区全新统孔隙承压含水岩组在各地段表现的岩性颗粒级配与厚度均有一定的差异,相应的含水岩组渗透系数、单井涌水量、抽水允许的最大降深及影响半径等数值,也随地区的不同而有所差别。但一般规律是自阶地前缘至后缘,含水岩组渗透系数及单井涌水量,表现为由大逐渐变小,在空间上形成与江河平行的不同渗透系数和涌水量分级的区域。

区内由于受长江、汉江河道摆动的影响,在东西湖、汉口、徐家棚、武钢水源地等地区局部地段,相对的含水岩组颗粒粗、厚度大,渗透系数及单井涌水量数值也相应增大。如武汉市西北角走马岭北虽处Ⅰ级阶地后缘,但含水岩组渗透系数及单井涌水量数值,却较周围地区同一含水岩组的数值为大。工作区全新统孔隙承压含水岩组,渗透系数一般为15~25m/d,单井涌水量500~1000m³/d,邻江的大部分地段渗透系数大于25m/d,单井涌水量大于1000m³/d。部分地段渗透系数仅为5m/d,单井涌水量500~1000m³/d,个别地段含水岩组厚度极小,渗透系数和单井涌水量均小于5m³/d及100m³/d。沿江地段富水程度高,与濒临长江受江水直接补给有关。

3. 上更新统下蜀组(Qp_3^x)孔隙承压含水岩组(H③)

含水岩组主要分布于茅庙集—东西湖—三店农场—姑嫂树一带Ⅱ级阶地,在新沟—辛安渡—东山农场一带则隐伏于Ⅰ级阶地全新统孔隙承压含水岩组之下(图3-1-3)。该含水岩组由晚更新世灰黄色含泥质砂、砂砾(卵)石组成,间夹有厚1.93~4.66m粉土或粉质黏土。隐伏于晚更新世黏土层之下,下伏新近纪灰绿色、灰白色黏土岩及泥质粉砂岩。上部砂层以中粗砂为主,顶部有少许粉细砂,砾(卵)石粒径一般为0.5~5cm,磨圆度中等,呈次棱角状,自下而上呈现由粗到细的两个沉积旋回。水文测井曲线也明显表现出两个沉积旋回的特征。含水岩组的颗粒结构横向上自西向东、自北向南粒径由粗变细,泥质含量也相应增加。

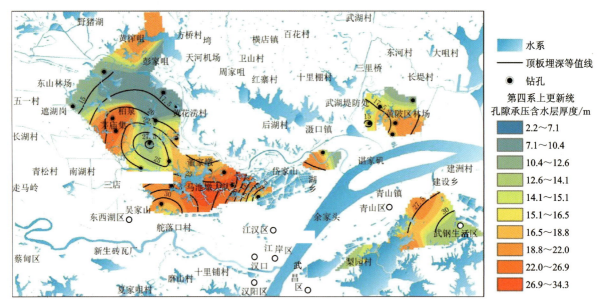

图3-1-3 第四系上更新统孔隙承压水分布示意图

Ⅱ级阶地区含水岩组顶板埋深一般为20~25m,何家庙、方家墩及汪湖咀一带,顶板埋深大于25m,填鸭厂、径河农场场部及新生农场一带,埋深一般小于20m(图3-1-4)。含水岩组厚度自北西向南东逐渐递减,一般为10~25m。径河农场—填鸭厂一线以北,厚度为25~30m;东西湖啤酒厂以南,多小于10m,额头湾苯酚仓库外仅厚1.6m。含水岩组底板埋深一般为33~41.70m,其中填鸭厂、新生农场以北地区埋深为44.71~47.00m,而与丘陵岗地毗邻区埋深仅为23.89m。

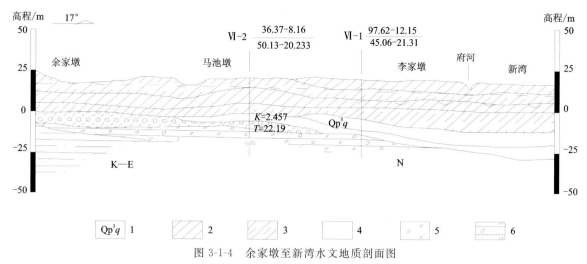

图 3-1-4　余家墩至新湾水文地质剖面图

1.第四系下更新统孔隙承压含水层；2.黏土；3.粉质黏土；4.中粗砂；5.砂砾石；6.含砾砂岩

4. 白垩系—新近系(K—N)裂隙承压含水岩组(H④)

白垩系—新近系(K—N)裂隙承压含水岩组(H④)位于新沟—辛安渡—东山农场一带Ⅰ级阶地区(图 3-1-5)，该含水岩组顶板埋深 24.05～48.96m，厚 14.0～33.23m，底板埋深 44.81～62.69m，含水岩组中砂砾(卵)石厚一般为 2.35～8.20m(表 3-1-5)。

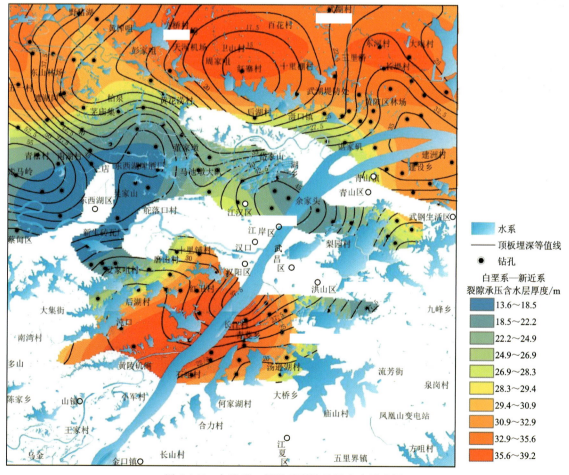

图 3-1-5　白垩系—新近系裂隙承压含水示意图

表 3-1-5 工作区新近系含水岩组特征表

所在阶地部位		厚度/m	顶板埋深/m	底板埋深/m
Ⅰ级阶地	前缘	5.17～22.29	48.22～58.35	53.39～82.10
	后缘	23.19	78.54	55.35
Ⅱ级阶地	前缘	20.89～26.39	22.15～29.20	52.18
	后缘	4.73～6.76	10.08～36.27	33.15～43.03

上更新统孔隙承压含水岩组含有较多泥质成分，所以渗透性较差，富水性相对贫乏。该含水岩组渗透系数，一般可分为 1～5m/d 及 5～10m/d 两级；单井涌水量也相应的为 10～100m³/d 及 100～500m³/d。个别地段渗透性较好，如东西湖啤酒厂 V-10 孔，渗透系数达 47.24m/d。

区内该含水岩组渗透系数及单井涌水量较小，除与含泥量多有关外，尚与区域水文地质结构及地下水运移、开采情况有关。从前述的含水岩组水文地质结构及地下水径流特征来看，沿大屋湾、东赵湾、汪湖咀一带，含水岩组厚度较大，渗透性能较好，单井涌水量较丰富，其南、北两侧地块，含水岩组厚度较小，渗透性能差，单井涌水量较贫乏。而汉口堤角—刘家墩—张家墩一带，应有较丰富的水量，但由于上游东西湖啤酒厂及径河农场大量开采地下水，形成降落漏斗，影响下游地段地下水的径流补给，所以汉口Ⅱ级阶地含水岩组，显示的单井涌水量均偏小。

由于各地段含水岩组岩性的差异，相应的渗透系数和富水性亦有所差别。工作区东西湖区以北五七大队一带含水层颗粒较粗，泥质含量较少，渗透系数在 15.64m/d 左右，单井出水量高达 1000m³/d，水量丰富；而工作区西北角荷包湖、走马岭一带，含水层的颗粒较细，泥质含量较高，渗透系数仅在 7.238m/d 左右，单井出水量可达 100m³/d，水量较贫乏。

5. 三叠系(T)、石炭系—二叠系(C—P)岩溶裂隙含水岩组(H⑤、H⑥)

H⑤、H⑥含水岩组分布于区内向斜核部，主要隐伏于武昌白沙洲陆家嘴至武汉工程大学、鹦鹉洲、太子湖、水浒山、黄花涝一带。宽 200～1000m，黄花涝一带最窄约 200m，白沙洲一带最宽达 3400m，呈近东西向产出（图 3-1-6）。

1）含水组分布特征

H⑤含水岩组厚约 280m，由中下三叠统大冶组和嘉陵江组组成，地下水主要赋存于中下部灰岩、白云质灰岩溶蚀裂隙及溶洞中。岩组上覆岩性极厚度随所在地貌部位的不同而不同。丘间谷地和岗地区多覆盖中更新世土，含水顶板埋深 10～30m；长江沿岸Ⅰ级阶地区覆盖全新世冲积层，顶板埋深 30～50m；局部其上还覆盖有白垩纪—古近纪红盆地层，顶板埋深则大于 60m。

该含水岩组岩性以泥灰岩、白云质灰岩为主，因此岩溶现象发育较差。据钻孔揭露，仅岩芯表面见有溶蚀现象，局部有较小的溶孔、溶洞，平均岩溶率为 6.57%。但由于分布面积集中，埋深较浅，受人为活动的影响强烈，岩溶较为发育。岩溶塌陷事故时有发生，随着城市建设的加快，近年来呈加速发展势态，如白沙洲大道及周边地区 2009 年一年就发生过 6 次岩溶地面塌陷灾害。从武昌白沙洲陆家嘴及倒水湖两处岩溶地面塌陷的情况分析来看，塌陷后民房、水泥电杆及大树均没入地下，而且钻孔施工钻进过程中漏水严重。因此，该地段深部应有较大溶洞存在，溶洞的发育可能与隐伏的断裂构造通水情况良好有关。上述现象表明，该含水岩组深部岩溶发育且规模大。

该含水岩组渗透系数一般为 0.235～0.40m/d，其中武昌六库堤 712 所钻孔渗透系数达 3.837m/d。富水性与其所在向斜构造规模及所处构造部位有关。据抽水试验资料，武昌白沙洲六库堤至中建三局、大桥向斜军区靶场一带，钻孔单井涌水量一般为 711～1000m³/d；大桥向斜东、西两端及汉阳琴断口至五里墩一带，该含水岩组单井涌水量为 252.3～311.7m³/d；武昌豹子山至汤逊湖一带、汉阳墨水湖南鲤

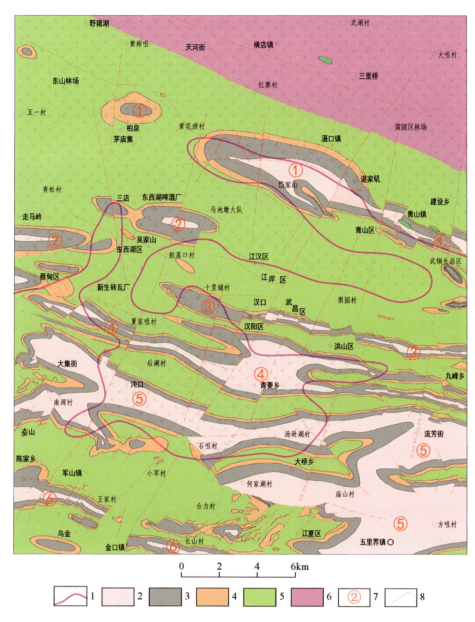

图 3-1-6　H④、H⑤、H⑥ 含水层分布图

1.白垩系—新近系(K—N)H④含水岩组；2.三叠系(T)H⑤含水岩组；3.石炭系—二叠系(C—P)H⑥含水岩组；
4.泥盆系(D)；5.志留系(S)；6.武当岩群(NhW.)；7.岩溶条带编号；8.断层

洲至杨泗港一带，单井涌水量仅为 65.64m³/d。

该含水岩组地下水 pH 值为 7.2～7.8，矿化度为 0.275～0.585g/L，总硬度为 228.4～376.8mg/L，属中性低矿化微硬—硬水。水化学类型主要为 HCO_3-Ca 型，少数为 HCO_3-Ca-Mg 型。

该含水岩组主要分布于大桥向斜、荷叶山向斜、新隆-豹澥复式向斜、沌口向斜、大军山向斜等褶皱两翼近核部位。地表仅局部见碳酸盐岩地层裸露，大多隐伏地下，呈北西西向条带状分布，宽为 100～350m。该含水岩组中主要矿物成分为易被地下水溶蚀的白云石及方解石。含水岩组顶、底板分别与中二叠世硅质岩及晚泥盆世石英砂岩的碎屑岩裂隙水有水力联系，下伏的志留纪砂页岩形成隔水边界。

含水岩组顶板埋藏深度丘陵区埋藏较浅，一般为 9.19～24.80m，最深可达 46m，上部为第四纪残坡积黏土夹碎石覆盖；部分岗地区埋藏较深，如汉阳十里铺—龙阳湖—四新农场一带，顶板埋深多大于

80m,最深可达 137.70m,上覆第四纪中更新世网纹状黏土及白垩纪—古近纪红层;Ⅰ级阶地区该含水岩组顶板埋深一般为 27.07～45.25m,上覆第四系全新统孔隙含水岩组,部分地区有白垩纪—古近纪红层覆盖,埋深相应增大,如汉阳太山寺一带埋深可达 103.60m。

该含水岩组厚度 221.80m,地层产状陡立。地表仅见零星露头,岩溶地质现象不发育,见有少许小溶孔、溶隙,以及层面上显示的小溶坑,局部沿溶隙形成小溶洞。溶隙一般宽 0.001～0.002m,最宽达 0.004m。溶孔直径一般为 0.003～0.02m,最大为 0.05m。钻孔中所见小溶洞较多,一般高为 0.1～0.3m。深部岩溶较为发育,在豹子山见一处溶洞,武昌鲁巷见两处高达 15m 的大溶洞。据现有资料统计,区内溶洞高一般为 0.5～1m,最高可达 30m,溶洞中一般充填有部分黏土夹碎石。

岩溶发育具不均一性,受岩性、构造和深度等条件的控制。溶洞多沿层面、裂隙发育,经地下水长期溶蚀扩充形成大溶洞。含水岩组中有灰岩、微粒灰岩及生物碎屑灰岩的矿物成分,方解石含量大多在 80%以上,而白云岩中方解石含量较少,因此灰岩、微粒灰岩及生物碎屑灰岩中岩溶较发育。据钻孔资料测算,二叠系栖霞组平均岩溶率为 10.1%,石炭系大埔组、黄龙组平均岩溶率为 7.8%。赋存于向斜构造的两翼近核部位,与压性构造相伴生的北北西向及北北东向张扭性和压扭性断裂促使岩石进一步破碎,更利于降水入渗、运移、交替循环和岩溶地质作用的进行。因此区内在向斜构造碳酸盐岩赋存的部位,尤其是断裂发育的地段,岩溶地质现象更为发育。

第四纪以来,地壳运动表现为以频繁的升降运动并伴随着掀斜现象,形成多级阶地地貌形态。相应的地下水侵蚀基准面也随之变化,在碳酸盐岩地层中,则表现了岩溶发育规律的多期性。据钻探资料统计,在标高 2.5～15m、−4.5～12m、−31～−25m 分别隐伏 3 层溶洞。因此,区内岩溶地质现象至少反映了 3 期活动迹象,随深度的增加,溶洞的规模也相应地增大,但更深处岩溶发育强度可能趋于减弱。

在不同的地貌单元内,下伏可溶岩富水性差异很大。收集资料及本次试验结果表明,该含水岩组渗透系数为 0.201～3.085m/d,单井涌水量一般为 543～878m³/d,大者可达 1140～2941m³/d,小者仅 23m³/d 或甚至为干孔。

含水岩组渗透系数及单井涌水量的大小与其所处构造规模有关。区内大桥向斜、新隆-豹澥向斜、沌口向斜、大军山向斜等规模较大的褶皱构造,含水岩组的渗透系数及单井涌水量数值大,其余规模小的向斜构造的渗透系数及单井涌水量较小。同一向斜构造中,断裂构造发育、岩性破碎、岩溶发育的地段,则渗透系数及单井涌水量大,反之则小。如土桥Ⅶ-5 孔及花山Ⅶ-4 孔分别位于大桥向斜及花山向斜,渗透系数分别为 3.085m/d 及 0.153m/d,单井出水量分别为 809.91m³/d 和 187.66m³/d。而Ⅶ-5 孔及汉井 1 孔虽同属大桥向斜构造,但前者断裂构造发育,岩溶较发育,渗透系数分别为 3.085m/d、0.012m/d,单井出水量为 809.91m³/d 及 52.70m³/d。

2)石炭系—二叠系(C—P)、三叠系(T)岩溶发育规律分析

岩溶裂隙水富水性主要受含水岩组的岩溶发育程度控制,主要规律如下。

在质纯层厚的碳酸盐岩中岩溶发育,地下水的赋存条件优越。不同岩组中钻孔岩溶遇见率及单井涌水量都不尽相同(表 3-1-6)。

表 3-1-6 工作区碳酸盐岩地层岩溶特征表

含水岩组	H⑤	H⑥	
地层代号	T_1d、$T_{1-2}j$	P_2q	C_2d、C_2h
岩溶形态	溶隙、溶孔	溶孔	小溶洞、溶洞
钻孔岩溶遇见率/%	40	50	70
单井涌水量/m³	2.66～951.78	2.04～2 438.2	1.39～2290

在断层构造作用强烈且岩溶发育段,地下水的赋存条件较优。尤以北北东向、北西向断层附近最为

发育,岩溶率高达65%,其他部位仅为5%左右,远离断层和近断层含水岩组的富水程度常相差1~2个级别。这表明断层构造对岩溶发育程度起了控制作用,对地下水的赋存条件产生显著的影响。

垂向上岩溶发育具有明显的规律性,地下水的赋存条件亦呈规律性的变化。裸露于地表的碳酸盐岩岩溶形态主要为溶沟、溶槽等;下伏于黏土层之下碳酸盐岩的岩溶发育程度随埋深增加而减弱。岩溶形态以溶洞和溶孔为主,大溶洞多集中于高程0~30m之间,其充填物为黏土和碎石,多为半充填,少量全充填或无充填,从而构成地下水的主要赋存段。

依据上述地下水赋存的制约因素,结合钻孔的常见单位涌水量和泉流量,碳酸盐岩岩溶裂隙含水岩组的富水程度可划分为4级。

水量丰富:分布于南望山以北,水果湖至茶港新村、武昌狮子山北至南湖李家墩村、鲁巷至营盘山南,桂子山南,大长山南,关山至刘张村一带的剥蚀-堆积丘间谷地,为⑤含水岩组(C—P,灰岩、白云质灰岩)分布区和北北东向、北西向断层发育地段。

水量较丰富:主要分布于中南路至水果湖、武昌六库堤至中建三局、汉阳庙西湾至南湾湖一带以及道贯泉等地第六含水岩组中(C—P,灰岩、生屑灰岩),含水层埋深多为10~20m,静水位埋深1~5m,单井单位涌水量35~50m³/d;本次在南湾湖一带实施了钻孔S10,岩溶裂隙水水位高出地面1.5m,单井涌水量1500m³/d。

水量较贫乏:分布范围广,主要分布于汉阳门至武汉大学、汉阳朱家亭至古琴台、龙阳湖东至鲤鱼洲、下新集至天兴洲、龟山至新店一带的剥蚀-堆积丘间谷地中的H⑤、H⑥含水岩组中(C—P、T,灰岩、白云质灰岩)。含水岩组埋深多在10~20m之间,局部埋深7m或33m,静水位埋深1.5~17.62m,单井单位涌水量8.70~27.53m³/(d·m)。

水量贫乏:分布于武昌大吕村至官李村一带老桥村、中路村,汉口吴家山、三店农场、下港以南青山至北湖、吴家山关塘角、夏家咀至武汉工程大学等地段的剥蚀-堆积丘间谷地。主要为第四含水岩组(T_1d、$T_{1-2}j$,灰岩、白云质灰岩、泥质灰岩)分布段;在青山至北湖,马张村至铺刘村等地第六含水岩组亦属此列。含水岩组埋深多为20~30m,静水位埋深1m左右,单井单位涌水量1.52~4.70m³/(d·m)。

区内除有上述覆盖型和裸露型岩溶裂隙水分布外,尚有覆盖-埋藏型岩溶裂隙水的分布。含水层呈东西向长条带状展布,赋存于向斜的两翼之中,与相对隔水层相间排列。隐伏于黏土之下,埋深一般为7.06~25.39m,某些地段由于兼有碎屑岩的覆盖,而埋藏较深,如汉阳十里铺附近为131.27m。水位埋深一般为0.42~11.50m,高出含水层顶板埋深10~30m。地下水均具有承压性质。

6. 二叠纪碎屑岩裂隙含水岩组(H⑦)

该岩组岩性为硅质岩、页岩、砂岩夹页岩,岩性坚硬—较坚硬,裂隙较发育,局部地段受挤压后形成规模较小的"M"形揉皱,一般分布于武昌一带剥蚀残丘区向斜构造靠近核部或低残丘部位。据收集的抽水试验资料,钻孔单位涌水量为0.449L/(s·m),渗透系数0.717m/d,呈弱透水性。

7. 泥盆纪(D)碎屑岩类裂隙含水岩组(H⑧)

H⑧含水岩组由晚泥盆世石英砂岩、含砾砂岩、砾岩构成,主要分布于武昌蛇山、珞珈山、喻家山、龙泉山及汉阳龟山、米粮山等剥蚀丘陵区向斜构造的翼部。覆盖区亦有存在,但埋藏较深,水量不大。断裂带附近岩体中构造裂隙极为发育且多张开,成为地下水良好的活动场所。位于武汉大学珞珈山东上泥盆统云台观组(D_3y)石英砂岩岩体中北东向及北北西向两组"X"形扭节理发育,形成棋盘格式构造。

该含水岩组岩性坚硬,抗风化能力强,其下伏的志留纪砂页岩、泥岩构成隔水岩组。因此大气降水沿裂隙入渗后,在坡麓及沟谷地段常沿两者的接触带以下降泉的形式泄出,泉流量一般为5~20m³/d。卓刀泉泉水就赋存在此含水岩组中。遇断裂破碎带时,地下水更为丰富。据湖北体育职业学院等钻孔抽水试验资料,单位涌水量为 0.5～1.74L/(s·m),降深 7.8m 时,单井出水量为 600m³/d。在武昌幅南部白云水厂泉水赋存与 H⑧含水岩组中,偏硅酸达到天然饮用矿泉水标准,泉流量枯水期大于 1000m³/d。

8. 岩浆岩风化裂隙水

岩浆岩(玄武岩)风化裂隙水赋存于顶部玄武岩和玄武岩与红层接触带风化裂隙中,岩石较破碎、松散,且玄武岩侵入过程中在岩株及接触带外围生成气孔状构造,利于地下水赋存。同时,岩层风化后产生泥化现象,降低了岩层的渗透性,加上该含水岩组出露地势稍高,不利于地表水汇集,多为地面渗入地下,大部分被红层覆盖,水量补给较少,故含水量不大。

该含水岩组泉流量小于 10m³/d,钻孔单位涌水量 1～20m³/d。动态变化大,矿化度 0.04～0.5g/L,主要为 HCO_3-Ca 型水、HCO_3-Ca-Mg 型水、HCO_3-Ca-Na 型水。本次钻探揭露玄武岩地层未见地下水。

三、地下水补径排及动态特征

(一)地下水补径排特征

1. 松散岩类孔隙水

降水入渗是孔隙潜水的主要补给来源之一,区内潜水位的起伏与降水多少呈一定的相关,但不同的部位由于地形、岩性及水理性质的差异,潜水位动态变化有所不同。处于Ⅰ级阶地前缘或后缘的民井,均表现为降水量大时,潜水水位高;降水量少时,潜水水位低的规律性。潜水水位升高,与降水强度有关,但不呈线性关系无限增大。当降水强度大于 20mm/d 时,民井地下水位上升 10mm;而降水强度大于 40mm/d 时,地下水位虽也上升,但受地表黏性土弱透水的控制,降水除部分入渗外,大多转为地表径流散失。因此,降水强度增加潜水水位不按一定比例继续增加。

孔隙承压水含水岩组因上覆盖层厚达 5～30m,岩性多为黏性土,其渗透性差,故含水岩组不易接受大气降水的直接入渗,仅在局部地段因上覆盖层较薄、缺失或盖层透水性较好才具有较好的入渗条件。

区内湖泊密布,湖底标高一般为 17～19m,水位多为 18.5～20.5m,一般高于承压水测压水位。同时,湖底黏性土较薄,主要是由具弱透水性的粉质黏土组成,利于湖水对地下水的入渗。

孔隙含水层与江水的水力联系较密切,江水与地下水之间有一定的互补关系。长江在区内河床高程多为 -10.1～-5.2m,均低于沿江孔隙含水岩组顶板的高程,为河水与地下水构成水力联系创造了地质条件。据观测,枯水期地下水位高于江水位 1～8m,地下水向江水排泄;而丰水期江水水位高于地下水位 1～5m,地下水接受江水补给。由于河床继续堆积粉土或粉质黏土等相对弱透水层或相对隔水层,沿江两岸地下水与河水的联系程度因地而异。

在人为开采情况下,沿江地段可产生地表水的激发补给。孔隙水的径流条件受含水岩组产状和区域水系径流方向的控制,局部受人为因素的左右,在五通口一带由北向南运移,其坡度降为 0.62‰ 左右,地下水径流速度极为缓慢。在东西湖至汉口一带,地下水总体流向由西向东,部分地带由人工开采形成降落漏斗,而改变了地下水的流向,同位素人工稀释法测得地下水平均渗透流速为 0.1～0.21m/d,渗透速度部分地段相对较大,地下水径流条件良好。全新统孔隙承压水是松散岩类孔隙水中最重要的组成部分,也是武汉地区主要的地下水供水水源,该类地下水的补给、径流、排泄条件受地质环境条件的制约。

1)全新统孔隙承压水的补给

补给来源主要有地下水侧向径流补给、江水入渗补给、大气降水及孔隙潜水补给、下伏含水岩组地下水越流补给4种形式。

(1) 地下水侧向径流补给。

从区域上看,工作区居于大别隆起和幕阜隆起之间,具有接受地下水侧向径流补给的基本条件;从局部上看,区内全新统孔隙承压水所处的部位四周多为剥蚀堆积红土岗地所围,从而接受周边或区外地下水补给。

地下水侧向径流补给在区内外地下水测压水位特征、矿化度变化规律及氚含量等方面表现得极为明显。例如工作区西北部东西湖区一带钻孔中揭露的全新统与上更新统孔隙承压含水岩组是区外钻孔中相应的含水岩组在区内的延伸,地下水测压水位等值线也反映出区外高于区内的特点。在水质特征方面,自西向东由区外向区内方向,地下水的矿化度逐渐升高(辛店0.25mg/L,辛安渡0.3～0.35mg/L)。据辛安渡一带地下水同位素测试资料,氚含量多小于5TU,而府河大气降水的氚含量分别为26.50TU和24.38TU。丰水期^{131}I地下水流速流向测试也反映了单位由区外流向区内的特点。

(2) 江水渗入补给。

区内全新统孔隙承压水除接受境外地下水侧向径流补给外,长江、汉江渗入补给,也是主要来源之一。Ⅰ级阶地前缘,全新统孔隙承压含水岩组顶板高程一般为10m左右,而长江武汉段河底高程一般为-9.2～15.7m,局部深槽最低处达-16.8m;汉江河底高程一般为0～9m。据武汉长江大桥及汉江公路桥勘探揭露,江底多有砂及薄层粉土堆积。因此,河流切穿含水岩组顶板,江水与地下水直接沟通,为汛期江水渗入补给创造了条件。

据地下水长期观测资料反映,汛期时地下水测压水位,阶地前缘高于阶地中部和阶地后缘,且随江水为上涨,阶地前缘钻孔水位随之抬升,距江边近者,地下水为上升幅度大,远离则变小,表明汛期江水补给地下水。汉口地区^{131}I单孔稀释法地下水流速、流向测试资料,也证实汛期江水补给地下水,地下水流向阶地后缘,流速为0.026m/d。

由丰水期全新统孔隙承压水同位素测试资料显示反映,自江边Ⅰ级阶地后缘,地下水中氚含量渐趋减小,表明丰水期存在河流补给地下水的情况。^{14}C测试结果,由江边至Ⅰ级阶地后缘,地下水^{14}C年龄也逐渐变大,也证实丰水期江水补给地下水。

(3) 大气降水及孔隙潜水入渗补给。

区内雨量充沛,降雨除部分以地表片流形式泄入长江、汉江外,其余多蓄于湖泊、堰塘中或入渗地下,转为全新统孔隙潜水。

地表广布的黏性土层具微弱透水性,为湖泊、堰塘、稻田等地表水、地下孔隙潜水与深部全新统孔隙承压水间的互补关系提供了条件。受人类活动及边界条件的影响,使全新统孔隙承压水水位低于上部水体水位时,产生潜水入渗补给孔隙承压水,反之则孔隙承压水补给潜水。此类现象在多孔非稳定流抽水试验中表现得极为明显,当抽水试验进行一段时间后,观测孔中孔隙潜水水位开始逐渐下降;其次,抽水过程中形成的lgs-lgt关系曲线,在后期偏离了泰斯曲线,降深速率减小,说明在水头差的作用下产生了潜水越流补给孔隙承压水;而停抽后,随主孔水位抬升观测孔水位相应恢复,表现了两者之间的互补关系。

(4) 下伏含水岩组地下水越流补给。

区内全新统孔隙承压含水岩组在不同地段分别为下伏上更新统孔隙承压含水岩组、碎屑岩裂隙孔隙承压含水岩组、碎屑岩裂隙含水岩组及碳酸盐岩裂隙岩溶含水岩组等。由于上、下含水岩组间一般无良好隔水层存在,或仅有较薄的具微弱透水性的相对隔水层相隔。因此,上、下含水岩组间呈现较为密切的水力联系,具有一定的越流补给。

2) 全新统孔隙承压水的径流条件

全新统孔隙承压水径流、排泄条件的变化主要表现在长江和汉江沿岸一带,每年6～10月地下水受江水补给后,由Ⅰ级阶地前缘向后缘方向径流;11月至次年5月,江水位低时,地下水由后缘向前缘径流。在天然动态下,地下水平均水力坡度为0.37‰～0.29‰,而1～3月和7～9月分别为枯水期、丰水期,地下水水力坡度相对增大。

区内该类型地下水径流速度较为缓慢,据131I单孔稀释法试验资料,地下水渗透流速在0.1～0.209m/d之间。

3)全新统孔隙承压水的排泄条件

全新统孔隙承压水的排泄主要是泄入江河和人工开采两种方式,其次为向邻界的其他含水岩组侧渗排泄和向上、下叠置的其他含水岩组的越流排泄。

地下水泄入江河的情况,主要发生在每年11月至次年5月江水位低于地下水位时。据1988年11～12月自然电场法和井中充电位测试资料,沿江一带地下水流向均指向江河,地下水流速为0.05～0.65m/d。

人工开采地下水主要用于生产和生活方面。1988年武汉市区开采该类型地下水达$2657 \times 10^4 m^3$。尤其是每年6～10月高温季节,生产冷却用水剧增,在部分集中开采取水量大的地段,形成地下水降落漏斗,致使部分地段地下水动态及径流情况产生一定的变化。

全新统孔隙承压侧向径流排泄、补给上更新统孔隙承压水的情况,主要位于东西湖区三店农场北至五四大队和汉口额头湾至畜牧岭一线的Ⅰ级、Ⅱ级阶地的分界部位。上述两含水岩组在出露高程上相近,横向分布上相邻接,加之侧压水位上的差异,从而产生侧向径流、补给的情况。而东西湖啤酒厂等过量开采上更新统孔隙承压水,对这两个含水岩组之间的补给、排泄关系,更起了激化和促进的作用。

全新统孔隙承压水向上覆和下伏的其他含水岩组的越流排泄,一般发生于丰水期该含水岩组地下水测压水位高于上、下含水岩组水位时,但此种排泄方式仅占极次要的比重。

2. 碎屑岩类裂隙孔隙水

新近系裂隙孔隙承压含水岩组在东西湖—余家头、中南路、流芳—三叉港一带隐伏于松散岩类孔隙含水层或中更新统红黏土层之下,其中红黏土层具隔水性质,在工作区南部分布广,厚度较大,阻断了上、下含水层间的越流补给;而在工作区西北大部分不连续,上、下含水层间水力联系较密切。

据地下水同位素测试资料,该类型地下水氚含量均小于3TU,说明其形成时间在20世纪50年代以前,几乎未受到近期大气降水补给的影响,而是主要由同类地下水通过陆地补给边界侧向径流补给。但局部地段特别是东西湖区地下水中氚含量较高,一般与其上覆的全新统孔隙承压水的氚含量高有关,表明上、下含水层间存在越流补给的情况。在该处进行的多孔非稳定流抽水试验中,当主孔抽取全新统孔隙承压水时,与主孔距离相同的两个观察孔,所反映的全新统孔隙承压水水位及新近系裂隙孔隙水水位也随之发生变化,而且上下含水层表现为一定的水头差,也说明全新统孔隙承压水与新近系裂隙孔隙水间具有一定的水力联系,存在越流补给的情况。碎屑岩类裂隙孔隙水向上覆的全新统孔隙承压水越流补给,仅发生于枯水期全新统孔隙承压水测压水位下降,与新近系裂隙承压水形成一定水位差的情况,但一般此种方式排泄的量很少。

除越流补给外,还存在横向径流补给现象。例如工作区北部东西湖啤酒厂由于过量开采上更新统地下水,形成地下水降落漏斗,因此出现新近系裂隙孔隙水侧向径流、补给上更新统孔隙承压水的情况。工作区西北缘Ⅰ级阶地与Ⅱ级阶地衔接部位(群力至水岗一线),Ⅰ级阶地全新统孔隙承压含水岩组与Ⅱ级阶地下伏的新近系裂隙孔隙含水岩组在横向上相接,由于前者的地下水测压水位高于后者,因此出现全新统孔隙承压水侧向径流补给新近系裂隙孔隙承压水的现象。

3. 碳酸盐岩类岩溶裂隙水

碳酸盐岩类岩溶裂隙水包括上石炭统—中二叠统岩溶裂隙水和中下三叠统岩溶裂隙水两类,从其赋存状态看可分为裸露型、覆盖型、隐伏型等。由于岩溶裂隙水赋存于向斜构造中,处于半封闭状态,地下水径流较为缓慢，仅在岩溶裂隙发育地段地下水交替循环相对较快。

分布于九峰、花山、江夏白云洞等地的裸露型岩溶裂隙水，主要是通过溶隙、断层破碎带及层面裂隙接受大气降水的补给。部分下渗汇集于覆盖型岩溶系统中，部分呈散流状排泄于地表。

覆盖型岩溶裂隙水补给、径流、排泄条件较复杂。含水岩组一般隐伏于中更新世黏土层之下，分布于丘陵谷地和岗地区，盖层厚多为15～25m，最厚接近60m，大气降水不易渗入补给地下水，以接受相邻碎屑岩裂隙水的输入为主，使其得到间接补给。地下水与江水、湖水有一定的水力联系，但地下水测压水位一般都高于江水、湖水水位，相反情况甚少，故天然条件下，地下水向江、湖排泄。只有在地下水因人工开采，形成水位并降至一定深度时，才可获得江水、湖水的补给。

分布于汉阳鹦鹉洲、武昌白沙洲、天兴洲、汉口舵落口等冲积平原地区的隐伏岩溶裂隙含水岩组，上覆孔隙含水岩组，两含水岩组间一般无隔水层相隔，水力联系较密切，岩溶裂隙水接受上覆孔隙水的补给。而分布于南部的汤逊湖、流芳等地的岩溶裂隙含水岩组则上覆具隔水性质的红黏土层。上覆孔隙水补给作用不强，以下伏碎屑岩的越流补给和径流补给为主。

工作区岩溶水主要依靠其两侧石英砂岩、硅质岩中的裂隙和断裂承接大气降水入渗，经运移储存于含水岩组中。由于受褶皱构造的控制，居于向斜轴部的地下水，局部可自流溢出地表，如花山及铺刘村。前者位于花山向斜核部，地下水自流，水头高出地面1.5m；后者居于大桥向斜南翼近核部位，枯水期地下水水位在地面以下，雨季则溢出地表形成自流。据地下水同位素测量，碳酸盐岩类岩溶裂隙水氚含量一般多大于20TU。由此可见，该类地下水主要受近期大气降水补给。

由于长江切割了碳酸盐岩含水岩组，因此汛期长江水位在20m以上时，在邻近江边的地段则有部分江水通过河床中堆积的砂、砂砾石层侧渗补给地下水。而在白沙洲及鹦鹉洲等Ⅰ级阶地部位，全新统孔隙承压含水岩组直接覆盖于碳酸盐岩类裂隙岩溶含水岩组之上，无隔水层相阻。因此，全新统孔隙承压水可沿岩溶裂隙入渗补给下伏的碳酸盐岩类岩溶裂隙水。

该类型地下水沿垂直的岩溶裂隙入渗，运移至向斜构造轴部后，沿水平的岩溶管道，自东向西运动。从区域地质构造及碳酸盐岩的分布状况分析来看，水平管道发育方向与向斜构造延伸方向一致，而且主要集中于向斜构造的核部。在向斜构造两翼部位，因地层产状较陡，主要形成垂直入渗。而沿断裂构造所在成为地下水富集的场所。

据大桥向斜武昌段的长期观测孔测压水位分析，向斜西段临近长江，测压水位标高一般为20～23m，东段渐趋升高，最高的达53m。该类型地下水的径流自东向西进行，而临近长江地段，则受枯水期和丰水期江水水位影响；径流方向具有周期的变更。

碳酸盐岩类岩溶裂隙水的排泄以人工开采和枯水期向长江或湖泊排泄为主。由于碳酸盐岩抗风化能力相对较弱，加之向斜构造核部岩性较为破碎，因此区内向斜构造核部经风化剥蚀后，在地貌上多以山间谷地形式出现。而上覆的风化残破积物，厚度较薄，且发育孔隙，所以该类型地下水在向斜核部汇集后，因具承压性，常沿风化裂隙、孔隙上升，以泉的形式进行排泄。

4. 碎屑岩类裂隙水

区内碎屑岩类裂隙含水岩组裂隙不发育，渗透性较差，且随深度增加而减弱，故其补给条件一般不佳。在近丘陵地区，该含水岩组多裸露于地表，以接受大气降水补给为主。但因出露范围狭窄，地形切割较深，大气降水多沿地表流失，渗入甚微，地下水径流距离较短，部分呈散流排泄于地表，另一部分侧向排泄于邻近透水性较好的含水岩组。

埋藏于岗状平原下的碎屑岩裂隙含水岩组，上覆黏土属相对隔水层，大气降水不能直接补给地下水，而是通过湖底局部透水层给予间接补给。在断层发育地带，含水层还可通过断层获取分布位置较高的相邻含水岩组地下水的补给。

在阳逻以东，碎屑岩类裂隙含水岩组（第三含水岩组）上覆早更新世砂砾石透水非含水岩组。大气降水可经该透水层对其入渗补给，但由于该地段碎屑岩的透水性较上部地层差，地下径流常沿接触面呈散流排泄于地表。此外,埋藏于孔隙含水岩组之下裂隙水常接受孔隙水的补给。

5. 变质岩类风化裂隙水

变质岩类风化裂隙含水岩组裂隙较发育,渗透性一般。且该含水岩组在区内分布极少,裸露于地表的面积更小,一般覆于松散孔隙含水岩组下。地下水主要靠大气降水经上覆孔隙水向下补给,近补给区随季节变化以泉的形式排泄。据区外资料统计,9个泉中有6个泉流量为 $4.00 \sim 9.85 m^3/d$。

该含水岩组易接受大气降水补给,径流途径短,近源排泄,动态变化大。

(二)地下水动态变化

1. 松散岩类孔隙水

1)孔隙潜水

孔隙潜水水位埋深多为 $0.5 \sim 1.5m$,高程为 $21 \sim 24m$,水位动态与大气降水量的多少和江水涨落密切相关,年变幅 $1 \sim 4.5m$。孔隙承压水在天然条件下,水位埋深与地形起伏相关,Ⅱ级阶地为 $2 \sim 5m$,Ⅰ级阶地分布区 $1 \sim 3m$,沿江地段丰水期最高水位高出地面 $0.1 \sim 1.2m$,水位高程为 $17 \sim 20m$。等水压面总体微向长江倾斜,坡降一般小于 $1‰$。因人工开采地下水,局部形成降落漏斗,如西北角的张家湖北由于东西湖啤酒厂集中大量开采地下水形成降落漏斗,波及区内水位埋深最大达 $13m$,高程仅 $7m$。地下水位的动态变化幅度在Ⅱ级阶地区小于Ⅰ级阶地区,且向阶地后缘逐渐增大,年变幅在 $1 \sim 4m$ 之间。

2)全新统孔隙承压水

工作区内该含水岩组测压水位标高年平均值为 $19m$(埋深 $0.08 \sim 5m$)。由于所处地貌部位不同,影响地下水动态的因素有所差别,而江水调节及人类大量抽汲是地下水动态变化的主要因素。因此,阶地前缘及人类活动强烈地段,地下水动态变化表现剧烈,而一般地区变化幅度趋于缓和。在地下水动态变化上则表现为天然动态型和人为动态型。

天然动态型分布在Ⅰ级阶地前缘,含水岩组的测压水位,明显受江水位及大气降水的综合影响,尤其是枯水期、丰水期,随江水位的起落,地下水测压水位相应升降(图3-1-7)。区内1~3月地下水测压水位较低,枯水期(1月)测压水位为 $11.622 \sim 15.028m$;7~9月测压水位较高,丰水期(7月)测压水位一般为 $20.414 \sim 22.745m$,武昌区A20孔最高测压水位达 $23.93m$。丰水期地下水测压水位,自阶地前缘至后缘逐渐降低,表现为江水补给地下水。枯水期江水位低于地下水位,阶地后缘地下水测压水位高,前缘低,地下水自后缘向前缘径流,最终向江中排泄,地下水位的波动与降水入渗影响有关。

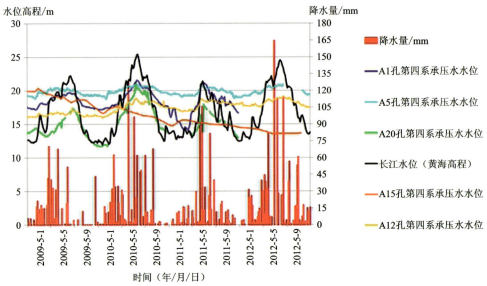

图3-1-7 2009—2012年第四系孔隙承压水、长江水位和降水量动态变化图

人为动态型主要分布在工矿企业集中及地下水开采量较多的地段,如武钢水源地、汉口、东西湖等武汉城区及周边地区。地下水测压水位明显随开采量的增加而降低,其变化周期和变幅均受开采量大小的控制。6~9月地下水测压水位降低,与高温季节冷却用水集中开采量大,呈现明显的对应关系。而大气降水和长江水位的变化对其造成的影响,被人为活动影响所掩盖。

3) 上更新统孔隙承压水

工作区西北角上更新统含水岩组深伏于全新统之下,测压水位一般为19.2m,年变幅1.01m,属天然动态型。而在其中生产和生活用水量大且集中的局部地区水位具人为动态型特征。

东西湖啤酒厂方圆5km范围内,地下水测压水位动态与地下水开采量呈现明显一致的周期变化规律。5~9月啤酒厂生产高峰期,地下水日平均开采量在2500m³左右,漏斗中心V-3-1孔地下水位标高达-3.08m,漏斗边缘(距东西湖啤酒厂2km)地下水位标高13.75m;10月份啤酒厂生产逐步减小,地下水位渐趋回升;11月至次年1月,啤酒生产淡季,日采地下水平均为1000m³左右,漏斗中心地下水位标高达10.98m,漏斗边缘为14.93m;2~4月啤酒生产逐步增加,地下水位逐渐下降;5月后又重复出现新的周期变化。漏斗中心地下水测压水位年变幅为14.28m,漏斗边缘地下水测压水位年变幅为1.18m,向外缘变幅趋小。据地下水测压水位多年动态分析,随着啤酒厂生产规模不断扩大,开采量增加,降落漏斗地下水位呈现逐年下降,漏斗范围逐年扩展的变化趋势。

2. 碎屑岩类裂隙水

新近系裂隙孔隙承压含水岩组在东西湖区Ⅰ级、Ⅱ级阶地分别隐伏于全新统孔隙承压含水岩组及上更新统孔隙承压含水岩组之下,水位埋深多为3~6m,高程17~18m,水位动态较稳定,年变幅小于1m。在阳逻、流芳等地碎屑岩类孔隙水分布局限,近期人为工程活动剧烈,属人为动态型。

西北部东西湖Ⅰ级阶地区,该含水岩组埋藏深,几乎无人工开采,地下水动态具天然动态型特点。因每年1~3月枯水期,地下水呈现低水位,4月份后水位逐渐抬升,7~9月丰水期出现高水位。据附近辛安渡Ⅰ-5孔地下水长期观测资料显示,最低测压水位标高19.79m,最高水位20.50m,地下水位年变幅0.71m。Ⅱ级阶地位于区外,埋藏浅,受区内东西湖啤酒厂开采上更新统孔隙承压水形成的降落漏斗影响,该含水岩组地下水动态直接产生影响,但测压水位年变幅小于0.5m。

3. 碳酸盐岩类岩溶裂隙水

中石炭统—中二叠统岩溶裂隙水:部分城区人类活动较集中的场所,生产与生活用水取自碳酸盐岩类岩溶裂隙水,表现出人为开采动态型特征,如大桥向斜大东门至南望山、新隆-豹澥向斜桂子山至关山和汉阳七里庙以东地段,地下水测压水位的变化不具季节性变化规律,而与所在地区生产、生活用水量的多少有关。城区外围其他地区多表现为天然动态型,钻孔测压水位明显受大气降水的影响,5~9月雨季地下水位上升、11月至次年4月少雨季节地下水位下降,地下水位变幅为4.8m。

中下三叠统岩溶裂隙水:不同地貌部位含水岩组顶板埋藏深变化大,该含水岩组与中二叠统孤峰组—上二叠统碎屑岩裂隙含水岩组相接,两者地下水具有一定的水力联系,地下水位也受降水量的控制,但年变幅小于1m,较石炭系—二叠系栖霞组含水岩组的年变幅明显减小。

碳酸盐岩类岩溶裂隙水水位不随长江水水位上升和下降而上、下波动。根据水文孔观测结果,同一岩溶条带中远离长江的岩溶水水位高于长江水水位,靠近长江的岩溶水水位低于长江水位,如⑤岩溶条带岩溶水水位最低为1.37m,④岩溶条带西部及中部岩溶水径流方向为顺岩溶条带由东侧高水位向西侧低水位径流,南侧岩溶水总体径流方向为顺岩溶条带由西侧高水位向东侧低水位径流。位于长江Ⅰ级阶地以外的岩溶水水位受降水量及长江水位影响小,而在长江Ⅰ级阶地范围内的岩溶水因受第四系孔隙承压水补给影响呈现出水位波动变幅明显,同时受周边开采岩溶水的影响,部分呈现出水位降低的趋势,具人为开采动态型特征(ZK1、ZK14),无季节性的变化特征(图3-1-8)。

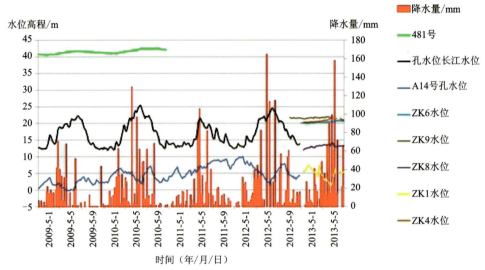

图 3-1-8　2009—2013 年碳酸盐岩类岩溶裂隙水、长江水位和降水量动态变化图

4. 碎屑岩类裂隙水

地下水测压水位的高低与所在构造部位有关,水位埋深 5~30m,动态变化受季节和气候因素影响显著,水位变化大。裸露于地表的部分以大气降水入渗补给为主,在沿江地段则受长江动水位影响,产生侧渗补给或排泄。富水程度取决于岩体中张开裂隙的发育程度,因其水量贫乏,一般不具开采价值,受人为活动影响小,具典型天然动态型特点。

5. 变质岩类风化裂隙水

水位埋深与地形起伏相关,水位动态与大气降水量的多少密切相关,测压水位相对稳定。少雨季节,地下水位下降,雨季地下水位上升。与相邻的含水岩组之间可发生侧渗或越流交换,两者间的地下水具有一定的水力联系。

(三) 地下水化学特征

区内全新统孔隙潜水的化学类型,主要为 HCO_3-Ca 型、HCO_3-Ca·Mg 型、HCO_3·Cl-Ca·Mg 型水。pH 值 7.2~7.6,矿化度 0.432~0.882g/L,总硬度 205.2~815.7mg/L,属中性低矿化度硬—极硬水。

区内全新统孔隙承压水化学类型大都为 HCO_3-Ca·Mg 型水,东西湖区走马岭北、汉口唐家墩—粤汉码头、武昌沙湖西、武东王家州—武钢冷水车间—胡家墩以北等地段为 HCO_3-Ca 型水。

工作区全新统孔隙承压水 pH 值为 6.8~8.3,矿化度一般为 0.304~0.817g/L,个别达到 0.88g/L,总硬度多大于 264mg/L,属中性低矿化硬—极硬水。总硬度主要为暂时硬度,永久硬度多为零,仅个别总硬度极高点出现 6.05~18.18mg/L 的永久硬度。

自阶地后缘至前缘,地下水的矿化度和总硬度,表现有明显的分带性,其数值由低逐渐增高,阶地后缘地下水矿化度为 0.309~0.481g/L,总硬度为 217.04~343.17mg/L,阶地中部地下水矿化度为 0.45~0.60g/L,总硬度 156.45~740.52mg/L,阶地前缘地下水矿化度为 0.54~0.76g/L,总硬度为 451.51~690.96mg/L,最高可达 740.52mg/L。

全新统孔隙承压水中,铁、锰、砷离子含量普遍偏高,铁离子多以 Fe^{2+} 形式存在,含量一般为 14.4~32.1mg/L,锰离子含量为 0.11~2.88mg/L。

青山等地单井涌水量1000~5000t/d；汉口一带500~1000t/d；吴家山等地100~500t/d。主要为HCO_3-Ca型水、HCO_3-Ca·Mg型水，矿化度0.3~0.7g/L。水质基本能满足工农业生产用水的要求。因铁含量普遍在2~4mg/L，局部砷含量偏高，超过生活用水标准，故不宜作生活用水。

上更新统孔隙承压水化学类型主要为HCO_3-Ca·Na型。而地下水径流末段部位，马池墩、李家墩、刘家墩、张家墩、东西湖养殖场、姑嫂树一带，则为HCO_3-Ca·Na·Mg型和HCO_3-Ca·Mg·Na型。

从上述水化学类型与前述的Ⅰ级阶地全新统孔隙水化学类型结合来看，表现出：HCO_3-Ca·Mg型、HCO_3-Ca·Na型、HCO_3-Ca·Na·Mg型或HCO_3-Ca·Mg·Na型的变化形式，也佐证了Ⅰ级阶地孔隙承压水的侧向径流补给。

该含水岩组地下水的pH值为7.1~8.4，矿化度为0.201~0.397g/L，总硬度为120.10~263.70mg/L，属弱碱性低矿化微硬水。

新近系碎屑岩裂隙孔隙承压水pH值为6.7~8.2，矿化度为0.234~0.478g/L，总硬度为132.82~326.56mg/L，属中性低矿化微硬水。水化学类型因所处部位及上覆含水岩组的不同相应有所变化：隐伏于Ⅱ级阶地上更新统孔隙承压水之下时，水化学类型主要为HCO_3-Na·Ca型或HCO_3-Na·Ca·Mg型；隐伏于Ⅰ级阶地全新统孔隙承压水之下的，水化学类型主要为HCO_3-Na型；处于Ⅱ级阶地与Ⅰ级阶地衔接部位之下的，水化学类型主要为HCO_3-Ca·Na型或HCO_3-Ca·Mg型。相应的地下水矿化度与总硬度，也反映出低—高—稍高的规律。上述水质变化，从侧面反映了全新统孔隙承压水对其的补给情况。

石炭系—二叠系(C—P)H⑥岩溶裂隙水下水水化学类型主要为HCO_3-Ca·Mg型水，pH值7.51~8.03，矿化度0.241~0.523g/L，总硬度199.51~434.40mg/L，属弱碱性低矿化微硬-硬水。

三叠系(T)H⑤岩溶裂隙水水化学类型主要为HCO_3-Ca·Mg型水，pH值7.36~7.98，矿化度0.340~0.434g/L，总硬度279.72~358.34mg/L，属中性低矿化微硬-硬水。

泥盆系(D)碎屑岩裂隙含水岩组H⑧含水岩组与上述中上二叠统含水岩组地下水化学类型均为HCO_3-Na型，pH值为7.5~7.9，矿化度为0.117~0.207g/L，总硬度为49.81~256.89mg/L，属中性低矿化软—微硬水。其中花山镇圣水口石英砂岩裂隙下降泉，泉水矿化度达0.283g/L，柏泉农场柏泉裂隙下降泉泉水pH值仅为6.2，属弱酸性水，矿化度仅为0.086g/L。

第二节 工程地质条件

一、岩(土)体工程地质类型及岩组

岩(土)体工程地质类型及岩组的建立，是在以生成年代、成因类型和岩性组合等进行地层划分的基础上，按岩(土)体的结构、类型及工程地质特征重新组合，形成专门为工程地质系列应用的岩(土)体工程地质类别和单元，以便更好地反映岩(土)体工程地质特性的共性规律和独特的个性。

(一)岩(土)体工程地质岩组及岩类的划分原则

工程地质岩组是在一定的古环境条件下形成的，由一种或多种岩石(土)组成，具有特定工程地质特征的自然共生组合的综合体。它的划分原则以岩(土)体工程地质特征的一致性为准，同一岩组的岩(土)体在时空分布上是相对连续的，可以有短暂的间断，但不能有角度不整合。其中，岩体的工程地质岩组依据岩体的宏观结构类型、岩性及组合特征、岩溶化程度、强度、力学特性等划分；土体的工程地质

岩组则主要依据黏结性、颗粒大小、黏粒含量、有机质含量、物理力学指标及特殊的工程性质进行划分。

工程地质岩类是建立在岩(土)体内特征的基础上，按工程地质特征的类同性进行归纳而成。岩体区岩类的划分以岩体结构为主导，结合岩石类型进行，土体则以松散和黏软的性状特征进行划分。不同岩类工程地质特征有明显的差异，而同一岩类则有一定的通性。

根据上述原则，在综合分析大比例尺地层柱状图、地质图及剖面图的基础上，将区内岩(土)体按工程地质特征划分成16个工程地质岩组(亚类)，依据工程地质的类同性和差异性归纳为4个工程地质岩类(表3-2-1)。

表 3-2-1　工作区岩(土)体工程地质类型划分表

工程地质岩组	岩组代号	工程地质亚类	亚类代号	工程地质岩类	岩类代号
上石炭统—中二叠统灰岩、灰质白云岩及碳质灰岩	$[C_2d—P_2q]$	岩溶中等发育碳酸盐岩	A1	层状碳酸盐岩	A
中下三叠统白云质灰岩、角砾状灰岩、泥灰岩	$[T_1d—T_{1-2}j]$	岩溶弱发育碳酸盐岩	A2		
上泥盆统石英砂岩、砂砾岩	$[D_3y]$	中—中厚层坚硬碎屑岩	B1	碎屑岩	B
中上二叠统硅质岩、黏土岩、页岩、砂岩	$[P_2g—P_3d]$	中厚层坚硬夹较坚硬碎屑岩	B2		
上泥盆统—下石炭统，中三叠统—下侏罗统石英细砂岩、粉砂岩夹黏土岩	$[D_3h—C_1h]$、$[T_2p—T_3J_1w]$	中厚层较坚硬碎屑岩	B3		
中白垩统至新近系泥岩、砂岩、砂砾岩	$[K_2E_1g—N_1g]$	中厚层软硬相间碎屑岩	B4		
下志留统砂岩、页岩、粉砂岩	$[S_1f]$	薄页层碎屑岩	B5		
中下更新统砾石层	$[Qp^1y+Qp^2w^1]$	半固结砂砾石、黏土夹砾石	D1	松散状土	D
全新统粉细砂层	$[Qhz^2]$	稍密—松散粉细砂	D2		
全新统中粗砂、砂砾石层	$[Qhz^1]$	中密—稍密中粗砂、砂砾石	D3		
上更新统中粗砂、砂砾石层	$[Qp^3x^1]$	稍密—松散中粗砂、砂砾石	D4		
中上更新统黏土、粉质黏土	$[Qp^2w^2+Qp^3x^3]$	硬塑—可塑低—中等压缩性黏性土	E1	黏结性土	E
全新统黏土、粉质黏土	$[Qhz^3]$	可塑—软塑中等压缩性黏性土	E2		
全新统淤泥质土	$[Qhz^4]$	流塑高压缩性淤泥类软土	E3		
上更新统淤泥质土	$[Qp^3x^2]$	软塑—流塑高压缩性淤泥类软土	E4		
素填土、杂填土	$[Q^{m1}]$	密实不均匀高压缩性人工填土	E5		

(二)工程地质岩类和岩组特征

1. 层状碳酸盐岩工程地质岩类(A)

该岩类岩石具层状结构,强度高,岩溶较发育,富含地下水,但赋水程度不均一。由于隐伏岩溶的存在,对地基强度与稳定性有一定影响,易产生岩溶塌陷和地下洞室突水等工程地质问题。按岩溶发育程度、岩石结构及碎屑岩含量的差异,层状碳酸盐岩工程地质岩类分为岩溶中等发育和岩溶弱发育两个亚类。

1)岩溶中等发育碳酸盐岩工程地质亚类(A1)

该亚类岩石具厚层结构,岩性坚硬,岩溶中等发育。区内上石炭统大埔组—中二叠统栖霞组灰岩、白云质灰岩、白云岩及碳质灰岩工程地质岩组($C_2d—P_2q$)属此亚类。

($C_2d—P_2q$)岩组在区内大多隐伏地下,地表仅在花山、丁菇山、洪山水泥厂及青山一带残丘有零星出露,处于向斜构造之翼部。单层厚0.5~1m,总厚度变化范围145.86~187.86m。零星露头上仅见溶沟、溶槽等岩溶现象,青山龙角湖及轮渡公司船厂一带出露的石炭系硅质灰岩中见直径0.2~0.3m的岩溶孔洞,洞口附近岩石表面附着胶结良好的热液活动遗留的泉化堆积物。据钻孔资料统计,岩溶率一般为10%~30%,具丰富的岩溶裂隙水。上部岩溶主要发育在标高2.5~15m、-12~-4.5m、-31~-25m部位。但大桥向斜、豹澥向斜等构造部位,深部岩溶发育且有大溶洞存在,如武昌鲁巷181厂深井,于标高-110.4~-95.4m见15m高的大溶洞。

该岩组除二叠系栖霞组底部泥质灰岩及所夹煤线强度较低外,其余岩性致密、坚硬、抗风化能力较强,岩石干抗压强度86.1~172.1MPa,软化系数0.04~0.89。

2)岩溶弱发育碳酸盐岩工程地质亚类(A2)

该亚类岩石具中厚层状结构,岩性坚硬,岩溶弱发育。区内中下三叠统白云质灰岩、角砾状灰岩、泥灰岩工程地质岩组($T_1d—T_{1-2}j$)属此亚类。

三叠系大冶组至嘉陵江组($T_1d—T_{1-2}j$)岩组在区内花山、大长山一带有零星出露,武昌陆家嘴及汉阳中南轧钢厂一带则隐伏地下,构造上居于向斜的核部。单层厚0.5~1m,总厚度大于200m。据钻孔资料,岩溶主要发育在标高1.5~0.85m、-17~-10m部位,溶洞高一般小于1m,个别可达2~3m,岩溶率为1%~10%,岩溶弱发育,具较丰富的岩溶裂隙水。从陆家嘴等地岩溶地面塌陷情况分析,深部岩溶较发育,应有较大溶洞存在。

该岩组岩石致密坚硬其中白云质灰岩及角砾状灰岩,干抗压强度可达111.3~146.4MPa,软化系数0.8~0.87,而三叠系大冶组灰岩底部薄层泥灰岩,岩性稍软弱,干抗压强度为27.9~90MPa,软化系数0.44~0.70。

2. 碎屑岩工程地质岩类(B)

该岩类岩石原生层理构造发育,其工程地质特性取决于组成原生的物质成分和胶结性状。据岩石的厚度、岩石的组合特征和岩石物理力学性质,该岩类可划分5个亚类。

1)中—中厚层坚硬碎屑岩工程地质亚类(B1)

该亚类岩石具中—厚层状构造,硅质胶结,岩性致密坚硬。上泥盆统含砾石英砂岩、砂砾岩、石英砂岩工程地质岩组(D_3y)从属于此亚类。

泥盆系云台观(D_3y)岩组分布于丘陵及孤丘区,构成残丘主要骨架,构造上处于褶皱构造的翼部,总体走向近东西—北西西向,倾向北东或南西,倾角40°~80°。单层厚度一般为30~50cm,厚度变化范围42~92.26m。岩性致密坚硬,抗风化能力强,干抗压强度可达95~172MPa,软化系数0.63~0.96。岩体中北北东向及北北西向两组"X"形节理发育,形成棋盘格式构造,使岩体破碎,影响岩体的强度和稳定性。岩体中含基岩裂隙水。该岩组上部所见中厚层状的杂色黏土岩,岩体软弱,力学强度低,重荷下易产生压缩变形,遇水后易软化,是工程的不稳定因素。

2)中厚层坚硬夹较坚硬碎屑岩工程地质亚类(B2)

该亚类岩石具中厚层状结构,钙质或硅质胶结,部分为泥质胶结,岩性致密坚硬,间夹较坚硬黏土岩、页岩、细砂岩等。中上二叠统弧峰组、龙潭组、大隆组硅质岩、黏土岩、页岩、砂岩工程地质岩组(P_2g—P_3d)从属于此亚类。

二叠纪弧峰组—大隆组(P_2g—P_3d)岩组中坚硬弧峰组硅质岩多分布于丘陵区,与云台观组砂岩共同构成残丘主要骨架,构造上处于向斜的翼部。单层厚10~50cm,岩性致密硬脆,干抗压强度100MPa。节理裂隙发育,含基岩裂隙水。花园山、胭脂山和洪山水泥厂一带的薄层硅质岩受挤压后形成"肠状褶曲"形态,岩石破碎,稳定性较差。而(P_2g—P_3d)岩组中较坚硬龙潭组砂岩仅大长山一带有零星出露,而大隆组硅质岩地表露头较广,构造上处于向斜构造的翼部。层厚5~30cm,岩性以砂岩、硅质岩为主,较致密坚硬,干抗压强度可达38.8~91.5MPa,软化系数0.35~0.69,其间所夹黏土质页岩遇水易软化,岩石抗风化能力较差,风化后呈页片状或较疏松的砂土状,含少量基岩裂隙水。岩体总厚度120.9m。

3)中厚层较坚硬碎屑岩工程地质亚类(B3)

该亚类岩石具中厚层状结构,钙质或硅质胶结,部分为泥质胶结,岩性较致密坚硬。上泥盆统黄家蹬组、下石炭统高骊山组、和州组工程地质岩组(D_3h—C_1h);中三叠统蒲圻组、上三叠统至下侏罗统王龙滩组工程地质岩组(T_2p—T_3J_1w)从属于此亚类。

泥盆系黄家磴组—石炭系(D_3h—C_1h)岩组岩性为中层石英细砂岩、粉砂岩夹黏土岩,地表在武昌花山及汉阳美娘山一带见及,厚度变化在79.76~125.44m之间。岩性为石英砂岩、粉砂岩、黏土岩等,砂岩干抗压强度可达31.8MPa。

(T_2p—T_3J_1w)岩组中蒲圻组地表未出露,仅钻孔见及;王龙滩组地表仅在豹澥—横山一带零星出露,二者厚度之和大于170m。岩性为紫红色砂岩、粉砂岩、黏土岩和长石石英砂岩、含砾砂岩等,较致密坚硬,干抗压强度在12.88~42.9MPa间。岩石抗风化能力差,风化后呈碎片或碎块状,黏土岩遇水易软化。

岩石力学强度中等,属坚硬—半坚硬类岩石,受岩性制约岩石透水性较差。

4)中厚层软硬相间碎屑岩工程地质亚类(B4)

该亚类岩石具中厚状构造,砂质结构,钙质或泥质胶结,由较坚硬的砂岩、砂砾岩和较软弱的泥岩相间组成。区内白垩系—古近系公安寨组、新近系广华寺组泥岩、砂岩、砂砾岩工程地质岩组(K_2E_1g—N_1g)从属于此亚类。

(K_2E_1g—N_1g)岩组中广华寺组仅在武昌等地的钻孔中见及;而公安寨组地表在阳逻镇周边、青山武丰闸和东湖、小潭湖岸边有零星露头,工作区东部、北部及白沙洲一带有大片隐伏于地下的中新生代断(凹)陷红盆地层。埋深一般为40~60m,厚度30~50cm,总厚度大于112m。

该岩组岩石在粒度和胶结性状等方面有明显的不同,在岩石强度上有明显差异,形成软硬相间的工程地质特征。其中,钙质胶结的砂岩、砂砾岩强度较高,干抗压强度30.31~79.67MPa,软化系数0.68~0.69。而由泥质胶结的粉砂岩、粉质泥岩力学强度较低,尤其是遭受风化的粉砂岩力学强度更低。表层岩石易于风化,力学强度显著降低,在施工和设计中应引起警惕。

5)薄页层碎屑岩工程地质亚类(B5)

该亚类岩石具薄页片状构造,局部间夹中厚层状粉砂岩、细砂岩,钙质或泥质胶结,岩性较致密,半坚硬—较软弱。工作区内下志留统坟头组砂岩、页岩、粉砂岩工程地质岩组(S_1f)从属于此亚类。

志留系坟头组(S_1f)岩组分布于丘陵区残丘的坡麓地带,构造上组成背斜构造核部,大多隐伏地下,层厚一般小于10cm,风化后形成0.5~1cm的页片,总厚度大于200m。该岩组岩石由石英细砂岩、粉砂岩、页岩等组成,抗风化能力较弱,风化裂隙发育。岩层的强度软硬相间,其中石英粉砂岩强度高,干抗压强度为 122.28～150.38MPa,软化系数 0.88;黏土质粉砂岩及粉砂质页岩强度较高,干抗压强度为 21.62～65.5MPa,软化系数 0.54～0.86;泥质页岩强度较低,干抗压强度为 19.1～73.1MPa,软化系数 0.25～0.54。岩石含水透水性极差,构成区内的隔水层。同时泥岩遇水易软化,人工开挖易产生顺层滑动。

3. 松散状土工程地质岩类(D)

该岩类指由第四系粉细砂、中粗砂、砂砾石及黏土夹砾石等组成的土体类型,结构松散,依其物质组成、胶结程度、颗粒大小、物理力学性质及水文地质条件等划分为 4 个工程地质亚类。

1) 半固结砂砾石、黏土夹砾石工程地质亚类(D1)

该亚类组成的物质颗粒粗大,主要为直径 3～5cm 的砾(卵)石,偶见直径 10～30cm 的卵漂石(孔隙间充填砂、小砾石或黏土)。砾石的分选、磨圆较好。该亚类砂性土呈半固结密实状,具有空隙稍发育、透水性强及压缩性低的特点,区内中—下更新统砂砾石、黏土夹砾石工程地质岩组($Qp^1y+Qp^2w^1$)从属此亚类。

($Qp^1y+Qp^2w^1$)岩组由冲积形成的黄棕色砂砾石层(Qp^1y)及冲积或残坡积形成的棕红色泥砾石层或黏土夹砾石(Qp^2w^1)组合而成。长江北岸阳逻一线,呈高基座阶地产出;江南断续见于豹澥—流芳—刘家湾—硃山湖一线,青山武丰闸见有零星出露,厚度 4～11m。该岩组主要由直径 3～5cm 的砾(卵)石组成,砾石的分选、磨圆较好。其中,Qp^1y 砾石层中充填砂粒,为透水层;Qp^2w^1 泥砾层中充填黏土,为非含水层。虽两者具有密实程度较好、压缩性低、承载力大的特点。应指出的是,该岩组特别是下更新统砂砾石层直接裸露地表,由于风化和水蚀作用,其易疏松和脱落,在地下硐室和路堑边坡中易引起冒顶和边坡稳定等工程地质问题。

2) 稍密—松散粉细砂工程地质亚类(D2)

该亚类土体松散、颗粒细小,分选良好,以 0.05～0.25mm 粒级细砂为主,其次为粉粒及黏粒,含少量中砂颗粒。具孔隙发育、含水透水性好、压缩性较小的特点。区内全新统灰黄色、灰白色粉细砂工程地质岩组(Qhz^2)从属此亚类。

(Qhz^2)岩组是由河流堆积形成的灰黄色、灰白色中细砂、粉砂组成,局部夹淤泥类土。主要隐伏于 Ⅰ 级阶地黏性土之下,沿江一带顶板埋深一般为 10～25m,阶地前缘埋深较后缘浅。岩组厚度在 0.7～38m 之间变化,一般为 4～25m。颗粒级配中粒径 0.05～0.25mm 粒级的细砂占总量的 70%～80%,含少量中粗砂粒及粉粒、黏粒。该岩组岩性松散,孔隙发育,细砂孔隙比为 0.69～0.86,粉细砂孔隙比达 0.91～1.14,总体呈稍密状态。据静力触探资料,压缩模量 10～20MPa,容许承载力 200～260MPa。该岩组是区内 Ⅰ 级阶地摩擦支承桩较好的持力层;但阶地前缘埋藏较浅,且具松散岩类孔隙承压水,受震动影响易产生砂土液化及"流砂"问题;汛期在高水头动水压力作用下,易发生管涌、散浸危害,影响地基的稳定。

3) 中密—稍密中粗砂、砂砾石工程地质亚类(D3)

由第四系全新统冲积层下部的中粗砂、砂砾石组成工程地质岩组(Qhz^1),局部地区缺失。临江厚度、埋深增大,远离河流则变薄。其中,砂砾(卵)石层隐伏于 Ⅰ 级阶地深部及河流底部,顶板埋深一般为 30～50m,厚度 1～13.02m。分选较差,颗粒级配以卵砾石为主,充填砂砾,含少量粉粒及黏粒。砾石磨圆良好,局部夹砂及粉质黏土透镜体,具松散岩类孔隙承压水,含水透水性好。该层压缩性小,承载力大,据原位测试资料,压缩模量 21.0～30.0MPa,容许承载力 300～340MPa,是良好的桩基持力层。处于河床底部的砂砾石,易遭水流冲刷,呈现不稳定状态,不宜作桥梁地基。

上部的中粗砂则隐伏于 Ⅰ 级阶地及河心洲的深部,顶板埋深 20～45m,而阶地前缘埋藏较浅,一般在 12～15m 间。厚度一般为 1～13m,最厚可达 16m 以上。该层分选性较好,颗粒级配中 0.25～2mm

粒级占50%～70%,大于2mm者小于10%。岩性松散,孔隙较发育,具松散岩类孔隙承压水。土体相对密度2.63～2.69,孔隙比0.5～0.85,呈中密—稍密状。据原位测试压缩模量16.2～25.6MPa,容许承载力245～320MPa,是良好的桩基持力层。

4)稍密—松散中粗砂、砂砾石工程地质亚类(D4)

该亚类土体亦松散,下部分选差,上部分选性较好,颗粒级配为0.25～20mm,具孔隙发育、含水透水性好、压缩性较小的特点,区内上更新统河流堆积灰黄色砂砾(卵)石、中粗砂工程地质岩组($Qp_3^{x^1}$)从属此亚类。

其中,砂砾(卵)石隐伏于Ⅱ级阶地深部,顶板埋深为17.8～37.24m,厚度2～12m。分选性差,颗粒级配以2～20mm砾石为主,质量约占总量的60%,含少量粒径大于20mm的卵石。砾(卵)石间充填砂砾,局部间夹有黏性土或淤泥类土透镜体。砾石磨圆度较好,含松散岩类孔隙承压水,含水透水性较好。该层压缩性小、承载力高是良好的桩基持力层。处于其上部的中粗砂,主要隐伏于汉口东西湖区巨龙岗至东西湖啤酒厂一带长江Ⅱ级阶地深部,顶板埋深26～42m,厚度一般为2～4m,最厚可达10m以上,局部间夹2～3m厚的粉质黏土和粉砂。分选性较好,颗粒级配中0.25～2mm粒级占50%～70%,大于2mm的小砾石含量小于1%。岩性松散、稍密实,孔隙较发育,含水透水性好,具松散岩类孔隙承压水。据静力触探资料,容许承载力为300MPa左右,压缩性小,是良好的桩基持力层。

4. 黏结性土工程地质岩类(E)

该岩类系指由第四系黏性土(黏土、粉质黏土、粉土、淤泥类软土、人工填土)组成的土体工程地质类型。根据不同沉积时代、成因类型、土体物质成分、含水量及物理性状、力学指标,该岩类进一步划分为5个工程地质亚类。

1)硬塑—可塑低—中等压缩性黏性土工程地质亚类(E1)

该亚类土体具黏软特征。黏土塑性指标大于17,粉质黏土塑性指标在10～17间。颗粒级配以粉粒、黏粒为主,含少量粒径0.05～0.1mm极细砂粒。区内中更新统黏土、粉质黏土和上更新统黏土、粉质黏土工程地质岩组($Qp_2^{w^2}+Qp_3^{x^3}$)从属此亚类。

($Qp_2^{w^2}$)岩组主要为中更新世河流漫滩相棕红色黏性土,广泛分布于岗地区的地表,岩组厚度3.8～26.5m。颗粒级配中粒径小于0.05mm的黏粒及粉粒,占总量的90%以上,含少量极细砂粒。上部土体中富含铁锰质结核及薄膜;中下部土体中灰白色的高岭土在顶端呈网纹状构造产出。该岩组土体黏性强,局部呈团块结构。粉质黏土的塑性指数12.6～16.2,黏土的塑性指数17.5～24;液性指标$I_L=-0.111\sim0.33$,呈可塑—硬塑状,干燥时坚硬;压缩系数$a_{1-2}=0.08\sim0.24\mathrm{MPa}^{-1}$;静力触探贯入阻力$P_S=2.0\sim4.3\mathrm{MPa}$,容许承载力为230～440MPa。该岩组为良好的隔水层,天然含水量$W=20\%\sim26\%$,分布稳定,压缩性小,容许承载力较高,是良好的天然地基,但构成灰白色网纹的高岭土中蒙脱石矿物含量较多,亲水后有轻微的胀缩性。

($Qp_3^{x^3}$)岩组为晚更新统河流漫滩相堆积的灰黄色、杏黄色黏性土,主要分布于东西湖、青山一带Ⅱ级阶地及白浒镇—庙岭镇以东地区,岩组厚度5～20m。颗粒级配中粒径小于0.05mm的黏粒及粉粒,约占总量的90%,其余为极细砂粒。该岩组具较强黏性,含少量钙质"砂姜",柱状节理发育,塑性指数$I_P=11.5\sim23.8$,分别为黏土及粉质黏土;液性指标$I_L=-0.084\sim0.574$,呈可塑—硬塑状,干燥时坚硬;压缩系数$a_{1-2}=0.05\sim0.40\mathrm{MPa}^{-1}$,属中偏低压缩性;静力触探贯入阻力$P_S=1.1\sim4.2\mathrm{MPa}$,锥头阻力$q_c=2.5\sim3.3\mathrm{MPa}$,侧壁摩阻力$f_s=110\sim250\mathrm{MPa}$,容许承载力为140～430MPa。该岩组属隔水层,天然含水量$W=21\%\sim23\%$,压缩性小,容许承载力较高,可作为一般建筑物天然地基,但需查明深部工程地质条件。

2）可塑—软塑中等压缩性黏性土工程地质亚类（E2）

该亚类土体具黏软特征。黏土塑性指标大于17，粉质黏土塑性指标在10～17间。颗粒级配以粉粒、黏粒为主，含少量粒径0.05～0.1mm的极细砂粒。区内全新统黏土、粉质黏土工程地质岩组（Qhz^3）从属此亚类。

（Qhz^3）岩组为全新世河流漫滩相堆积的黄褐色黏土、粉质黏土，主要分布于Ⅰ级阶地地表，岩组厚度1～27m。颗粒级配中黏粒及粉粒约占总量的90%，其余为极细砂粒。该岩组具黏性，含较多铁锰质结核。塑性指数$I_P=11.7～27.0$，液性指标$I_L=0.287～0.986$，呈软塑—可塑状；压缩系数$a_{1-2}=0.25～0.67MPa^{-1}$，具中—高压缩性；静力触探贯入阻力$P_s=1.0～2.3MPa$，锥头阻力$q_c=0.8～1.8MPa$，侧壁摩阻力$f_s=22～62MPa$，容许承载力为130～260MPa。该岩组天然含水量$W=27.2\%～42\%$，容许承载力130～260MPa，有一定承载力，可作为一般低层建筑天然地基，但应了解下伏土层组合特征，进行沉降计算，确定承载力，并采取适当措施。

3）流塑高压缩性淤泥类软土工程地质亚类（E3）

该亚类土体是在静力或缓慢的流水环境中沉积的，经生物化学作用形成含有较多的有机质，呈流塑状态，具天然含水量大于液限，天然孔隙比大于1.0，压缩性高、承载力低等特征，抗震性差，荷载作用下易引起压缩变形，产生沉降和不均匀沉降。区内全新统淤泥类土工程地质岩组（Qhz^4）从属此亚类。

（Qhz^4）岩组为全新世湖泊相堆积的青灰色、灰黑色淤泥类土，主要分布于长江Ⅰ级阶地后缘及湖泊四周。岩组一般厚0～7m。颗粒级配以黏粒、粉粒为主，含少量极细砂粒。呈透镜状隐伏于第四系黏土中的淤泥类土，形成时间稍早，经一定压密，孔隙比$e=1.029～1.442$，天然含水量$W=39\%～55\%$，液限$W_L=33.5\%～49.4\%$，塑性指数$I_P=12～20.02$，属于泥质土，压缩系数$a_{1-2}=0.7～0.94MPa^{-1}$，静力触探比贯入阻力$P_s=0.5～0.76MPa$，锥头阻力$q_c=0.4～0.9MPa$，侧壁摩阻力$f_s=10～38MPa$，容许承载力为75～98MPa。较大湖泊周围及沼泽地段裸露地表的近代堆积淤泥，孔隙比$e=1.516～2.416$，天然含水量$W=53\%～92\%$，液限$W_L=45.6\%～78\%$，塑性指数$I_P=19～35$。压缩系数$a_{1-2}=1.06～1.98MPa^{-1}$，静力触探比贯入阻力$P_s=0.3～0.5MPa$，锥头阻力$q_c=0.3～0.4MPa$，侧壁摩阻力$f_s=5～23MPa$，容许承载力为20～64MPa。

4）软塑—流塑高压缩性淤泥类软土工程地质亚类（E4）

该亚类土体与前者沉积环境、水流条件、有机质含量等相似，所不同的是经过一定压实、脱水作用而有别于前者。但仍具有承载力低等特征，抗震性差，荷载作用下易引起压缩变形，产生沉降和不均匀沉降的特点。区内全新统淤泥类土工程地质岩组（Qp^3x^2）从属此亚类。

（Qp^3x^2）岩组为晚更新世湖泊相堆积的青灰色、灰黑色淤泥类土，主要分布于东西湖径河农场、蔡甸百镰湖西一带Ⅱ级阶地的低洼地区，隐伏在上更新统黏性土中；青山地区、工作区以东的五四湖周边Ⅱ级阶地中，则以透镜状形式产于黏性土顶部。岩组厚为0～12m。颗粒级配以黏粒和粉粒为主，含少量极细砂粒。该岩组为早期湖泊沉积物，经一定压密，天然含水量$W=36\%～45\%$，液限$W_L=34.2\%～50.5\%$，塑性指数$I_P=6.3～17.7$，孔隙比$e=1.081～1.313$，属于淤泥质土，压缩系数$a_{1-2}=0.69～0.82MPa^{-1}$，容许承载力为100MPa左右。

5）密实不均匀高压缩性人工填土工程地质亚类（E5）

该亚类土体与近代人类活动有关，因城市建设需要，由填沟、填塘、平整场地而形成的，多见于长江、汉江两岸城区范围。

从属此亚类的素填土、杂填土工程地质岩组（Q^{ml}），由素填土及杂填土构成。早期填土主要集中在老城区，物质成分为较均一的黏土、粉质黏土，夹杂少量生活垃圾及砖瓦块，属素填土。经长期压实，土体的密实度有所提高，压缩系数$a_{1-2}=0.21～0.72MPa^{-1}$，孔隙比为0.67～1.22，有一定的承载能力。近期填土主要集中在老城区外围，物质成分由工业废料、碎砖、瓦砾、生活垃圾等组成，属杂填土。一般未经过预压处理,具有不规则的大孔隙,土体密实度差。岩组厚度一般为3~7m,最厚可达9m。该岩组土体有一定承载能力,由于孔隙比大,压缩性不定,一般不宜作建筑物地基,但早期埋土经一定压密,通过勘探试验查明,亦可利用。

三、土体结构类型

(一)土体结构类型的划分原则

单层土体的工程地质性质主要取决于土体本身的特征,而不同土体在垂向上的组合特征和土体结构是直接影响建筑物基础和岩溶塌陷的必要因素。因此,在建筑物的设计和施工、基础的选择及建筑物的设置适宜程度等方面,均应充分考虑这一因素。

按项目要求,结合武汉市区一般工业及民用建筑物附加应力的影响深度范围,据钻探、物探、区域地质资料和土层结构对岩溶地面塌陷的影响大小,工作区内的第四系沉积物结构,在垂直剖面上可以分为单层结构、双层结构(上黏下砂)和多层结构3种类型,且岩溶地面塌陷的影响来说,双层结构(上黏下砂)的影响要大于多层结构和单层结构。

(二)土体结构类型划分

区内第四系堆积物分布范围广,挽近时期由于区内升降及微弱的掀斜式构造运动,河流变迁、改道、湖泊淤积使得土体结构变得更为复杂。在考虑深度内,区内土体类型主要为人工填土、黏性土(系指黏土、粉质黏土和粉土)、淤泥类软土及砂性土4类。根据它们的组合特征及上覆土体厚度,区内划分为3种结构类型,即单一结构类型、双层结构类型、多层结构类型,还可再细分20个土体结构亚类(表3-2-2)。

表3-2-2 工作区土体结构类型一览表

土体结构类型	上覆土体厚度/m	土体岩性组合特征	地貌单元	分布地点
单一结构	>15	中上更新统黏性土($Qp_2^{w2}+Qp_3^{x3}$)	低垄岗平原Ⅱ级阶地	武昌、青山以南等
		全新统粉细砂(Qhz^1)	江心洲、高漫滩	天兴洲等
双层结构	<5	上部人工填土(Q^{ml}),下部中更新统黏性土(Qp_2^{w2})	低垄岗平原	武汉长江大桥两端
		上部人工填土(Q^{ml}),下部全新统黏性土(Qhz^3)	Ⅰ级阶地	汉阳月湖、武昌鲇鱼套一带
		上部全新统黏性土(Qhz^3),下部全新统粉细砂(Qhz^1)	Ⅰ级阶地	天兴洲中部
双层结构	<5	上部全新统黏性土(Qhz^3),下部全新统黏性土(Qhz^4)	Ⅰ级阶地	武昌北湖以南
		上部全新统黏性土(Qhz^3),下部中更新统黏性土(Qp_2^{w2})	低垄岗平原宽坳沟	垄岗边部湖汊周缘
		上部全新统淤泥类软土(Qhz^4),下部全新统黏性土(Qhz^3)	Ⅰ级阶地	武昌北湖周围等

续表 3-2-2

土体结构类型	上覆土体厚度/m	土体岩性组合特征	地貌单元	分布地点
双层结构	5～10	上部全新统黏性土(Qhz^3)，下部全新统淤泥类软土(Qhz^4)	Ⅰ级阶地	武昌北湖北部
		上部全新统黏性土(Qhz^3)，下部全新统粉细砂(Qhz^1)	Ⅰ级阶地	长江南岸阶地前缘等
		上部全新统淤泥类软土(Qhz^4)，下部全新统黏性土(Qhz^3)	Ⅰ级阶地后缘	武昌红旗村一带
		上部全新统淤泥类软土(Qhz^4)，下部上更新统黏性土(Qp^3x^3)	低垄岗平原	豹澥五四农场局部
	>10	上部全新统黏性土(Qhz^3)，下部全新统粉细砂(Qhz^1)	Ⅰ级阶地	长江南北两岸（白沙洲、陆家嘴）
		上部全新统黏性土(Qhz^3)，下部全新统淤泥类软土(Qhz^4)	Ⅰ级阶地	武昌北湖东部、四新农场
		上部上更新统黏性土(Qp^3x^3)，下部上更新统淤泥类软土(Qp^3x^2)，	Ⅱ级阶地	东西湖一带
多层结构	<5	上部全新统黏性土(Qhz^3)，中部全新统淤泥类软土(Qhz^4)，下部全新统粉细砂(Qhz^1)	Ⅰ级阶地	长江南岸武昌杨园一带
		上部全新统黏性土(Qhz^3)，中部全新统淤泥类软土(Qhz^4)，下部上更新统黏性土(Qp^3x^3)	Ⅰ级阶地	江岸车辆厂北西一带
		上部人工填土(Q^{ml})，中部全新统淤泥类软土(Qhz^4)，下部全新统粉细砂(Qhz^1)	Ⅰ级阶地	沙湖北东部
		上部人工填土(Q^{ml})，中部全新统淤泥类软土(Qhz^4)，下部全新统黏性土(Qhz^3)	Ⅰ级阶地	汉口营房村—湖北省地质局一带
	5～10	上部全新统黏性土(Qhz^3)，中部全新统淤泥类软土(Qhz^4)，下部上更新统黏性土(Qp^3x^3)	Ⅰ级阶地	界埠一带

1. 单层结构

单层结构黏性土占绝大部分，砂性土单层厚度小于1m，累计厚度小于总厚度的10%。单层结构主要分布于大部分隐伏岩溶条带上，面积最大，约947.65km²。此单层结构是指上覆第四系均为砂性土或黏性土，大部分单层黏土为第四系中更新统网纹状黏土，含铁锰膜，局部底层含有碎石或砾石。

2. 双层结构

双层结构一般上部为黏性土,下部为砂性土,面积约 124.35km²。主要分布于长江 I 级阶地处。此外,2014 年 9 月发生岩溶地面塌陷的江夏区法泗镇法泗街长虹村、八坛村,主要为第四系全新统,总厚度 25～30m。上部为黏性土层,岩性主要为粉质黏土,局部夹淤泥质粉质黏土,厚度变化较大,一般为 5～22m。下部为砂性土层,岩性主要为粉砂、细砂和砾砂,厚 1～21m;砾砂层层位不稳定,在区内呈间断分布,层厚在 1.4～9m 之间。

在第三条带长江沿岸有极个别钻孔揭露上砂下黏,由于面积极小,不予考虑。

3. 多层结构

多层结构为砂性土、黏性土互层,面积约 19.51km²,主要分布于江岸区谌家矶、青山区蒋家墩、青山区、天兴洲地区、汉阳区武汉国际博览中心及该处以北沿江一带。

三、工程地质分区

在区内不同地貌单元内,不仅其地貌特征存在差异,而且构造条件、岩性组合、土体成因类型、水文地质及工程地质条件等均显示出明显差异。因此,在综合考虑上述因素基础上,着重考虑影响各类建筑物稳定的主要因素后再进行工程地质分区。

工程地质区划分主要以地貌成因类型作为划分依据,同时考虑岩土体地质条件类型。

工程地质亚区则主要以岩土体工程地质特征和地貌形态类型作为划分依据,同时考虑土体形成时代、成因类型及岩性组合特征和特殊主体的工程地质性质。

依上述分区原则,区内可分为 3 个工程地质区和 9 个工程地质亚区(表 3-2-3)。

表 3-2-3 测区工程地质分区说明表

分区名称及代号			分布范围	地形地貌特征	岩(土)体结构类型及工程地质特征	工程地质评价
区	亚区	代号				
构造剥蚀丘陵工程地质区 I	高丘陵坚硬半坚硬工程地质亚区	I₁	龟山—喻家山—九峰山、军山—八分山等丘陵坡麓地带	丘陵地形,绝对高程一般大于 100m,相对高差 40～60m,呈东西向展布,边坡角 30°左右	以坚硬、半坚硬的层状、块状构造工程地质岩类为主,由砂岩、硅质岩构成山脊,坡麓为页片状岩石和泥页岩、长石石英砂岩,局部夹软弱层。构造裂隙发育,含基岩裂隙水,岩石力学强度高,抗风化能力强。应注意软弱夹层和开挖后的边坡稳定	岩体强度高,适应各类建筑,但地形高差较大,切割加剧,场地条件各异。此区除需设置特殊建筑外,一般不宜设置建筑物,应以绿化为主
	低丘陵坚硬半坚硬工程地质亚区	I₂	武昌关山一带较为密集、汉阳一带等零星分布	地貌上形成剥蚀低丘形态,丘顶浑圆,山坡一般为 20°左右。山顶标高 60～100m,相对高程 30～40m	山体多由云台观组石英砂岩、坟头组砂页岩、孤峰组硅质岩构成。岩体中构造裂隙较发育,赋存碎屑岩裂隙水。该类型亚区岩石强度高,干抗压强度 61.6～150MPa	场地稍开阔,工程地质条件良好,适宜建设高层或重型建筑。应注意非均质地基及人工填筑地基引起的不均匀沉降问题

续表 3-2-3

分区名称及代号		代号	分布范围	地形地貌特征	岩(土)体结构类型及工程地质特征	工程地质评价
区	亚区					
剥蚀堆积垄岗平原工程地质区Ⅱ	高垄岗砂砾泥砾工程地质亚区	Ⅱ₁	仅分布于阳逻镇东毛集—凤凰山一带	岗顶高程40~70m,相对高差20~30m,岗顶较平缓,两侧岗坡坡度10°~20°	第四系下更新统的粉土及砂砾石,砂砾石层呈半固结状,以泥质胶结为主,底部基岩为白垩系—古近系的粉砂岩、细砂岩等,局部地段出露地表	场地工程地质条件良好,适于一般工业及民用建筑物,高层建筑宜采用桩基,桩端以置于基岩上为宜
	低垄岗黏性土工程地质亚区	Ⅱ₂	分布范围最广的工程地质亚区,分布于汉阳、武昌及葛店—豹澥一带	垄岗与坳沟相间出现,形成波状起伏的地貌景观。岗顶高程25~45m,相对高差5~15m,坡度10°左右	上部中、上更新统黏性土,硬塑—可塑,中偏低压缩性,含水透水性差,局部下伏2~10m黏土夹砾石层;基岩埋深20~25m,黏性土普遍存在胀缩性,尤其是网纹状黏土,应引起注意。中更新统黏性土容许承载力(R)为0.2~0.4MPa	场地工程地质条件较好,适于一般工程建筑,高层建筑宜采用桩基,桩端以置于基岩上为宜
侵蚀堆积平原工程地质区Ⅲ	Ⅱ级阶地冲积平原工程地质亚区	Ⅲ₁	主要分布于东西湖北部一带	地形较平坦,微波状起伏地面高程20~26m,相对高差3~4m,微向河床倾斜	上部上更新统黏性土,下部为砂砾石层,局部下伏淤泥类软土,分布不稳定,时空变化大。砂砾石层赋存较丰富孔隙水。上更新统黏性土厚度一般10~15m,容许承载力(R)为0.15~0.3MPa。应注意淤泥类软土引起的不均匀沉陷问题	场地工程地质条件较好,适于一般工程建筑,高层建筑宜采用桩基,以底部砂砾石层作持力层为宜
	Ⅰ级阶地冲积平原工程地质亚区	Ⅲ₂	分布于长江、汉水沿岸	地形平坦,开阔,地面高程19~22m,阶地自后缘微向长江倾斜,前缘呈陡坎与长江相接	上部全新统黏性土,下部粉细砂层,局部存在淤泥类软土,底部为砂砾石层,赋存丰富的孔隙水;全新统黏性土容许承载力(R)为0.13~0.15MPa,砂砾石层容许承载力大于或等于0.6MPa;应注意淤泥类软土的不均匀沉陷及局部地带的岩溶地面塌陷发生	场地工程地质条件较好,宜作一般建筑用地,高层建筑宜采用桩基,桩的长度和类型可依土体结构类型和建筑物类型而定
	Ⅰ级阶地湖积平原工程地质亚区	Ⅲ₃	长江Ⅰ级阶地后缘湖泊四周	地形低洼,微向湖泊方向倾斜,为近代湖泊堆积物,地面高程17~19m	上部全新统淤泥类软土,厚度不均,一般为3~10m,其承载力(R)小于或等于0.09MPa,下部全新统黏土或粉质黏土容许承载力(R)为0.13~0.15MPa,局部地带地表常年积水,易形成沼泽	场地工程地质条件较差,不宜设置建筑物(群),应以发展农业、渔业为主

续表 3-2-3

分区名称及代号			分布范围	地形地貌特征	岩(土)体结构类型及工程地质特征	工程地质评价
区	亚区	代号				
侵蚀堆积平原工程地质区 Ⅲ	洲滩高漫滩冲积物工程地质亚区	Ⅲ$_4$	天兴洲、白沙洲、金口铁板洲一带	地形平坦，地面高程一般 17～18m，微向河床倾斜	表层为全新统粉细砂，下部为中粗砂，局部底部有砂砾石层，赋存孔隙潜水。其中粉细砂呈饱和状，稳定性差。应注意管涌与流砂发生和砂土液化	场地工程地质条件较差，不宜设置建筑物，尤其是重要建筑物(群)。加强堤防保护，防止堤防工程地质问题发生
	Ⅰ级阶地人工填土工程地质亚区	Ⅲ$_5$	长江、汉水交汇处的汉口及长江大桥两端等地	地形平坦，略低洼，地面高程 19～20m，地表常有积水	上部人工填土，厚 1.5～3m，局部大于 6.0m；下部为全新统黏土及淤泥类软土，潜水水位 1～2m，深部赋存孔隙承压水。人工填土容许承载力(R)为 0.09～0.1MPa。应注意不均匀沉陷问题	场地工程地质条件一般，对一般工民建筑物可采用天然地基，高层建筑物应对上部人工填土清理或处理，以桩基为宜

(二)工程地质分区特征

1. 构造剥蚀丘陵工程地质区(Ⅰ)

1)高丘陵坚硬半坚硬工程地质亚区(Ⅰ$_1$)

该区主要分布于市区南部军山、武昌、花山一带，呈与区域构造线方向基本一致的条带状分布。绝对高程一般大于 100m，相对高差在 40～60m 间。

露头基岩主要由中上泥盆统云台观组及中二叠统孤峰组组成，岩性为抗风化能力较强的石英砂岩、硅质岩等，坡麓由抗风化能力较弱的页岩、泥页岩、长石石英砂岩等组成；谷底多隐伏碳酸盐岩，其上多覆盖近代堆积的残坡积物以及中更新统黏土，厚度较小，一般为 7～15m。

该区内岩体力学强度较高，主体属坚硬—半坚硬层状碎屑岩类，抗风化，抗侵蚀能力强。可满足各类建筑地基稳定性的要求，但该区相对高差较大，切割较剧，建筑场地地形条件差，需要进行大规模土石方和人工切坡工程，增加了工程造价，而且对城市环境影响巨大。因此应在该区加强工程后的恢复治理工作，保护生态环境。

2)低丘陵坚硬半坚硬工程地质亚区(Ⅰ$_2$)

该区主要分布于武昌关山一带较为密集，汉阳及豹澥一带等零星分布。地貌上形成剥蚀低丘形态，丘顶浑圆，山坡一般为 20°左右。山顶标高 60～100m，相对高程 30～40m。山体多由云台观组石英砂岩、坟头组砂页岩、孤峰组硅质岩构成。岩体中构造裂隙较发育，赋存碎屑岩裂隙水。该类型亚区岩石强度高，干抗压强度 61.6～150MPa。

场地稍开阔，工程地质条件良好，适宜建设高层或重型建筑。应注意非均质地基及人工填筑地基引起的不均匀沉降问题。

2. 剥蚀堆积垄岗平原工程地质区（Ⅱ）

1）高垄岗砂砾泥砾工程地质亚区（Ⅱ$_1$）

该区仅分布于阳逻镇东毛集—凤凰山一带，岗顶高程40~70m，相对高差20~30m，岗顶较平缓，两侧岗坡坡度10°~20°。组成该区的岩性主要为第四系下更新统的粉土及砂砾石，砂砾石层呈半固结状，以泥质胶结为主，厚度一般为10~22m。底部基岩为白垩系—古近系的粉砂岩、细砂岩等，局部地段出露地表。

该区土体可作为良好的建筑物地基，其稳定性可满足要求，适宜于一般工业及民用建筑物设置。但由于砂砾石层直接裸露地表，易风化水蚀剥落。此外，区内植被甚少，加之乱开滥采砾（卵）石，使得区内水土流失较为严重，应予以治理。

2）低垄岗黏性土工程地质亚区（Ⅱ$_2$）

该区为测区分布范围最广的工程地质亚区，分布于汉阳、武昌及葛店—豹澥一带。垄岗与坳沟相间出现，形成波状起伏的地貌景观。岗顶高程25~45m，相对高差5~15m，岗坡坡度10°左右。

区内岩性由中更新统王家店组中上部和上更新统下蜀组上部黏性土组成，局部底部为黏土夹砾石。厚度一般为10~15m，最薄仅4.8m。本区工程地质条件良好，黏性土含水透水性差，呈硬塑—可塑状，承载力较高，一般在0.2~0.4MPa之间，可作为一般工业及民用建筑物地基，高层建筑物需要进行地基处理。应说明的是，网纹状黏性土具微弱胀缩性，应注意工程地质问题；此外，区内部分地段下伏为碳酸盐岩，且岩溶较为发育，因而在设置高层建筑物时，应加强地基勘察。

3. 侵蚀堆积平原工程地质区（Ⅲ）

1）Ⅱ级阶地冲积平原工程地质亚区（Ⅲ$_1$）

该区主要分布于东西湖北部和道贯泉一带，地面高程20~26m，相对高差3~4m，地形平坦，微有起伏，略向河床方向倾斜，多湖泊。

区内土体主要为第四系上更新统，上部为杏黄、浅黄色黏性土，厚20~25m，可塑—硬塑状，承载力0.2~0.25MPa；下部为砂砾石层，区内分布不均，一般5~10m；局部地段见淤泥类软土，其埋深、厚度等变化较大。

场地工程地质条件良好，是工业及民用建筑的良好地基，高层建筑可采用桩基进行处理。应指出的是，黏性土略具胀缩性，局部存在易引起地基变形的淤泥类软土，故设置建筑物时应开展地基勘察。

2）Ⅰ级阶地冲积平原工程地质亚区（Ⅲ$_2$）

该区主要分布于长江、汉水两岸，组成河流Ⅰ级阶地，阶面高程19~22m，相对高差2~5m，阶面自阶地后缘向河床方向微倾斜。

此区岩性上部普遍出露黏性土，下部为砂性土，局部夹有厚度不等和分布不稳定的淤泥类软土；底部砂砾石层赋存丰富的孔隙承压水。

此区工程地质条件较好，适宜一般工程建设，但对局部下伏淤泥类软土应高度重视。高层建筑选用桩基处理地基时，桩端应置于砂砾石层内；同时，该区临近长江，对于大型建筑物，应考虑堤防的稳定及洪水对建筑物（群）的影响。

3）Ⅰ级阶地湖积平原工程地质亚区（Ⅲ$_3$）

该区位于长江Ⅰ级阶地后缘湖泊四周，如后湖、北湖等。地面高程17~19m。微向湖泊倾斜，雨季易淹没。

由第四系全新统湖积或湖-冲积层组成，其岩性上部为淤泥类软土，厚3~10m不等，含水量高，呈流塑—软塑状，具高压缩性，富含有机质，容许承载力低，一般小于0.09MPa；下部为全新统冲积相黏性土,底部为砂砾石层,局部缺失。

场地工程地质条件较差,尤其是软土地基可能引起的地基变形和失稳病害,区内多积水,施工条件差,对生态环境影响大,不宜设置工程建筑。应以发展农、渔业为主,同时应适当控制围垦面积,提高抗洪能力。

4)洲滩高漫滩冲积物工程地质亚区($Ⅲ_4$)

该区分布于天兴洲、白沙洲等,为长江江心滩和高漫滩,高程一般为17~18m,微向长江倾斜,洪水期易淹没。

该区岩性由第四系全新统冲积层组成,上部为粉砂、粉细砂及粉土等,下部为中粗砂、砂砾石层;天兴洲一带局部见有淤泥质粉细砂。

场地工程地质条件较差,为加强堤防保护,保证汛期安全,不宜设置建筑物(群),尤其是高层及重要建筑物。此外,该区土层含较多细颗粒和孔隙,饱水状态时,在地震活动激化下,可能产生砂土液化问题。

5)Ⅰ级阶地人工填土工程地质亚区($Ⅲ_5$)

该区主要分布于武汉市中心的汉口及长江沿岸部分地区,地表低平,地面高程19~20m。

人工填土多系杂填土,厚度一般为1.5~3m,最厚可达6m;下部多为全新统冲积相的黏性土,局部夹湖积相淤泥类软土,底部为砂、砂砾石层。

人工填土及下部黏性土体较为软弱,尤其是淤泥类软土,承载力低,压缩性高,易产生不均匀沉陷。因而,区内设置建筑物时应充分考虑土体的空间组合,选择适宜的基础类型和基础深度,以提高基础的承载力,防止不均匀沉陷的产生。

第四章 主要环境地质问题探讨

第一节 概 述

从可持续发展角度出发,影响武汉市城市化进程的主要地质环境问题有岩溶地面塌陷、软土地面沉降、崩滑流地质灾害、地震与区域稳定性等。

(一)岩溶地面塌陷

由于过量开采地下水、长江水位自然波动及人为扰动,发生了诸多岩溶地面塌陷,已经造成相当大的经济损失,给国民经济建设和人民生命财产带来巨大的威胁。

武汉市的岩溶塌陷主要分布在白沙洲一带的长江的岩溶发育区,从构造上看,位于长江断裂与汉阳褶皱带的交会部位最发育。武汉市的岩溶塌陷分布上有两大特点:一是塌陷区多数发育在中部第三灰岩条带上;二是多数塌陷点分布在两岸滨江的长江Ⅰ级阶地上,显现出武汉市受地貌单元(Ⅰ级阶地)、地层时代(全新世)和地层组合(二元结构,上部为黏性土,下部为粉细砂,底部为卵砾石层,含孔隙承压水)的影响。

(二)软土地面沉降

武汉市淤泥质软土分布十分广泛,自晚更新世以来,Ⅰ、Ⅱ级阶地中较普遍地隐埋一层淤泥类软土。软土引起的地面沉降不仅影响工业与民用建筑的安全,而且影响水利工程、地下供电、供气、供排水管网等基础设施的正常使用,或导致公路、桥梁等不能正常运营。

软基地面沉降是一种连续、渐进、累积式的地质环境问题,一旦形成一定的规模,以人类现有的能力和技术治理,其恢复起来还是极为困难的,必须采取有效的措施进行预防和治理。

武汉市的软土主要为淤泥类土,其顶板埋深一般为2~10m,局部大于10m或小于2m。淤泥类土厚度一般为3~7m,局部地段如辛安渡、四新农场、沙湖北岸等地厚度达16m以上。

(三)崩滑流地质灾害

据综合统计,工作区崩滑流地质灾害点(含隐患点)有14处,其中滑坡(含不稳定斜坡)7处、崩塌7处。

1. 滑坡体基本特征

区内滑坡均为小型,规模相差悬殊,小的仅90m^3,大者达$5.94\times10^4 m^3$。滑坡的平面形态主要为舌形、横长形;剖面形态多以凹形、直线形为主。

滑坡的平面形态主要受地形地貌、地层岩性、水文地质条件和人类工程活动等因素的控制,大多数土质滑坡呈舌形,主要受微地貌的控制。滑坡两侧为边坡或冲沟,控制了滑坡的侧向发展,滑坡后缘产生弧形拉张裂缝、陡坎。岩质滑坡的形态主要受岩层构造节理裂隙制约,多呈矩形。此外,因人工采掘、切坡产生的滑坡其形态主要受前缘切坡宽度的控制。区内滑坡以牵引式滑坡为主,在滑体上多以拉张裂缝为特征,经拉裂下跌形成了阶梯状剖面。

土质滑坡的滑体以残坡积粉质黏土、粉土夹碎石为主,碎石含量10%~40%,岩滑滑体以碎裂状风化岩为主,有的表层覆盖较薄的残积土层。土滑的控滑结构面基本为岩/土接触面,岩滑的控滑结构面为强/弱风化面、软弱夹层面,滑带均为沿控滑结构面形成。

2. 崩塌基本特征

区内崩塌以小型为主,中型仅2处,崩塌体积小的仅约$152m^3$,最大$9.0×10^4 m^3$,规模相差较悬殊。崩塌按崩塌体物质成分可分为土质和岩质,其中土质仅1处,岩质13处。崩塌的平面形态一般呈长条形、扇形,剖面多呈直线形、斜线形,岩质崩塌块石呈不规则棱角状,松散堆积体呈扇形或倒锥形。

(四)地震与区域稳定性

武汉市不是地震强烈区,强震发生频率较低,但由于所处构造部位的特殊性,临区构造强度较大,不能排除发生强震的可能,特别是武汉市人口众多,工业产业密集,一旦发生强震,叠加地震产生的次生灾害,会严重威胁人民的生命、财产安全。

武汉地区强震发生频度极低,有记录以来仅在襄广断裂沿线发生过1次4.75级地震,总体呈稳定态势。但临区的团麻断裂带、襄广断裂带交会部位的黄冈等地多次发生强震,长江断裂带沿线的洪湖也发生过大于4.75级地震;阳逻地区发现多处新生活动断裂,说明武汉地区晚更新世曾有过较强的活动,虽然现在转为弱活动期,但仍不应放松警惕。

武汉地区软土和砂土分布广泛,地震引发的次生灾害不容忽视,软土震陷和砂土液化均有可能危害城市安全。据历史记载,1917年安徽霍山地震时,武汉均有不同程度的破坏。

(五)其他

武汉市还存在其他的一系列地质环境问题,如湖泊消退问题。据武汉市水务局统计,2002年武汉市共有200多个湖泊,10多年之后只剩下166个;其中消失最快的是中心城区,中华人民共和国成立初期有127个湖泊,现在仅保留了40个;1995年以来,这40个湖泊的总水面减少了$10.83km^2$。另外,武汉市还有洪水、管涌、泥沙淤积、水土流失以及膨胀土等环境地质问题。下面主要就岩溶地面塌陷、软土地面沉降和湖泊消退等环境地质问题进行详细阐述。

第二节　岩溶地面塌陷

一、岩溶发育特征及一般规律

(一)可溶岩分布特征

区内隐伏可溶岩总体呈近东西向条带状分布,局部地区由于受构造影响,岩溶条带发生折曲,条带宽度一般为 0.2~2km,最宽可达 8km,隐伏可溶岩分布总面积约 756km², 占工作区内面积的 28%。受构造和地形控制,隐伏可溶岩主要位于向斜核部,少数位于向斜翼部,可溶岩地层主要为中下三叠统嘉陵江组($T_{1-2}j$)白云质灰岩、灰岩夹白云岩和下三叠统大冶组(T_1d)灰岩,中二叠统栖霞组(P_2q)燧石结核灰岩,下二叠统船山组(P_1c)厚层灰岩、球粒状灰岩,上石炭统黄龙组(C_2h)厚层状白云岩、灰岩,下石炭统和州组(C_1h)黏土岩夹灰岩。区内由北至南主要呈 5 条隐伏岩溶条带依次如下。

1. 西湖茅庙集-岱家山-天兴洲-蒋家墩-青山隐伏岩溶条带

该岩溶条带位于研究区最北部,分布面积约 91.13km², 占研究区可溶岩条带总面积的 12.05%。大部分地段以 $T_{1-2}j$、T_1d、P_1q 白云质灰岩、泥质灰岩等为主,碳酸镁和泥质含量较高,相对较难溶蚀。溶蚀现象不明显。但局部地段受地质构造影响,岩溶较发育,如 2007 年在天兴洲公铁两用长江大桥工程地质勘察过程中,该地段就出现地面塌陷、卡埋钻具、钻孔漏浆及岩芯采取率低等现象。

2. 汉阳区永丰街-龟山南侧-洪山区新店隐伏岩溶条带

该条带包含一大一小、一南一北两条延伸方向一致的岩溶条带,较大的岩溶条带(②-1)位于大桥倒转向斜的核部,南北宽 0.8~2.2km,分布面积约 84.63km², 北侧严西湖以东发育一小型条带(②-2),面积 3.08km², 两者总面积 87.71km², 占研究区可溶岩条带总面积的 11.60%。主要以 $T_{1-2}j$、T_1d、P_1q、P_1g 白云质灰岩、泥质灰岩等为主,条带边缘部分区域为 C_2h、C_2c 灰岩和白云岩,其上覆盖第四系中更新统黏性土。灰岩顶板埋深 12.9~51.0m。至今只在武汉民政职业学院一处发生过岩溶地面塌陷。据武汉市内 6 个图幅 1:5 万区域地质调查报告,大桥倒转向斜核部为三叠系—二叠系,两翼为石炭系—志留系,沿褶皱带发育顺层褶断,东端发育次级小褶皱。

3. 蔡甸张湾街-汉阳江堤街-武昌南湖-庙岭镇隐伏岩溶条带

该条带总面积为 205.12km², 占研究区可溶岩条带总面积的 27.13%,南北宽 0.63~5.72km, 主要岩性为 $T_{1-2}j$、T_1d、P_1q 白云质灰岩、灰岩、泥质灰岩等,非可溶岩有 P_1g、P_2d、P_2l 硅质岩、页岩、黏土岩等,局部有 K_2E_1g 红砂岩。条带包含一西一东两个延伸方向一致的亚条带,西侧条带(③-1)较小,面积为 24.87km², 分布于蔡甸区张湾街至蔡甸街一带。东侧条带(③-2)面积约 180.25km², 从蔡甸街东南侧向东延伸,经过汉阳江堤街—武昌南湖—庙岭镇,包含了武昌区白沙洲大道、青菱乡、武泰闸、张家湾等岩溶地面塌陷高发区。

根据《区域地质调查报告(1:5 万)》,该岩溶条带区域上为百镰湖-庙岭倒转背斜南翼。北部为荷叶山向斜核部的地段,南部为新隆-豹澥复式倒转向斜的核部。百镰湖-庙岭倒转背斜西起百镰湖以西,经华中农业大学、豹澥南,至庙岭镇,核部为志留系,两翼为泥盆系—二叠系。其中,长江沿岸的鹦鹉洲—陆家嘴—青菱乡一带,为岩溶地面塌陷集中多发地段;仅紫阳湖南侧—武昌火车站—武昌车辆段一带上覆第四系老黏性土,其余均为第四系松散沉积物覆盖。近几年发生的白沙洲长江紫都、青菱乡乔木湾等多处岩溶地面塌陷均位于本带。

4. 蔡甸永安街、大集街-沌口街-梅家山-江夏汤逊湖-流芳街隐伏岩溶条带

该条带位于沌口向斜核部,分布面积约 278.92km², 占研究区可溶岩条带总面积的 36.89%,岩性为 $T_{1-2}j$、T_1d、P_1q、C_2h、C_2c 白云质灰岩、灰岩、泥质灰岩等可溶岩,P_1g、P_2d、P_2l、C_1h、C_1g 硅质岩、页岩、砂岩、黏土岩等非可溶岩,局部有 K_2E_1g 红砂岩。西端向大集街、永安街分支成两条,东端向流芳街北侧和南侧分支成两条。区域上为百镰湖-庙岭倒转背斜南翼,第③条带与第④条带之间,为背斜核部志留系。

5. 蔡甸横龙-曾家岭-大军山-风灯山以西隐伏岩溶条带

该条带位于大军山向斜核部，总面积 93.12km²，占研究区可溶岩条带总面积的 12.32%，主要分布 T_1d、P_1q 灰岩、泥质灰岩等可溶岩地层，P_1g、P_2d、P_2l、C_1h、C_1g、D_3y 硅质岩、页岩、砂岩、黏土岩、石英砂岩等非可溶岩地层。该条带包括两个亚条带：西侧⑥-1 条带位于蔡甸横龙地区，面积 45.45km²；东侧⑥-2 条带呈细长带状东西向分布于蔡甸区曾家岭至江夏区风灯山西侧，面积 47.67km²。

（二）区内碳酸盐岩基本特征

研究区内赋存的碳酸盐岩，主要分为中下三叠统嘉陵江组（$T_{1-2}j$），下三叠统大冶组（T_1d）灰岩、白云岩地层，中二叠统栖霞组（P_2q）燧石结核灰岩，上石炭统黄龙组（C_2h）和下二叠统船山组（P_1c）厚层灰岩、白云岩和球粒状灰岩，下石炭统和州组（C_1h）黏土岩夹灰岩（表 4-2-1）。这些可溶性碳酸盐岩呈条带状分布，岩性多为灰岩及白云质灰岩，部分属泥质灰岩、泥质条带灰岩及角砾状灰岩。岩石中方解石脉发育，纵横交错，脉宽 0.01~3.9mm，溶蚀孔洞中有方解石晶簇产出。

表 4-2-1 研究区碳酸盐岩特征一览表

地层名称	代号	岩性特征				岩溶发育程度	
		岩性	方解石含量	主要结构类型	粒径/mm	岩溶发育现象	线岩溶率
中三叠统嘉陵江组和下三叠统大冶组	$T_{1-2}j$ 和 T_1d	白云质灰岩、泥质灰岩、灰质白云岩	70%~95%	隐晶质、泥质、微粒结构	0.005~0.03	岩溶现象较发育，溶蚀多沿裂隙发生，形成岩溶小沟及溶孔、溶隙。局部也发育溶洞	1.65%~10%
中二叠统栖霞组	P_2q	含燧石结核灰岩、生物屑灰岩	97%~100%	微粒镶嵌结构	0.2~2.5	岩溶发育强，发育有较大溶洞	10%~30%
上石炭统黄龙组和下二叠统船山组	C_2h 和 P_1c	白云岩、灰泥岩及生物碎屑灰岩	4%~5%	半自形—他形镶嵌结构	0.002~0.032	岩溶不甚发育，见有少许小溶洞、溶隙	—
下石炭统和州组	C_1h	砂岩、黏土岩夹灰岩	—	—	—	—	—

中下三叠统嘉陵江组（$T_{1-2}j$）主要岩性为白云岩、白云质灰岩。与二叠系栖霞组相比，岩溶发育相对弱一些，方解石脉较发育，脉宽一般为 0.5~8mm，溶蚀现象较发育，有溶蚀裂隙、溶孔、溶洞，溶洞高度可达 21.0m，多数溶洞被黏性土充填，线岩溶率一般为 1.65%~10%。岩溶发育不均衡，靠近断裂带处较发育。

下三叠统大冶组（T_1d）为一套滨海相碳酸盐岩沉积。岩性为灰色薄—中层条带状泥质灰岩、生物屑灰岩、石灰岩。岩石具隐晶质、泥质、微粒结构，层状构造、条带状构造、网脉状构造。主要矿物成分为方解石、水云母及白云石，方解石含量70%～95%，含少量石英、黄铁矿。其中方解石呈他形粒状，粒径一般为0.01～0.02mm，水云母呈显微鳞片状，粒径0.005～0.03mm，个别由水云母及铁质形成缝合线。泥质条带由水云母、方解石、石英等组成，条带宽一般为0.05～10mm，与泥质灰岩条带相间分布，形成条带状构造。该碳酸盐岩晶粒相对较细，含泥质成分，岩溶现象较发育，溶蚀多沿裂隙发生，形成岩溶小沟及溶孔、溶隙。局部也发育溶洞，洞高0.2～3.03m。线岩溶率一般为1.65%～10%。

中二叠统栖霞组（P_2q）为一套滨海相碳酸盐岩沉积。上部为深灰色厚层灰岩，下部为灰色—深灰色中厚层状含燧石结核灰岩、含碳质灰岩及生物碎屑灰岩，顶端偶见角砾状灰岩。岩石呈微粒镶嵌结构、珊瑚生物结构、致密块状结构，钙质胶结。主要矿物成分为方解石，含量达97%～100%，含少量白云石、石英、黄铁矿、碳质属钙质胶结。方解石粒径一般为0.2～2.5mm的中粗粒结构或0.01～0.1mm微粒结构。本次测试试验测得该灰岩晶粒较粗，且方解石含量高。中二叠统栖霞组灰岩岩溶发育强，发育有较大溶洞，洞高1.31～5.60m，线岩溶率一般为10%～30%。

上石炭统黄龙组（C_2h）和下二叠统船山组（P_1c），为一套开阔台地相碳酸盐岩沉积，岩性为灰色厚层状白云岩、灰泥岩及生物碎屑灰岩，岩石具有半自形—他形镶嵌结构、生物碎屑结构、微粒结构、块状构造。主要矿物成分由白云石及方解石组成。白云岩中白云石含量占80%～94%，方解石占4%～5%（部分灰质白云岩中方解石含量占41%～48%）。含微量黄铁矿、褐铁矿、石英及碳质。白云石呈半自形晶，粒径一般为(0.04～0.1)mm×0.08mm。方解石以他形晶为主，粒径一般为0.002～0.032mm。石英及黄铁矿呈微细粒状，零散分布于白云石、方解石晶粒间。

由上述可见，工作区内二叠系碳酸盐岩的方解石成分含量最高，晶粒最粗，三叠系次之，上石炭统碳酸盐岩含方解石成分最低，晶粒最细，下石炭统以砂岩、黏土岩为主，灰岩成分少且不纯。根据钻孔资料统计，工作区内二叠系岩溶总体发育程度强于三叠系岩溶，而石炭系岩溶发育最弱。由此可见，碳酸盐岩的成分、结构对岩溶发育起着重要的作用，同等条件下，从成分上来讲，质纯、含杂质少的碳酸盐岩对岩溶发育比较有利；从岩体结构看，裂隙、节理大而多的碳酸盐岩较有利于岩溶的发育；从岩石矿物结构上看，矿物颗粒大的碳酸盐岩相较于隐晶质、微晶结构的岩石，易于发育岩溶现象。

（三）可溶岩埋藏条件分析

根据区域地质背景及钻孔资料的分析，区内岩溶条带分布于向斜构造的核部。根据岩溶区碳酸盐岩上覆盖层的特点，将其分为两种类型，即覆盖型和埋藏型（图4-2-1）。

覆盖型岩溶是指碳酸盐岩大部分被第四系沉积物覆盖，仅局部零星的可见有基岩出露。埋藏型岩溶指碳酸盐类岩层之上直接有新近系、白垩系—古近系泥岩、泥质砂岩覆盖，由于覆盖层相对较厚，一般地表岩溶现象不可见，而在地下深处发育溶洞、溶蚀裂隙等。

1. 覆盖型岩溶分布特征

武汉市覆盖型岩溶分布最为广泛，主要近东西向条带状分布于向斜构造核部，受构造控制明显，以轴向近东西的褶皱和断裂面走向近南北的断裂构造控制为主。总面积约838.09km²，占岩溶条带总面积的76.78%，分布面积大，范围广。覆盖型岩溶分布区内碳酸盐岩溶孔、溶隙较发育，在断裂发育及岩层分层界面处溶洞十分发育。主要分布如下：

第①条带西湖茅庙集—岱家山—天兴洲—蒋家墩—青山一带，在青山区政府到青山公园一带附近局部有埋藏型岩溶分布。

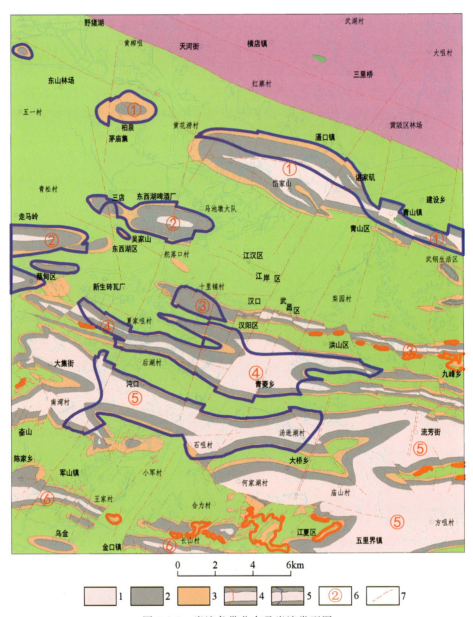

图 4-2-1 岩溶条带分布及岩溶类型图

1.三叠系灰岩；2.石炭系—二叠系灰岩；3.泥盆系砂岩；4.裸露型—覆盖型灰岩；
5.埋藏型—覆盖型灰岩；6.岩溶条带编号；7.断层

第②条带汉阳区永丰街—龟山南侧—洪山区新店一带，在汉阳区永丰街南侧汉阳大道永安堂小学至汉阳火车站一带、东端高新大道附近古姆山以北至短咀里湖一带分布有埋藏型岩溶。

第③条带西段蔡甸区张湾街一带，汉阳大道沿东南方向至东风大道，洪山区武庆堤、武泰闸等区域至华中师范大学一带，南湖东侧至庙岭一带，洪山区青菱乡烽火村部分区域、毛坦港、光霞村、张家湾等地，条带东端荷叶山村一带。烽火村、毛坦港、光霞村、张家湾一带在较小的面积上集中发育了多起岩溶地面塌陷。

第④条带蔡甸永安街、大集街到沌口街西北后官湖一带，往南沿枫树湾、长河延伸至长江边，洪山区石咀至小石咀及周边区域，江夏区汤逊湖东侧一带。

第⑤条带何家湖—凤凰山南侧—牛山湖一带，局部分布小范围块状和带状的覆盖型岩溶。何家湖村北侧至向阳村、大胡村一带，呈"Z"字形分布。第四系覆盖层厚度一般为 10～30m，东南角姑嫂树大胡一带的第四系覆盖层厚度一般为30～45m,局部达到了95m。

第⑥条带蔡甸横龙—曾家岭—大军山—风灯山以西,均为覆盖型岩溶分布区。

2. 埋藏型岩溶分布特征

埋藏型岩溶主要分布于第③条带汉阳武汉体育中心—武汉国际会议中心—墨水湖,洪山区武金堤路一带、南湖北部一带;第④条带汉阳沌口街—武汉经济技术开发区—沌口路长江沿岸、洪山区梅家山—江夏区汤逊湖西北部;第⑤条带五里界镇北—姑嫂树大胡—筲家咀—鸭儿湖与三汊港湖交汇处、吴家铺村周边区域、武汉纺织大学—易家湾一带、大胡村—涂家湾一带。总面积253.42km²,占岩溶条带总面积的23.22%。从整体来看,除了沿长江边分布较大区块外,还在紧邻其他河流、湖泊及周边部分区域零星分布。在覆盖型岩溶条带间呈区块零散分布,并与之一起形成整体上沿向斜构造核部分布的岩溶条带。区内地层岩性为中三叠统嘉陵江组($T_{1-2}j$)和下三叠统大冶组(T_1d)灰岩、中二叠统栖霞组(P_2q)灰岩、上石炭统黄龙组(C_2h)和下二叠统船山组(P_1c)白云质灰岩、下石炭统和州组(C_1h)黏土岩夹灰岩,局部被新近系泥岩及白垩系—古近系红色砂砾岩覆盖,该层厚度变化较大,最大盖层厚度可达60m,之上为第四系松散堆积层。

(四)岩溶发育规律及发育分区

1. 岩溶发育特征

由于工作区三叠系碳酸盐岩分布面积较石炭系、二叠系大得多,因此揭露碳酸盐岩岩溶现象的钻孔主要分布于三叠系中。揭露灰岩的各钻孔中,均发现不同程度的岩溶现象。岩溶现象在石炭系、二叠系以及三叠系碳酸盐岩地层中均有发育。从钻孔所揭露的岩溶特征来看,研究区内岩溶形态主要为溶洞、溶蚀裂隙、溶槽及小溶孔等。溶洞高一般为0.1～6.0m,个别大于10m。溶洞大多呈全充填状态或半充填状态,充填物一般为黏土、碎石黏土及砂,少数溶洞充填物为碎石黏土及岩溶崩塌堆积的岩屑,少部分溶洞无充填,详见表4-2-2。

表4-2-2 钻孔统计总表

隐伏岩溶条带	钻孔数/个			遇洞率/%	灰岩总厚/m	溶洞总厚/m	充填总高/m	充填率/%	岩溶率/%
	钻孔总数	见灰岩	见溶洞						
第一条带	42	38	4	10.53	897.02	75.95	0	0	8.47
第二条带	86	83	20	24.10	1 377.43	135.90	3.52	2.59	9.87
第三条带	151	145	39	26.90	1 732.64	228.12	23.95	10.50	13.17
第四条带	36	35	7	20.00	138.47	50.80	32.49	63.96	37.00
第五条带	35	35	3	8.57	82.45	4.08	1.40	34.30	4.95

工作区岩溶发育空间分布不均,各种岩溶现象表现得甚为明显,但由于研究区内第四系广泛分布,岩溶发育均以地下为主,地表出露岩溶现象极少。岩溶及溶洞发育地段主要分布在覆盖型岩溶分布区,如位于新隆-豹澥向斜核部的白沙洲大道—毛坦港一带,且多沿地层不整合面、岩石层面、裂隙面及破碎带发育。溶洞规模大小不一,洞高一般为0.1～5.0m,个别大于10.0m,洞内部分充填砂、黏土和碎石,如流芳岭大向村及江夏区湖口村一带岩溶发育强烈,发育溶洞高1～6m,个别大于10m,由可塑状态的黏性土夹灰岩岩块充填。在埋藏型岩溶地区,大部分岩溶相对较弱,但局部地段仍发育溶洞。

区内岩溶多沿层面和裂隙发育,受地壳升降运动影响,岩溶现象具多期性,在垂向上有一定的分带性(表4-2-3)。从溶洞和岩溶裂隙等的相对位置看,多分布在高程-45m以上范围内,其中5～0m、-10～

−15m、−40~−45m 标高范围内为岩溶最发育段,钻孔中见溶洞及岩溶现象的最多,岩溶率分别为 19.28%、16.28%、13.00%。在垂直分带上形成以这 3 段为中心,向上和向下岩溶率逐渐减小的 3 个岩溶发育段(图 4-2-2)。其余标高范围内岩溶及溶洞发育相对较少,为岩溶弱发育段,其中局部地段浅层岩溶发育。区内长江沿岸冲积平原地段,标高大于 20m 的岩溶发育较强,发育溶洞较多,遇洞率达 72.73%。

表 4-2-3 钻孔垂向岩溶率统计表

序号	标高/m	第一条带岩溶率/%	第二条带岩溶率/%	第三条带岩溶率/%	第四条带岩溶率/%	第五条带岩溶率/%
1	>20	51.68	15.85	28.62	0	3.00
2	20~15	3.00	11.99	9.98	0.21	0
3	15~10	3.00	21.84	2.50	15.61	1.67
4	10~5	7.71	17.23	18.86	1.45	2.23
5	5~0	32.03	14.03	29.20	1.36	12.59
6	0~−5	21.44	13.31	25.16	32.69	2.21
7	−5~−10	18.97	13.86	15.89	16.67	2.00
8	−10~−15	21.38	21.72	16.57	0	2.69
9	−15~−20	20.13	7.74	15.69	0	3.00
10	−20~−25	16.08	6.58	12.67	4.00	0
11	−25~−30	17.96	14.21	8.43	78.78	0
12	−30~−35	7.81	6.60	7.65	22.42	0
13	−35~−40	4.05	4.54	8.78	64.78	0
14	−40~−45	17.86	4.21	10.85	100.00	0
15	−45~−50	20.53	4.12	7.00	50.82	0
16	−50~−55	1.81	5.61	18.05	0	0
17	−55~−60	2.91	5.98	11.94	0	0
18	−60~−65	3.00	5.98	6.83	0	0
19	−65~−70	3.00	5.98	22.77	0	0
20	−70~−75	3.00	9.70	12.21	0	0
21	−75~−80	3.00	6.53	7.66	0	0
22	−80~−85	3.00	5.31	7.20	0	0
23	−85~−90	3.00	5.63	6.57	0	0
24	−90~−95	3.00	5.24	3.99	0	0

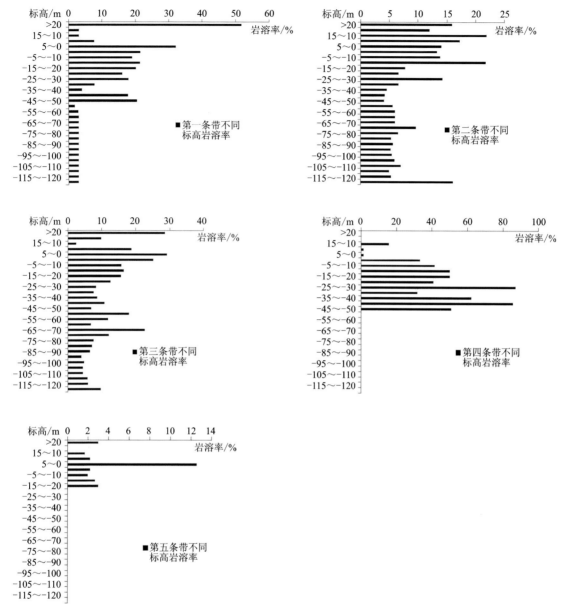

图 4-2-2 各条带岩溶发育程度随标高变化分布图

表 4-2-4 列出了岩溶发育程度划分标准。根据标准,研究区岩溶发育程度及分区见表 4-2-5 和图 4-2-3。这种划分是一种相对的概念,强烈发育的中间包含了局部弱发育的层位,弱发育的中间也包含了局部强发育的地段。

表 4-2-4 岩溶发育程度划分标准

岩溶发育程度	强	中	弱
线岩溶率/%	>10	3~10	≤3

表 4-2-5　隐伏岩溶条带岩溶发育程度分级统计表

岩溶分区		划分参考指标	分布范围		面积/km²	
代号	发育程度	线岩溶率/%	代号	位置	分区	合计
a	强	>10	a-1	第一条带东部,谌家矶街至蒋家墩以东一带	19.21	506.16
			a-2	第二条带严西湖以东一带	2.39	
			a-3	第二条带永丰街—九峰乡以北—新店以西一带	56.64	
			a-4	第三条带汉阳区江堤街—洪山区狮子山街—南湖—田张村—老虎山一带	131.81	
			a-5	第四条带肖家湾—梅家山—凤凰山以北一带	139.49	
			a-6	第五条带何家湖、十家岭一带	29.26	
			a-7	第六条带桐湖办事处—大军山东部一带	41.75	
b	中等	3～10	b-1	第一条带黄陂区与东西湖区交界处丰荷山—夏新集以南—岱家山以北一带	37.11	317.12
			b-2	第二、三条带交会处—豹澥镇以北一带	27.56	
			b-3	第三条带京珠高速和汉蔡高速交会以东至知音湖大道一带	10.84	
			b-4	第四条带蔡甸区大集街至汉阳区沌口街一带	66.72	
			b-5	第四条带大郑村—豹澥镇以南一带	22.05	
			b-6	第四、五条带交会处—五里界镇以东	146.92	
c	弱	<3	c-1	第三条带西侧蔡甸区张湾街,京珠高速与汉蔡高速交会处附近及以东部分地区	15.57	268.23
			c-2	第四条带歹山街以北汉宜高速一带	29.01	

1)岩溶强发育区

岩溶强发育区总分布面积约 506.16km²,占岩溶分布总面积的 46.37%,在各条带上均有分布。区内大部分钻孔的线岩溶率大于 10%。区内钻孔遇洞率达 60%,且已发生的岩溶地面塌陷大多数分布于该区域内。区内地形平坦低洼,以冲、洪、湖积平原地貌为主。上覆土层主要为第四系全新统和较少区域的上更新统冲积层、湖积层、湖冲积层,黏土夹碎石、黏土、粉质砂土、砂及砂砾石组合而成的双层或多层土体,大部分区域土层底部为粉质砂土,大致可概化为"上黏下砂"的二元结构。区内水系密集,发育有长江等主要水系,第四系含水层中孔隙水与岩溶水水力联系较密切;裂隙溶洞发育,溶洞多为松散堆积物或软塑状黏土填充。

2)岩溶中等发育区

该区分布面积约 317.12km²,占碳酸盐岩总面积的 29.05%。该区地形平坦,地貌多为平原、岗地。区内水系发育一般,主要有黄家湖和汤逊湖。上覆盖层主要为中更新统残坡积层、冲积层、洪冲积层,厚度几米至 25m。区内发育有五通口-汤逊湖压扭性断裂、座山断裂、万家湾断裂以及罗汉肚子断裂等。大部分钻孔的线岩溶率在 3%～10% 范围内,局部发育溶洞。岩溶现象较发育,沿裂隙面发育有串珠状溶孔、溶隙,规模均较小,未揭示有大型岩溶管道。

3)岩溶弱发育区

该区分布面积约 268.23km²,占碳酸盐岩总面积的 24.58%,主要分布于研究区西部及东北角。该

第四章 主要环境地质问题探讨

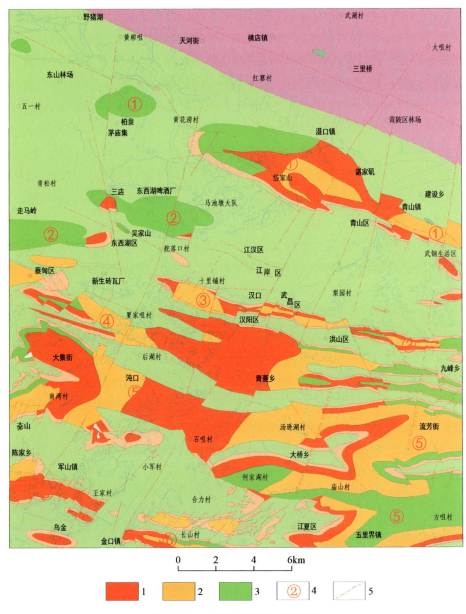

图 4-2-3 工作区岩溶发育强度图

1.岩溶强发育区；2.岩溶中等发育区；3.岩溶弱发育区；4.岩溶条带编号；5.断层

区主要为岗地、丘陵地貌。上覆盖层主要为中更新统残坡积层、冲积层、洪冲积层。土层结构类型单一，盖层厚度较大。区内大部分钻孔的线岩溶率小于3%。岩溶发育较弱，局部可见岩溶小沟及溶孔、溶隙。

2. 烽火村典型岩溶发育特征分区

工作区碳酸盐岩均隐伏于地下，地表无出露。区内共有各类钻孔 204 个，其中揭露基岩的钻孔有 176 个，占总孔数的 86.3%。基岩钻孔中揭露了碳酸盐岩的钻孔有 131 个，占基岩钻孔数的 74.4%，占总孔数的 64.2%。揭露了碳酸盐岩的钻孔中，均发现不同程度的岩溶现象，其中有 90 个孔中的岩溶现象较发育，占碳酸盐岩钻孔数的 68.7%，占总孔数的 44.1%，58 个孔中揭露有大小不一的溶洞，占有岩溶现象钻孔数的 64.4%，占总孔数的 28.4%。

从钻孔所揭露的岩溶特征来看,岩溶形态主要为溶洞、溶蚀裂隙、溶槽及小溶孔等。岩溶现象在石炭系、二叠系以及三叠系碳酸盐岩地层中均发育,由于工作区三叠系碳酸盐岩分布面积较石炭系、二叠系大得多。因此,揭露碳酸盐岩岩溶现象的钻孔主要分布于三叠系中。

区内揭露有碳酸盐岩类的钻孔,都存在溶蚀现象,溶洞仅在局部发育。溶隙一般宽1~2mm,最宽达4mm,溶孔直径一般为3~20mm,最大90mm。钻孔中所揭露的溶洞,一般规模为0.1~5.0m,中南轧钢厂一带最高溶洞达8m(ZK40),阮家巷为1m。溶洞大多呈半充填或全充填状态,充填物一般为黏土、碎石黏土及砂,少数溶洞充填物为碎石黏土及岩溶塌积岩,个别溶洞无充填。

区内岩溶多沿层面和裂隙发育,受地壳升降运动影响,岩溶现象具多期性,在垂向上有一定的分带性。从溶洞与基岩面的相对位置看,多分布在灰岩面附近及以下一定深度范围内,其中灰岩面往下5m范围内溶洞最为发育,5m以下溶洞相对较少,岩体也较完整。从溶洞分布所在高程来看,-5~-10m标高范围内为岩溶最发育段,钻孔中见溶洞及岩溶现象的最多,占有岩溶现象钻孔的29.56%;其次为-10~-15m、-15~-20m标高范围内,分别占有岩溶现象钻孔的18.72%、10.34%,为岩溶次发育段;再次为0~-5m及-20~-25m标高范围,分别占有岩溶现象钻孔的6.4%及8.37%。标高-25~-45m范围内岩溶及溶洞发育相对较少,为岩溶弱发育段。由于受钻孔勘察深度限制,本次用于统计的深孔较少,但从-45m高程以下累计的溶洞出现频次(15.27%)看,区内深部岩溶应该较发育(表4-2-6,图4-2-4)。

表4-2-6 工作区岩溶发育高程统计表

分布高程/m	钻孔中出现频率/次	频率百分比/%
0~-5	13	6.40
-5~-10	60	29.56
-10~-15	38	18.72
-15~-20	21	10.34
-20~-25	17	8.37
-25~-30	7	3.45
-30~-35	5	2.46
-35~-40	8	3.94
-40~-45	3	1.48
<-45	31	15.27

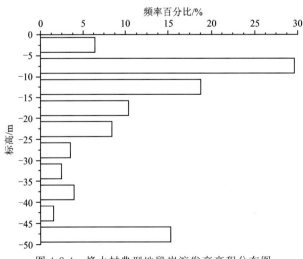

图4-2-4 烽火村典型地段岩溶发育高程分布图

从平面分布来看,典型区岩溶及溶洞发育地段主要分布在覆盖型碳酸盐岩分布区,如位于关山复式向斜核部的中南轧钢厂、阮家巷—陆家嘴—涂家沟司法学校、烽火村乔木湾—余家湾以及毛坦港一带(图 4-2-5)。且多沿地层不整合面、岩石层面、裂隙面及破碎带发育。溶洞规模不大,洞高一般为 0.7~1.0m,个别达 2.0m,洞内部分充填砂、黏土和碎石。在埋藏型岩溶地区,由于新近系黏土岩的阻隔,孔隙水与岩溶水间无水力联系,岩溶相对较弱。但局部地段由于上覆黏土岩较薄,下部亦发育溶洞,如烽火村 K3 孔上覆有 0.30m 的黏土岩,K4 孔上覆有 0.70m 的黏土岩,灰岩中发育了 2.10m 高的溶洞,K15-1 孔于 24.70~25.20m 为新近系黏土岩,其下伏的灰岩中发育两层溶洞(孔深 25.70~27.00m、27.40~32.40m),其中上层溶洞充填物为黏土夹碎石,下层溶洞充填物则完全是杏黄色黏土和灰岩碎块。

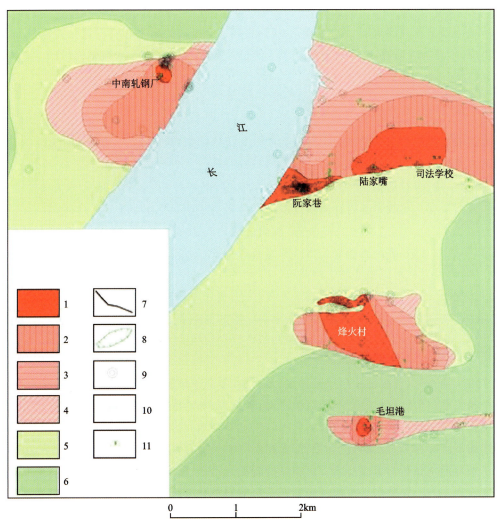

图 4-2-5　烽火村典型区岩溶发育强度图

1.岩溶强发育区;2.岩溶中等发育区;3.岩溶弱发育区;4.岩溶不发育区;5.埋藏型;6.非可溶岩分布区;
7.分区界线;8.污染岩溶条带;9.揭露灰岩钻孔;10.钻探揭露溶洞;11.物探探测溶洞

二、岩溶地面塌陷形成条件

(一)岩溶地面塌陷形成条件

根据已发生的岩溶地面塌陷成因分析,岩溶地面塌陷形成的基本条件主要有3个方面,即上覆土层具"上黏下砂"二元结构;下伏基岩为可溶性碳酸盐岩且浅部岩溶发育;孔隙水与岩溶水水力联系密切。

1. 上覆盖层具"上黏下砂"二元结构

在岩溶地面塌陷发育的地段,其上覆盖层均为第四系全新统松散冲积物。据钻孔资料显示,岩性上部为黏性土层,主要为粉质黏土,局部有粉质黏土与砂互层,下部为砂性土,主要为粉砂、细砂和砾砂,具河流相二元结构。

2. 下伏可溶性碳酸盐岩浅部岩溶发育

覆盖型碳酸盐岩分布区下伏基岩大部分为中二叠统栖霞组(P_2q)、下三叠统大冶组(T_1d)等岩溶发育强烈的可溶性碳酸盐岩,隐伏于第四系全新统粉细砂层之下,岩性为中厚层状灰岩、生物碎屑灰岩,隐晶质结构、微晶结构、微粒结构、生物碎屑结构,块状构造,晶粒较粗,部分地层岩体方解石含量达93%以上,质纯,岩溶发育。尤其是基岩顶面附近浅部岩溶极为发育,多沿地层不整合面、岩石层面、裂隙面及破碎带分布。溶洞是区内岩溶的主要形态,洞高一般为0.1~6.0m,个别达10.0m,大多呈全充填或半充填状态,少数为空洞,溶洞充填物为粉砂和岩石碎屑混粉质黏土,结构多呈松散状。这揭露了碳酸盐岩的钻孔中,均发现有不同程度的岩溶现象。

下伏可溶性碳酸盐岩顶板附近浅部岩溶发育,为上覆粉细砂层的侧向潜蚀流失和垂向潜蚀流失提供了运移通道和储存空间,是研究区岩溶地面塌陷形成的基本条件之一。

3. 孔隙水与岩溶水水力联系密切

长江Ⅰ级阶地一带,全新统孔隙承压含水岩组直接覆盖于碳酸盐岩类岩溶裂隙含水岩组之上,上覆松散盖层中粉细砂层中赋存松散岩类孔隙承压水,下伏基岩可溶性碳酸盐岩中赋存岩溶裂隙水。部分区域全新统孔隙承压含水岩组与裂隙岩溶含水岩组之间存在红砂岩和含碎石黏土,为相对隔水层,使得两个含水层地下水存在一定水头差。但局部无相对隔水层或存在天窗,或人为沟通上下含水层时,全新统孔隙承压水可沿这些通道下渗补给下伏碳酸盐岩类岩溶裂隙水,因而这些地段岩溶地面塌陷也尤为发育。碳酸盐岩类岩溶裂隙水枯水期也向第四系松散岩类孔隙承压水及碎屑岩类裂隙水越流补给。在埋藏型岩溶区,碳酸盐岩类岩溶裂隙水与上部碎屑岩类裂隙水相通,可接受碎屑岩类裂隙水补给。

(二)岩溶地面塌陷诱发因素

区内岩溶地面塌陷的产生,除需具备基本地质条件基础外,还受诸多诱发因素影响。据调查资料分析,研究区内岩溶地面塌陷的诱发因素主要分为自然因素和人为因素。自然因素主要包括降水、地表水入渗和地下水位季节性波动等,人为因素主要为抽排地下水以及可溶岩分布区内其他工程建设活动。

降水是岩溶地面塌陷发生的重要影响因素之一,武汉市多起地面塌陷的诱发因素都是降水。降水对地面塌陷的直接作用主要体现在两个方面:一方面使上部土体饱水自重增加,物理力学性质降低;另一方面降水入渗的渗流作用对土体颗粒进行冲刷、携带、搬运,破坏了土洞的稳定性。

地表水入渗主要表现在部分岩溶发育区因除降水外的其他地表水渗流、破裂管道中的水体下渗等，造成碳酸盐岩上部土体向岩溶裂隙中流失，形成空洞导致塌陷。

地下水位季节性波动与地表水位有关，因此研究区内长江和众多湖泊水位的季节性变动也可以诱发岩溶地面塌陷。地下水位的频繁升降会引起地下水水力坡度的变化，导致地下水的冲刷、潜蚀能力发生相应的变化，产生渗透潜蚀作用；可以改变上覆土体的含水量、性状和强度，加速土体崩落；可以引起地下岩溶及土洞空腔内正负压力的交替变化，使周围岩石土体失稳，并产生气爆致塌或真空吸蚀致塌。地下水位波动频度愈高，地面塌陷愈易产生。

工作区岩溶地面塌陷有由自然因素引发转向人为因素引发的趋势，特别是2000年后，岩溶地面塌陷多是与工程建设活动有关。近几年，武汉市重大工程建设项目日益增多，在钻探、桩基施工过程中直接诱发岩溶地面塌陷占了主导地位。

工程建设活动是岩溶地面塌陷的主要诱发因素，其对岩溶地面塌陷所起的作用主要表现在：基坑及地下工程施工时开挖等导致岩溶含水层顶板被揭穿，基坑工程降水等抽排地下水引起地下水水位波动；钻探、桩基施工等沟通含水层使得地下水水力联系增大，机械振动改变岩土体结构、降低岩土体强度等；堆载及上部建构筑物重力引起上覆盖层附加荷载增大。如2001年5月江夏区乌龙泉街京广铁路侧岩溶地面塌陷因火车运行震动和人为开采地下岩溶水而诱发；2009年6月烽火村发生的两次岩溶地面塌陷均是由钻孔沟通上下含水层水力联系增强以及载重车辆外部重力和振动所诱发的；2009年12月烽火村钢材市场岩溶地面塌陷即为桩基施工增强了地下水水力联系和施工过程中振动而诱发的。

(三) 诱发机制

岩溶塌陷的产生，实际上是土洞的致塌力大于抗塌力的结果。当形成岩溶塌陷的基本条件岩溶、地下水动力条件及土洞等具备且发展到一定阶段时，在内外营力作用下，致塌力超过抗塌力即产生塌陷。地下水位季节性波动、降水、工程建设活动等外动力因子对地面塌陷的形成主要是通过潜蚀、真空吸蚀、垂直渗压、自重和荷载等动力作用来体现的。

1. 潜蚀效应

由前述可知，工作区地表水、上部孔隙潜水和下部岩溶水之间水力联系密切，三者之间的水量交换通过地下水径流来完成。地下水径流产生动水压力，动水压力的大小与水力梯度成正比。长江水位变化、人工开采地下水均会使水力梯度加大，从而使得地下水流速加快，动水压力增强。当水力梯度达到一定值时，动水压力则大于土体内聚力与颗粒间摩擦力，土颗粒开始被渗流带动迁移，从而在上部盖层中形成土洞，土洞发展到一定阶段，即产生地面塌陷。

2. 真空吸蚀效应

在工作区的部分地段，下部岩溶水水位在基岩面附近波动，当岩溶水水位下降时，在下降的水面与盖层之间形成低压空间，对盖层内部产生吸蚀作用，致使覆盖层底部土体疏松，含水量增加，剥蚀加快，土颗粒解体，剥落形成空洞。当空洞逐渐扩大、洞顶板变形后，在大气压力作用下，盖层失去平衡，形成塌陷。

3. 垂直渗压效应

当地表雨水入渗时，水在孔隙中运移，对土颗粒施加一种垂向渗透压力，从而改变了土体的力学性质。当渗透压力达到一定值时，使土体结构破坏，土颗粒随水流产生运移，进而形成土洞，土洞不断发展即产生地面变形或塌陷。

4. 重力（自重和荷载）效应

降水入渗后，上覆盖层饱和容重比干容重一般增加 30%～40%。盖层厚度大，塌陷面积宽，自重也大，使土拱承受更大的负荷，当上覆土体的负荷大于土体的内聚力与颗粒间摩擦力时即导致塌陷。土拱承受外部荷载时，也会产生同样的效果。

除上述 4 种主要的作用外，部分地段岩溶塌陷的发生可能还与浮力效应、振动作用有关。

（四）塌陷机理分析

岩溶地面塌陷的形成是多机制的，因此不同地段的塌陷，其致塌力及致塌模式存在一定的差异。根据岩溶塌陷的不同形成机制，可将已有岩溶塌陷的致塌模式归纳为两种，即潜蚀-吸蚀-重力致塌模式和潜蚀-渗压-重力致塌模式。

1. 潜蚀-吸蚀-重力致塌模式

它的形成机制主要是因过量抽汲岩溶水，使地下水动力条件发生改变，在地下水的潜蚀作用下、在上覆盖层中形成土洞，随着潜蚀作用的不断进行，土洞发展扩大。同时，大量开采岩溶水，也使得下部岩溶水在基岩面以下形成岩溶空腔。当岩溶水水位下降时产生真空吸蚀作用，不仅加剧了土洞的发展，而且加大了致塌力，加之地表有荷载，从而导致地面塌陷。

致塌模式为潜蚀-吸蚀-重力致塌式，潜蚀在塌陷的孕育、发展和发生过程中，均起了主要的作用。重力仅在塌陷发生时起作用，而真空吸蚀作用则是因岩溶水位骤然下降形成真空，从而对上覆土层产生吸蚀力，如中南轧钢厂岩溶塌陷就属此种类型。

2. 潜蚀-渗压-重力致塌模式

它的形成机制主要是由于长江水位的升降变化或开采地下水，引起地下水动力条件改变，在地下水的潜蚀作用下，在上覆盖层中形成土洞，随着潜蚀作用的不断进行，土洞逐渐发展扩大。当连续较大强度降水时，降水入渗不但给土体颗粒施加垂向渗透压力，加速土洞发展，而且加大了导致塌陷的致塌力。同时，降水入渗后，上覆土体饱水，土体容重增加，自重加大。此外，土体饱水后，物理力学性质强度降低，抗塌力减小，当致塌力大于土拱的抗塌力时，即产生地面塌陷。因此，在由溶洞→土洞→塌陷的形成过程中，其形成机制主要是潜蚀作用的结果，而促使地面塌陷的发生则是渗压和重力起主要作用，所以其致塌模式属潜蚀-渗压-重力致塌式。

阮家巷、陆家嘴、司法学校、烽火村及毛坦港塌陷可归为致塌模式。

三、典型塌陷机理分析

（一）烽火村乔木湾塌陷

1. 概况

烽火村乔木湾岩溶塌陷位于武汉市洪山区青菱乡烽火村二组、三组，上、下倒口湖之间，东距京广铁路 750m，西距 107 国道 120m，距长江直线距离 1.8km。自 1997 年至 2005 年烽火村先后共发生大小陷坑 23 处（表 4-2-7），总体呈近东西向展布（图 4-2-6），陷坑总面积 3468m^2，总体积 18 498m^3。

烽火村岩溶塌陷最早发生于 1997 年（21 号陷坑），陷坑平面形态呈椭圆形，长轴长 2.5m，短轴长 2.2m，坑深 2.3m（2000 年 4 月调查资料）。2000 年 3 月，在 21 号陷坑西边 8.4m 处菜地中发生一处岩

表 4-2-7 烽火村岩溶塌陷统计表

陷坑编号	形态规模	塌陷主要情况
1	椭圆状,长轴 54m,短轴 33m,可测深 7.8m	靠南侧有半间民房塌入坑中,坑边有下座台坎,开始时坑中有水,可见翻砂冒水现象,水呈漩涡状流动,水面到地面高 5m,坑边有 0.04m 宽裂缝
2	直径 6m,深 1.6m	与 3 号坑相距 4.1m,北侧有 0.03~0.04m 宽的裂缝,呈锯齿状,长 11.1m
3	直径 18.2m,深 4m	坑底有少量水,坑坡较 1 号坑缓,与 1 号坑有一坎相隔
4	直径 5.8m,深 2.5m	坑中无水,平面呈圆形,与 3 号坑相距 4.1m
5	直径 21.8m,深 5m	坑中有水,在 1 号坑西侧 1.5m 处,坑周围裂缝较多
6	直径 15m,深 3m	位于 5 号坑西侧,其南侧民房后院水泥地面、围墙、厕所垮入坑中
7	直径 9m,深 4m	6 号坑东西向土岗上,南侧民房一角垮入坑中,另有部分悬于坑上,形成于 2000 年 3 月
8	直径 12m,深 4m	一棵树陷入坑中,南侧民房后院已垮塌,水泥地面翘起
9	直径 9m,深 2.5m	坑壁陡,与坑相连的 1m 深的鱼塘里的鱼和水全部流失
10	直径 9.6m,深 1m	呈尖底锅状,在橘园中,地表有较多弧形裂缝绕塌陷坑发育,周围地面下沉
11	直径 8m,深 3m	与 8 号坑之间有裂缝,宽 1~2cm,长 27.1m
12	直径 18m,深 2.5m	一栋三层楼房陷入坑中,坑中杂物多,坑北边同心圆状裂缝多
13	直径 23m,深 5m	坑内有积水,与 12 号坑相连,两坑间楼房已垮大半,残余倾斜欲坠
14	呈椭圆状,长轴 24m,短轴 21m	坑内有积水,水深 7m,与 13 号坑相距 28.9m,坑南民房半个角已陷入坑中
15	直径 21.8m,深 6m	与 5 号坑相连,其南侧房屋开裂明显,两间民房垮入其中
16	直径 6m,深 4m	无积水,周围见裂缝,位于 13 号坑南 60m
17	直径 2m,深 2m	位于 14 号坑南 20m,无水
18	直径 2.5m,深 2m	在 1 号坑南,在 1 号坑形成后产生,无积水
19	直径 2.7m,深 2.5m	在一民房的卧室中,可见床、柜等物陷入坑中
20	椭圆形,长轴 5.2m,短轴 4.9m	在 1 号坑东 320m 处,深 1.05m,积水较多,堆有菜叶,形成于 2000 年 3 月
21	长轴 2.5m,短轴 2.2m	坑深 2.3m,积水多,此坑形成于 1997 年
22	直径 2.5m,深 2.0m	此坑形成于 2000 年 5 月,处于一菜地中,距该坑南西方向 15m 处有一废弃机井,泵出水量 162m^3/h
23	4.5m×4.0m,深 1.07m	位于 21 号陷坑边,形成于 2005 年 8 月

注:1~22 号塌陷坑均形成于 2000 年 3~5 月,23 号塌陷坑形成于 2005 年 8 月。

溶塌陷(20 号陷坑),陷坑平面形态呈椭圆形,长轴 5.2m,短轴 4.9m,深约 1.05m,呈碟形。2000 年 4 月 6 日下午 3 时 50 分始,至晚 8 时发生武汉城区历史上最大规模塌陷,陷坑计有 19 处,集中分布于烽火村二组、三组居民区及菜地中,其中最大陷坑为 1 号,平面形态呈椭圆形,长轴 54m,短轴 33m,可测深度 7.8m(图 4-2-7);最小陷坑为 17 号,平面形态呈圆形,直径 2.0m,深 2.0m。塌陷造成 10 余栋房屋倒塌,大面积农田毁坏,严重地威胁了人民生命财产安全,极大地破坏了当地居民的正常生产和生活秩序。由于各级政府措施得力,使 150 户 990 人及时撤离,没有造成人员伤亡。2000 年 5 月在已塌陷区南部一废

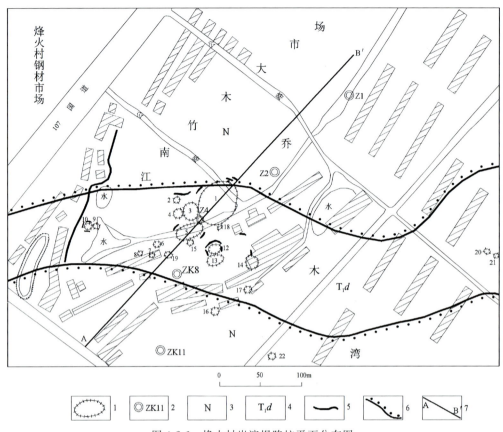

图 4-2-6 烽火村岩溶塌陷坑平面分布图

1.塌陷坑及编号;2.钻孔及编号;3.新近系;4.下三叠统大冶组;5.地裂缝;6.地层界线;7.剖面线

图 4-2-7 烽火村 1 号塌陷坑

弃机井北东约 15m 处菜地中发生一处岩溶塌陷(22 号陷坑),陷坑呈圆形,直径 2.5m,深 2.0m。2005 年 8 月,在原 21 号陷坑边又发生一处地面塌陷,长轴长 4.5m,短轴长 4.0m,深 1.07m。

2.地质结构

烽火村塌陷区在地质构造上位于近东西向展布的南湖-刘张村背斜,为汤逊湖断裂所截西段倾末端核部地带。据收集钻孔资料揭露,塌陷区上覆盖层为第四系全新统松散堆积层(Qh_z),下伏基岩为下三叠统大冶组碳酸盐岩(T_1d),为覆盖型碳酸盐岩分布区,西侧烽火村钢材市场、北侧上倒口湖及南侧烽火村一组地段,碳酸盐岩地层与上覆新近系地层呈不整合接触关系,为埋藏型岩溶区(图 4-2-8)。

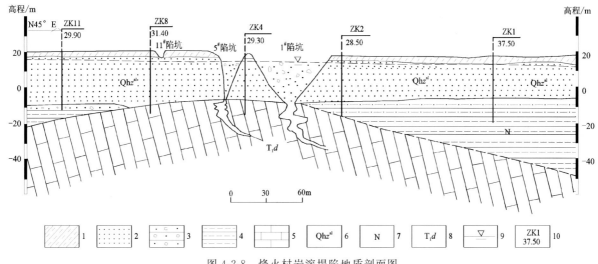

图 4-2-8 烽火村岩溶塌陷地质剖面图

1. 粉质黏土；2. 粉细砂；3. 含砾黏土岩；4. 黏土岩；5. 灰岩；6. 全新统冲积层；
7. 新近系；8. 下三叠统大冶组；9. 地下水位；10. 钻孔及编号/孔深(m)

上覆第四系全新统为河流相冲积成因，沉积韵律明显，由上至下逐渐变粗，具二元结构，厚度一般为 24.0～28.0m。表层为耕植土、人工填土，厚 1～2m；上部为黏土、粉质黏土，灰黄色，以黏粒为主，含有粉砂，潮湿，可塑，层厚为 1.5～2.7m；下部为粉细砂，灰色—深灰色，饱和状，结构松散，分选性好，局部地段粉细砂扰动呈流砂状，厚度一般为 22.8～24.5m。

下伏碳酸盐岩分布区岩性为灰岩，灰色、灰白色，隐晶质结构、微晶结构、微粒结构，薄—厚层状及块状构造，方解石脉发育。方解石中发育有晶洞，岩溶现象发育，溶蚀裂隙多顺层面发育。新近纪(N)地层岩性为灰绿色、灰黄色黏土岩、含砾黏土岩，半固结，毡状结构及鳞片状结构，钻孔揭露厚度为 0～12.9m 不等，一般厚度为 0～1.0m。

3. 地下水特征

塌陷区上覆松散盖层中的粉细砂层中赋存松散层孔隙水，下伏碳酸盐岩中赋存岩溶水，两者间基本无隔水层或仅存在很薄的弱透水层，两者水力联系较密切。

据本次地下水位动态监测资料，塌陷区第四系全新统松散层孔隙承压水地下水位埋深一般在 1.27～2.80m 间，高程为 19.4～20.98m，地下水位一般在第四系孔隙水含水层顶板波动。下部岩溶水地下水位埋深一般在 7.35～11.72m 间，高程为 10.5～14.9m(图 4-2-9)。上部孔隙水与下部岩溶水水位差 5.67～9.45m，枯水期水位差较丰水期水位差大。上、下两层水受江水及降水动态影响较小。两层水混合后，混合水水位略低于孔隙水水位(由于 CK7 孔入基岩不深，灰岩含水段较短，故两层水混合后水位接近于孔隙水水位)。12 月至次年 3 月枯水期，孔隙水水位高于岩溶水水位，岩溶水水位高于江水位，孔隙水补给岩溶水，同时岩溶水向长江排泄。4～6 月和 10～12 月平水期，岩溶水同时接受孔隙水及长江补给。7～9 月丰水期，长江水位高于孔隙水水位，孔隙水接受长江侧向补给，同时补给岩溶水。

4. 岩溶与扰动土层(土洞)特征

据收集钻孔资料，烽火村岩溶塌陷区有 19 个钻孔中揭示有溶洞，洞高 0.2～2.1m 不等，最高可达 5m，部分钻孔中见有多层溶洞，洞内半充填—全充填，充填物质为黏土、碎石等。

据前人地质雷达探测资料，塌陷区范围内发育有 10 多处扰动土层，深度为 10～20m，一般呈 5～10m 的柱状分布。据静力触探不完全验证，其中有 6 处存在扰动土层。本次调查在该区实测地质雷达

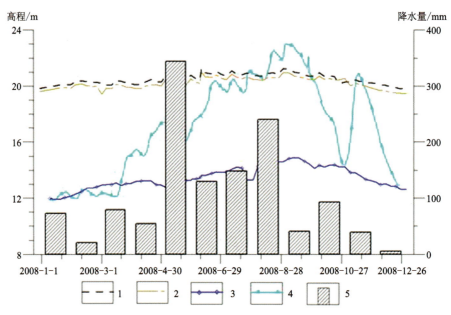

图 4-2-9 长江水位、第四系全新统孔隙水水位历时曲线图
1.孔隙水;2.混合水;3.岩溶水;4.长江水位;5.降水量

剖面线一条,在 385~412m 段的 3.5~19.5m 深度之间,地质雷达波同相轴与两侧错断,连续性较差,推测为土层扰动异常区(图 4-2-10)。该处 JT24 孔静力触探 P_s 曲线在深度 22~24m 处突然回跳,P_s 平均值约为 2MPa,与邻近勘探孔 P_s 值存在明显差异,推测存在扰动土层。

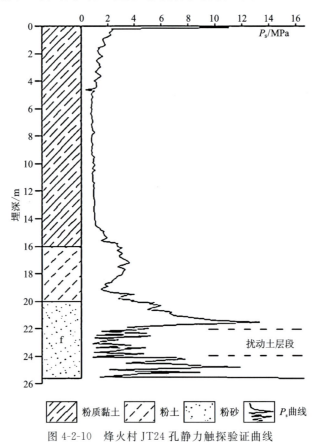

图 4-2-10 烽火村 JT24 孔静力触探验证曲线

此外，本次实测的高密度电法资料也反映塌陷区上覆盖层存在土层扰动异常，下伏灰岩发育有溶洞，且上覆盖层土层扰动与下伏灰岩岩溶发育关系密切。高密度电法共探测土层扰动异常2处，分别位于240～250点和310～320点部位，视电阻率曲线表现为低阻封闭。探测岩溶异常2处，分别位于250点和320点，顶深约28m，视电阻率曲线表现为低阻凹陷异常(图4-2-11)。

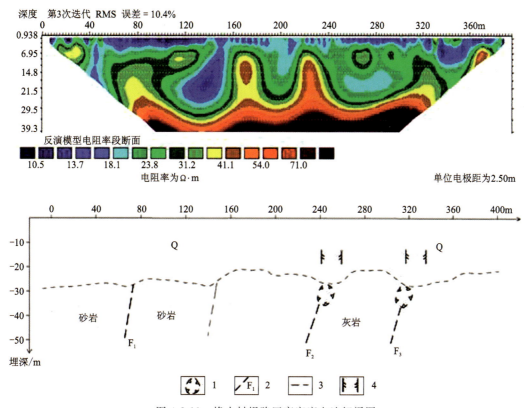

图4-2-11　烽火村塌陷区高密度电法解译图

1.推断岩溶发育范围；2.推测断裂带；3.推测地质界线；4.推测扰动土层范围

CK7～CK16孔间高密度电法CT探测共发现4处异常(图4-2-12)。其中，A异常点位于CK16孔侧，深度20～26m，为扰动土层异常；B异常点中心位置距CK16孔20m，埋深71～74m，为溶洞或灰岩破碎带；C异常点位于CK16孔侧，中心位置埋深45m，为溶洞或灰岩破碎带；D异常点位于CK16孔侧，中心位置埋深85m，为溶洞或灰岩破碎带。

5. 塌陷成因分析

烽火村岩溶塌陷发生于平水期的4月初，其时自1月一场大雪后，2月和3月一直处于干旱无雨期，降水量极少，长江水位保持在低水位。从前述可知，长江水位平均高程为13.73m，塌陷区由于岩溶水已与第四系全新统孔隙水相混合，可认为是岩溶水位，水位高程约为18.50m，已处年度低水位值，二者相差约4.77m，水力坡度约为2.38‰，地下水向长江方向运动。塌陷区所发育北东向水沟常年流水，渗入补给浅层孔隙水。塌陷之前，区内机井有W201、W316一直处于生产状态，尤其是W201井，其泵出水量162m³/h。另外，上、下倒口湖抽水亦可将其视为天然大井。根据区内井孔抽水试验资料，开采孔隙承压水，当开采量为70m³/h，降深可达9.90m，影响半径约400m。因此，该地段内在自然条件下孔隙水位高于岩溶水位，孔隙水向下垂直运动补给岩溶水，水的渗透力携带细小颗粒进入岩溶管道系统，当抽水井连续大强度抽水时(如枯水期抗旱)，水位急剧下降形成降落漏斗，降落漏斗半径大于400m，中心水位降大于9.90m，降落漏斗边缘与中心水力坡度大于24.75‰。此时孔隙水位降至岩溶水位以下，岩溶水由下向上补给孔隙水，水向上运动，其扬压力作用，亦会导致土体破坏，水的渗透力与水的扬压力交替

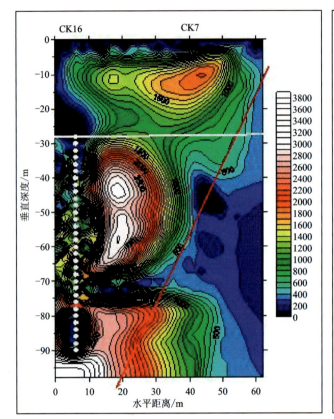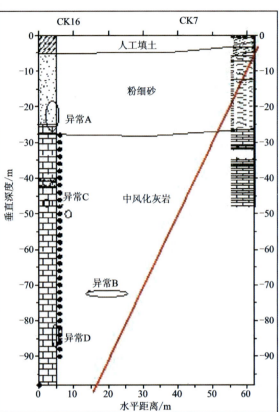

图 4-2-12　烽火村 CK7～CK16 孔间高密度电法反演及解译图

往返作用,导致细小颗粒遭受潜蚀,在土体中形成扰动土层(土洞),进而导致大规模的塌陷发生。因此,烽火村岩溶塌陷是人为因素(抽取地下水)与自然因素(降水量)长期综合影响所致。

该塌陷的成因机制主要为开采地下水引起的潜蚀渗压作用,属于以人为因素为主的塌陷类型,诱发因素主要为开采地下水。地面塌陷地质模型可概化为单一透水盖层型,致塌模式为潜蚀-渗压-重力型。

(二)白沙洲大道张家湾段岩溶塌陷

1. 塌陷概况

岩溶塌陷发生于 2009 年 11 月 24 日,位于洪山区武汉玻璃厂东南白沙洲大道张家湾段,事发地点来往行人、车辆频繁,发生时该处正在进行白沙洲大道高架桥桩基施工。塌陷坑平面上呈椭圆形,长 24m,宽 20m,深度为 0.5～2m,长轴方向为北东 135°,与白沙洲大道垂直,面积约 500m²,影响范围约 1000m²(图 4-2-13)。

塌陷造成路面损坏,桩基施工设备毁损,并导致该处桩基不得不进行移位变更。塌陷致使供水管道破裂,坑内大量积水,未造成人员伤亡。塌陷发生后,道路施工方采取了压力注浆和回填工程处理,现今地面平整,塌陷已趋稳定,未见新的变形迹象。

2. 地质结构

该塌陷构造部位属于新隆-豹澥倒转向斜核部。钻探资料表明,该地段属覆盖型岩溶区,上覆盖层为第四系全新统松散堆积层,下伏基岩为下三叠统大冶组碳酸盐岩。塌陷处地层从上到下依次为填土、粉质黏土、粉砂、细砂、灰岩,上覆第四系松散堆积层厚度为 29.4～30.2m,下伏碳酸盐岩岩溶发育,主要

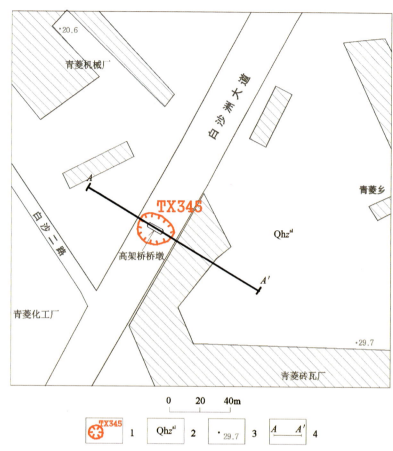

图 4-2-13　白沙洲大道张家湾段岩溶塌陷平面示意图
1.塌陷坑及编号；2.第四系全新统走马岭组冲积层；3.地面高程/m；4.剖面线及编号

为溶洞、溶蚀裂隙,溶洞高 0.4~4.5m,由上至下发育 2 层,分别位于埋深 30m、40m 处。区域地质资料显示,在其下部还可能存在溶洞层(图 4-2-14)。

3. 地下水特征

塌陷地段上部为孔隙承压水,下部为岩溶裂隙水。孔隙承压水含水层厚度 23.6m,含水层顶板埋深 6.5m,平水期地下水位埋深 3m。下部的岩溶裂隙水含水层顶板埋深 29m,地下水位埋深 17m。

4. 成因分析

结合地面调查及访问情况,对形成岩溶塌陷的可能原因分析如下:

(1)地质因素。该地段第四系松散岩类孔隙水水位一直高于岩溶水水位,两者之间无相对隔水层时,第四系松散岩类孔隙水向岩溶水径流,运移过程中条件适宜时产生潜蚀,携带砂土向灰岩溶洞或岩溶裂隙中运移,掏空覆盖层形成土洞,在降水、人类工程活动等因素影响下,形成地面塌陷。

(2)人为因素。该路段当时正在进行桩基施工,采用冲击成孔灌注桩施工,当钻孔揭穿灰岩顶板时,遇下部溶洞,造成孔内泥浆迅速漏失,孔壁失去支撑垮塌,形成塌陷。同时,第四系孔隙水与岩溶水的水力联系增强,使潜蚀、流砂加速,加剧了塌陷的形成。

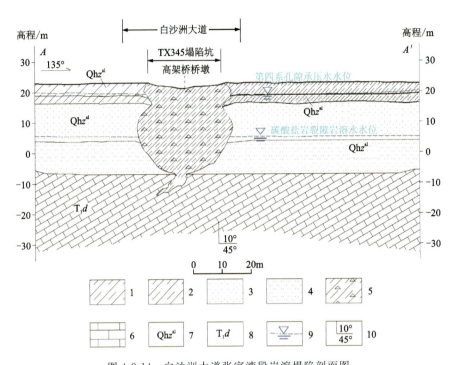

图 4-2-14　白沙洲大道张家湾段岩溶塌陷剖面图

1.粉质黏土；2.粉质黏土夹粉砂；3.粉砂；4.细砂；5.塌积物；6.灰岩；
7.第四系全新统走马岭组冲积层；8.下三叠系大冶组；9.地下水位线；10.岩层产状

(三) 毛坦港佳兆业·金域天下 3 期岩溶塌陷

1. 塌陷概况

2013 年 4 月 14～24 日，于青菱乡毛坦港村委会临时办公地西南约 160m 处佳兆业·金域天下 3 期施工工地发生 3 处岩溶塌陷，塌陷坑呈串珠状排列，走向约 106°，从西向东依次编号为 1#、2#、3# 塌陷坑（图 4-2-15）。1# 坑和 2# 坑间距约 4.3m，2# 和 3# 坑间距约 5.8m。3 个塌陷坑平面均呈椭圆状，剖面呈碟状，1# 坑长轴 14.4m，走向 110°，短轴 12.2m，走向 37°，塌陷深度 0.5～0.8m，四周有环形裂缝，最宽为 20cm，可见深 1～1.2m，最初坑内无积水，后工地排水至此；2# 坑长轴 13.6m，走向 37°，短轴 12.6m，走向 112°，塌陷深度 0.5～0.7m，四周有环形裂缝，宽 10～20cm，坑内无积水；3# 坑长轴 23.6m，走向 92°，短轴 17.3m，走向 20°，塌陷深度 0.2～0.3m，四周有环形裂缝，宽 0.8～10cm，坑内无积水。

塌陷时，该工地正在进行超前钻和桩基施工，桩基类型为回转钻孔灌注桩、静压预制管桩、锤击预制管桩。塌陷处位于工地北部，超前钻施工地段。

2. 地质结构

该塌陷区在构造部位上处于新隆-豹澥倒转向斜南翼，位于埋藏型岩溶区和覆盖型岩溶区交界部位。塌陷区南侧在中二叠统栖霞组灰岩上大面积分布有白垩系古近系红砂岩，为埋藏型岩溶区；北侧则中二叠统栖霞组灰岩直接与第四系松散堆积层接触，为覆盖型岩溶区。

该区域第四系厚 20～29m，土层具有明显二元结构，上部为黏土、粉质黏土，下部为粉砂、细砂局部含砂砾石。据收集勘察资料，中二叠统栖霞组灰岩中岩溶较为发育（图 4-2-16）。

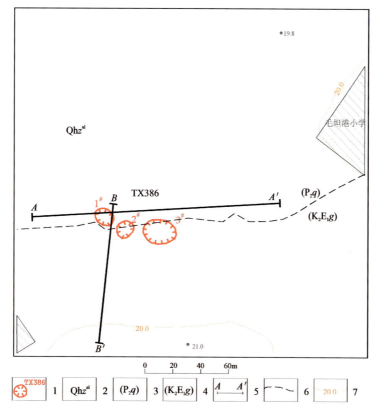

图 4-2-15 青菱乡毛坦港佳兆业·金域天下 3 期岩溶塌陷平面示意图

1.塌陷坑及编号；2.全新统走马岭组冲积层；3.中二叠统栖霞组；4.白垩系—古近系公安寨组；
5.剖面线及编号；6.断层界线；7.地表高程/m

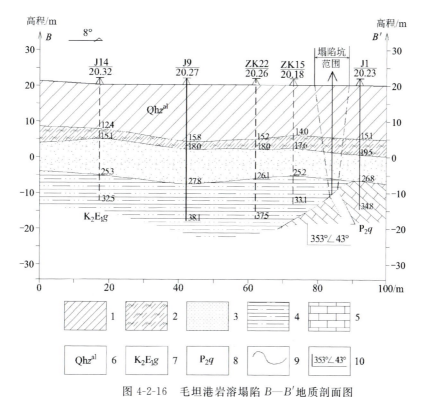

图 4-2-16 毛坦港岩溶塌陷 B—B′ 地质剖面图

1.黏土；2.淤泥质黏土；3.粉细中砂；4.粉砂岩；5.灰岩；6.全新统走马岭组冲积层；
7.白垩系—古近系公安寨组；8.中二叠统栖霞组；9.地层界线；10.岩层产状

3. 地下水特征

该塌陷区位于覆盖型岩溶与埋藏型岩溶交界地带，粉细砂层中赋存的孔隙承压水与碳酸盐岩中赋存的岩溶裂隙水之间，除了存在有厚 0.7~4m 的白垩系—古近系红砂岩为相对隔水层外，在灰岩与第四系接触的顶部往往分布有厚约 1m 的含碎石黏土，相对隔水。孔隙承压水含水层厚度 1.0~9.7m，含水顶板埋深 15.4~22.2m，平水期地下水位埋深约 3.8m。下伏岩溶裂隙水含水顶板埋深 24.7~39.1m，地下水位埋深约 15.3m。

本次在毛坦港小学塌陷区南侧布设 ZK1 号地下水自动监测孔于 2013 年 3 月以来岩溶水水位出现异常突变（图 4-2-17）。2013 年 3 月 5 日至 3 月 13 日，地下水位跳升近 6m，项目组迅速对该区进行了巡视，发现在监测孔南侧约 160m 处的佳兆业·金域天下 3 期施工工地正在进行详细勘察钻探施工。现场调查该钻探施工时间与水位剧烈波动时间吻合，推测水位跳升是由于该区域岩溶水为承压水，场区范围内数台钻机同时带水钻进，在钻至灰岩顶部联通岩溶裂隙后，循环水压力迅速传导致监测孔水位出现变化。本次调查未发现区域范围内有新的塌陷产生。

图 4-2-17　毛坦港 ZK1 自动监测孔（岩溶水）水位变化曲线图

2013 年 4 月 13 日下午 1 点 30 分至 2 点 30 分，ZK1 号地下水自动监测孔再次出现水位异常突变，变幅 3.68m。经现场调查，佳兆业·金域天下 3 期施工工地正在进行超前钻和桩基施工，在超前钻施工期间先后发生 3 处岩溶塌陷（表 4-2-8）。新塌陷位于毛坦港小学塌陷南侧，距其约 200m。

表 4-2-8　岩溶塌陷及岩溶水位异常信息简表

塌陷坑	塌陷时间	水位突变时间	突变前水位/m 水位峰值/m	最大水位变幅/m	相隔时间/h
1#	4 月 14 日	4 月 13 日 14:30	$\dfrac{5.86}{9.54}$	3.68	——
2#	4 月 17 日	无异常	——	——	——
3#	4 月 21 日	4 月 21 日 13:30	$\dfrac{6.05}{15.51}$	9.46	——
	4 月 24 日 15:30	4 月 24 日 12:30	$\dfrac{4.59}{12.6}$	7.01	3

在 3 个塌陷坑以东、以北有 4 个监测孔，其中施工区域以东的 A14、ZK1 水位变化明显，尤其施工区域以东约 187m 处 ZK1 水位变化特别明显，水位分别在 3 月 10 日、4 月 21 日、4 月 24 日有较大水位突增峰值，增幅分别为 5.26m、9.46m、7.01m。第四系孔隙水监测孔水位未见明显变化。

4. 成因分析

结合地面调查及访问情况,对形成地面塌陷的可能原因分析如下:

(1)自然因素。塌陷处位于武汉市武泰闸—三环线之间3条覆盖性碳酸盐岩条带的第③条带西侧约150m处,灰岩上覆红砂岩较薄且较破碎或者局部灰岩直接与第四系粉细砂接触。灰岩中岩溶发育较强。

该区域有两种地下水类型,即第四系孔隙承压水和岩溶裂隙水,且前者水位高于后者水位,水位差较大。该区域广泛分布极易产生渗透变形破坏的粉细砂层。

(2)人为因素。若灰岩中发育溶洞,在钻探等人为工程活动揭穿溶洞顶板时,钻探施工循环水以及第四系孔隙水向岩溶水渗透路径迅速减小,水力梯度超过临界值,粉细砂层渗透破坏,向溶洞运移,形成岩溶塌陷。

综上所述,分析认为该处岩溶塌陷是自然地质条件下人为活动诱发产生的。

四、岩溶地面塌陷治理对策

(1)在钻探过程中可采取增加造浆工作的措施,做好砂土层的护壁,减少塌孔,防止砂土流失,钻探结束后做好封孔工作,防止砂土随地下水通过钻探孔进入基岩中的溶洞内。

(2)在施工勘察等勘察项目中,合理安排施钻顺序,钻探孔距离应尽量拉大,尽量做到钻探结束一孔再施工一桩。

(3)工程施工前应全面分析已有地质资料,钻探时需时刻注意地表是否有变形迹象、地下水位是否有突变等岩溶地面塌陷发育征兆。

(4)基坑土方开挖和支护时,要查明开挖处的岩土体工程性质、上覆盖层性质和厚度、地下水埋深,以及了解岩溶发育程度等基本情况。

(5)要注意存在的土洞和岩洞,土洞一般与岩洞连通,是基坑涌水的重要原因,这种涌水会造成基坑周围土体瞬间失稳,对基坑施工安全产生极大的影响。

(6)勘察中加强对工程地质条件的分析,如存在上述环境地质条件时,对成孔工艺提出建议,应采用机械成孔,避免由于大量抽排地下水,导致水动力条件发生急剧变化,破坏岩土体应力平衡状态,从而产生塌陷。

(7)在抽水过程中要控制水位下降速度,应尽量避免一开始就大降深、过量集中开采地下水,而应控制抽水量,逐渐降低地下水位,缓慢改变地下水水动力条件,从而达到减少地面塌陷和保护环境的目的。特别在土层与基岩接触部位,水位下降一定要缓慢平稳,避免由于地下水快速下降而产生渗透力致塌、负压致塌、失托增荷致塌。

(8)对于连通性强的溶洞,采用灌注双液浆等方法,封闭溶洞间水力通道;采用吹砂、填充骨料、灌注混凝土、压力注浆等方法处理所有隧道底板以下0~10m,隧道侧壁0~5m范围,洞高2~5m的溶洞;采用压力注浆等方法处理所有隧道底板以下0~5m,洞高0.5~2m的溶洞;采用压力注浆等方法处理隧道经过的所有宽度大于2m的溶沟、溶槽。

第三节　软土地面沉降

一、软土定义

软土一般指外观以灰色为主,天然孔隙比大于或等于1.0,且天然含水量大于液限的细粒土。它包括淤泥、淤泥质土(淤泥质黏性土粉土)、泥炭、泥炭质土等。在不同地区软土类型及其物理力学性质均有所差异。工作区地质环境条件下软土多以淤泥质土为主,且常与粉土、粉砂组合(夹层、互层)。

分析所收集的资料,本次定义软土为孔隙比大于或等于1.0,天然含水量大于液限的淤泥、淤泥质土(淤泥质黏土、淤泥质粉质黏土、淤泥质粉土等)。

二、软土成因类型

工作区软土按沉积规律形成了相应的湖冲积相、湖沼相、河滩相三大类成因类型的软土,现将其发育分布规律及特征分述如下。

(1)湖冲积相:全新世河湖交替沉积背景下形成的一套湖冲积层。该层软土是由洪水通过分流或漫过河堤将悬浮物质沉积在河间洼地形成的。以上反映在沉积剖面上,软土以淤泥质土为主,且大多与粉土、粉砂不等厚互层。武汉市大部分软土均为此类软土,广泛分布于长江、汉江Ⅰ、Ⅱ级阶地。

(2)湖沼相:在低洼平原和湖泊地表部形成的近代湖积、湖滨堆积物,主要位于规模较大的湖泊四周。地表为湖滩沼泽,由湖积相淤泥或淤泥类土构成,部分湖泊如东西湖、太子湖因人工围垸排渍,改造成湖积洼地。湖沼相也包含了部分原池塘、鱼塘等塘积形成软土。

此类软土属淡水湖盆沉积物,在稳定的湖水期逐渐沉积,其沉积环境属静水沉积,且形成时代相对较新。主要特点为软土以淤泥为主,土体呈灰黑色、黑色,且含水量较高,有机质含量较高,往往富含螺壳及植物根茎。

(3)河滩相沉积软土:河水溢出河床后的沉积物经水流分选而形成,颗粒细小且均匀,具有一定层理。该类土体分布很不稳定,多呈夹层或透镜体零星分布于现代河床两岸。另有部分河滩相软土分布于古河道,武汉市古河道主要分布在汉口东西湖和武昌中南路、大东门一带。

表层因周期性出露于地表,土质得到干缩固结,形成表面硬壳层。软土常分布于硬壳层之下,土质一般为淤泥和淤泥质粉质黏土、淤泥质粉土等,局部夹薄层状或透晶体状的松散粉砂和一般黏性土层。该类型软土分布面积小且不稳定。

三、沉降成因分析

20世纪90年代,上海市中心城区地面沉降显著增加,近年来的研究认为大规模的城市建设是沉降加剧的主要原因,而城市化建设对地面沉降的影响主要体现在以下几个方面:①基坑开挖产生的土体变形;②基坑降排水引起的水位变化;③盾构隧道施工产生的地面变形;④施工动荷载及冲击荷载引起的地面沉降;⑤建筑物荷载带来的附加应力。

近10年来,武汉市的基础建设发展迅速,道路、桥梁、高层建筑以及地铁项目不断增加。截至2019年,已投入运营的轨道交通线路总长达到73.068km。建成的高层建筑几乎比20世纪建成的高层建筑的总和还要多。建筑荷载逐渐增大,而基坑开挖深度也在不断加深。

地面沉降的成因较为复杂,往往是多种因素共同作用的结果,结合武汉市的城市建设现状,引起沉降的原因包括外荷载作用、地下水位下降、基坑开挖及降排水、地铁隧道施工。

1. 外荷载作用

(1)建筑物荷载。随着武汉市建筑高层化,且建筑密度不断变大,建筑物荷载的强度和规模也在逐渐变大,对土层尤其是上部软土层的应力状态的改变越来越强。研究认为,距离建筑物1倍基础宽度范围内的地面沉降大于建筑物本身的沉降,地面变形沉降在密集高层建筑群之间存在叠加效应。另外,地面沉降还与建筑密度及容积率呈正比关系。同时,不断增加的城市路面铺设、高架桥的建设所形成的荷载也将对地面沉降造成影响。

(2)动荷载。武汉的机动车数量在近10年来不断增加,有报道称武汉市机动车拥有量已突破180万辆,这一数字还在以每月2.5万辆的速度递增,在不久的将来汽车保有量将越红线。而随着城市建设的进行,路面上的渣土车、商混车等重型车数量也长期保持在较高的水平。汽车数量的增加在造成交通压力的同时也增加了对公路周围路面循环荷载的强度和增长了时间长度。

随着地铁2号线的开通,武汉市也正式进入地铁时代,地铁埋深在16~47m之间,每条地铁线路在白天高峰期大概每3min发出一到两列列车,频率较高。地铁在运行时产生的振动荷载作为一种长时间往复施加的循环荷载,对地铁沿线的软土分布区内突出造成扰动,引起孔隙水压力的消散和土体固结,最终导致地面出现不同程度的沉降。

2. 地下水水位下降

武汉市地下水类型主要有松散岩类孔隙水、碎屑岩类裂隙孔隙水、碳酸盐岩类岩溶裂隙水等,区内地下水主要接受地表水体、大气降水、相邻含水层的侧向径流和下伏含水层的越流补给。20世纪地下水作为武汉市的生产生活用水的主要水源,由于不合理的开采方式及水源地的布局不当,导致地下水水位下降,土体自重压力增大,进而形成地面沉降。

3. 基坑开挖

武汉的深基坑开挖深度已达33m。研究表明,基坑开挖引起的沉降主要集中在开挖深度1~2倍的平面范围内,对于放坡开挖,边坡土体蠕变量较大。

此外,由于武汉市地下水位埋深较浅,深大基坑的开挖往往需要集中降排水,使基坑周边地下水位短时间急速下降,周围土体由于浮托力的突然消失也将导致周围地表沉降。

4. 隧道施工

进入21世纪,武汉市大力开展轨道交通建设,而地铁隧道施工主要采用盾构施工工艺。不同的施工工艺引起的沉降也不同,采用全闭胸挤压盾构推进时地面出现的凹坑可达1m左右;采用气压盾构或局部挤压盾构,地表沉降可控制在50mm左右;从横向变形看,盾构施工引起地表变形接近土体的破坏棱体,下沉影响范围为60~75m。

第四节 湖泊消退

武汉市历来有"百湖之市"的美誉,水孕武汉,泽被江城,武汉在长江、汉水与百湖的千年浸润中,形成了独具特色的湖文化。由于人类活动的不断加剧,大大地加速了湖泊的演化过程,使其生命周期迅速缩短。随着武汉市人口的增长与经济的快速发展,城市建设发展不断加快,造成大量河湖水域面积退缩甚至消失。武汉市在中华人民共和国成立初期,中心城区拥有 126 个湖泊,目前只有 40 个,以武汉市内环最大湖泊沙湖为例,由于不断的围湖工程建设以及填湖进行房地产开发,目前的沙湖面积不足中华人民共和国成立初期的一半。人类活动是加剧河湖消退的主要因素,围垦、筑堤以及填埋河湖直接改变了湖区的地表形态,削弱了湖泊的调蓄功能,增加了湖区防洪排涝的负担,破坏了湖泊的生态环境,影响了水产资源的自然增殖,也影响到水禽的栖息、繁衍,甚至直接影响该地区的气候环境。

一、武汉地区湖泊概况

(一)武汉湖泊的分布

在中华人民共和国成立初期,武汉市现辖区域内有大小湖泊近 500 个,大小池塘上万个,仅汉口地区就有大小湖泊 100 多个。据 2012 年武汉市水务局的统计数据,目前武汉全市中心城区和新城区湖泊有 166 个,其中武汉中心城区湖泊 40 个,湖泊总汇水面积为 5 925.2 km^2,正常水位时的湖泊水面总面积为 779 km^2。

由于长江、汉江的分割,武汉市湖泊群呈三分状态。长江以南低山丘岗与洼地相间分布,形成东湖、沙湖、严西湖、严东湖、北湖、竹子湖、青潭湖、豹澥湖、杨春湖、南湖、野芷湖、汤逊湖和远郊的黄家湖、青菱湖、野湖、梁子湖、斧头湖、牛山湖等众多湖泊;长江以北汉水以西与长江以南类似,低山与丘陵岗地相间分布,自东向西分布有月湖、墨水湖、龙阳湖、南太子湖、北太子湖、三角湖、珠山湖、汤湖、王家涉、小奓湖、官莲湖、张家大湖、沉湖、西湖等湖泊;江北汉水以东中心城区和近郊区地势低平,城市发展中湖泊消退快,近郊主要为原东西大湖围垦残余湖泊,目前存留较大的湖泊有东大湖、张毕湖、竹叶海、杜公湖等;远郊的黄陂、新洲两区位于大别山余脉和沿江平原交接区,湖泊主要有武湖、涨渡湖、安仁湖等。

受地形条件、江河分割和人工堤坝等影响,武汉市湖泊分布形成以若干大湖为中心的水系流域结构,奠定了武汉市湖泊空间分布的框架。武汉市主要的湖泊水系有东湖-沙湖水系、汤逊湖水系、北湖水系、汉口后湖水系、墨水湖-龙阳湖-南太子湖水系、东西湖水系、梁子湖水系、鲁湖-斧头湖-西梁湖水系、武汉水系、涨渡湖水系等。

从行政区划来看,武汉市中心城区湖泊有 40 个,其中武昌湖泊为 21 个,汉口湖泊为 12 个,汉阳湖泊为 7 个;武汉市新城区湖泊共有 126 个,其中东西湖区有 24 个,蔡甸区湖泊有 28 个,汉南区湖泊为 6 个,江夏区湖泊为 18 个,黄陂区湖泊为 21 个,新洲区湖泊为 11 个,武汉经济开发区湖泊为 15 个,武汉东湖高新技术开发区为 3 个。具体见表 4-4-1。

(二)湖泊的类型

武汉市地形以冲积平原、岗地和丘陵为主,北部有大别山余脉。总体来说,武汉地区湖泊的形成与演化受自然和人为因素的双重影响。

表 4-4-1 武汉地区湖泊总体行政区划分布表(据武汉市水务局,2012)

中心城区	武昌湖泊	东湖、内沙湖、外沙湖、紫阳湖、四美塘、晒湖、水果湖、北湖、严西湖、严东湖、车墩湖、五加湖、南湖、野芷湖、汤逊湖、黄家湖、青菱湖、野湖、杨春湖、竹子湖、青潭湖
	汉口湖泊	鲩子湖、塔子湖、西湖、北湖、小南湖、菱角湖、后襄湖、机器荡子、张毕湖、竹叶海、金湖、银湖
	汉阳湖泊	月湖、莲花湖、墨水湖、龙阳湖、南太子湖、北太子湖、三角湖
新城区	东西湖区湖泊	杜公湖、金银潭、巨龙湖、月牙湖、小罗晒、下银湖、上金湖、黄狮海、墨水湖、东银湖、北晒湖、幺教湖、山西湖、龙王湖、杨四泾、潇湘海、釜湖、泥达湖、甘家澨、李家澨、肖家澨、马投潭、东大湖
	蔡甸区湖泊	后官湖、王家涉、小奓湖、沉湖、西湖、官莲湖、张家大湖、桐湖、许家赛、独沧湖、金龙湖、金鸡湖、大茶湖、龙家大湖、金堆湖、崇仁湖、白莲湖、湘沉潭、小官莲湖、东北湖、石洋湖、小金鸡赛、笔砚湖、瓦家赛、莲花湖、庙汉湖、长洲赛
	汉南区湖泊	湾湖、坛子湖、前拦湖、杀牛海湖、鬼神潭湖、桂子湖
	江夏区湖泊	梁子湖、斧头湖、上涉湖、鲁湖、金口后湖、道士湖、郭家湖、王浪湖、神山湖、前湖、西湖、宋家启、乾湖、杨蒋湖、坪塘湖、军区湖、枯竹海
	黄陂区湖泊	武湖、什仔湖、后湖、任凯湖、麦家湖、新澨湖、汤仁海、盘龙湖、长湖、张斗湖、金潭湖、西赛湖、李家大湖、小菜湖、安汉湖、汤湖、童家湖、姚子海、马家湖、项家汊、胜家海
	新洲区湖泊	涨渡湖、柴泊湖、七湖、安仁湖、朱家湖、陶家大湖、三宝湖、鄢家湖、汪湖汊、曲背湖、兑公咀湖
	武汉经济开发区湖泊	硃山湖、川江池、汤湖、万家湖、烂泥湖、状元湖、下善湖、竹林湖、龙湖、中山湖、牛尾湖、西北湖、上乌丘、柱木湖、无浪湖
	武汉东湖高新技术开发区湖泊	牛山湖、豹澥湖、严家湖

武汉地区的湖泊成因类型主要如下。

(1)河间洼地湖:系长江及其支流如汉江之间低洼地积水而成的湖泊,在这些低洼地的中心地带,湖泊呈串珠状分布。

(2)岗边湖:河漫滩后缘与外围岗地之间的低积水而形成的湖泊,如南湖、长湖、童家湖(白水湖)等。这类湖泊多分布于泛滥平原与其外围台地的接触部位。

(3)壅塞湖:系小河注入大河在其入口处壅塞成湖,如武昌东湖、武湖等,这些湖泊多分布于长江、汉江沿江地带。

(4)构造湖:因地质构造运动造成地表发生断裂出现凹陷,凹陷的地方逐渐蓄水形成湖泊。

(5)河谷沉溺湖:受新构造运动沉降影响,江水倒灌,河口淤塞,沉降洼地积水而形成的湖泊,介于河成湖和构造湖之间的一种类型,如梁子湖、鲁湖、斧头湖等。

(6)牛轭湖:平原地区的河流会因为水流对河道的冲刷与侵蚀致使河流愈来愈弯曲,最后导致河流自然截弯取直,原来弯曲的河道废弃形成所谓的牛轭湖。武汉地区该类湖泊主要分布在长江、汉江两岸,系河曲发展过程天然或人工截弯取直而形成的。

(7)河堤决口湖：由河流自然堤溃口时洪水强烈冲刷而在决口扇扇脚下形成的渊塘或深坑。该类湖主要分布在长江、汉江以及东荆河两侧决口扇前缘。湖泊一般面积较小，但相对较深，成群出现，呈扇裙状分布，其排列方向指示溃口时洪水的冲刷方向。

由于地质地貌条件的差异，武汉市湖泊从成因上看具有明显的地域差异性。武昌区、洪山区、江夏区、新洲区湖泊以壅塞湖、河谷沉溺湖为主，江岸区、江汉区、硚口区、汉阳区、东西湖区、蔡甸区、汉南区、黄陂区的湖泊以河间洼地湖为主，成因类型的差异与武汉周边地理位置和周边地理环境有关。

(三)湖泊基本特征

1. 湖盆形态特征

(1)湖泊水深不大。武汉市湖泊多属于浅水型湖泊，中水位时平均水深一般以2m为主，最深处也只有6m，洪水位时水深不超过8m。以目前武汉最大的湖泊梁子湖为例，中水位时平均水深为2.4m，最大水深4.5m，历史最高洪水位时水深13.7m。

(2)湖底平坦，湖岸线变化大。武汉地区由于湖泊水深较浅，湖底平坦，故遇到湖水量增加或者减少时，湖面便发生明显的扩张或者退缩。岸线变化大主要表现在涨水时汪洋一片，退水时洲滩裸露，岸线曲折。

(3)湖底淤泥厚，有机质含量高。武汉地区湖泊多淤泥，一般厚度为1~2m，较大的湖泊淤泥厚度可达4m。

(4)湖泊类型不同，湖岸线特征不同。如泛滥湖泊岸线平直单一，沉溺型湖泊岸线曲折，壅塞湖则兼具两者特点。

2. 湖泊的水文特征

(1)湖泊水位及其变化。20世纪50年代末期以前，各大中湖均为通江敞水湖，内湖水位变化与流域降水或者上流来水有关外，主要取决于外江水位的涨落起伏，其基本规律为3~4月份湖泊水位慢慢上升，5月份长江干流进入汛期，水位上涨速度加快，7~8月湖泊水位最高，10月份后湖泊水位下降，2月份出现最低水位。20世纪70年代后湖区内大规模建立机电排水站后，内湖水位基本实现了人为控制，一般水位年变化为1~2m。

(2)湖水温度。武汉市湖泊的年平均水温一般为17~18℃，全年平均约6个月水温高于20℃，最高月均达30℃，最低月均4℃左右。

(3)湖泊水质状况。在开展水质监测的87个湖泊中，2014年资料显示，水质符合Ⅱ类标准的仅3个，分别为斧头湖、梁子湖和牛山湖，符合Ⅲ类标准的有豹澥湖、蔡甸西湖和鲁湖3个湖泊，即目前只有6个湖泊达到了可以游泳的标准，其他开展监测的81个湖泊水质均为Ⅳ类至劣Ⅴ类水。

(四)存在的主要问题

城市湖泊是重要的城市水体形态，是城市湿地的重要组成部分，在人类活动的强度干扰下，湖泊数量锐减，水面萎缩，已经成为城市湖泊演变的普遍现象，严重影响了湖泊对城市的生态服务功能。目前武汉市湖泊主要存在以下问题。

(1)湖泊数量锐减。据武汉市水务局统计，中华人民共和国成立初期，武汉市现辖区域内有大小湖泊近500个，大小池塘上万个，仅汉口地区就有100多个大小湖泊。2002年时武汉市还剩下200多个湖泊，到2012年只剩下了160多个。其中，消失最快的是中心城区，由中华人民共和国成立之初的127个湖泊到现在仅保留了40个，这个昔日的"百湖之城"早已名不副实。

(2)湖泊水域面积急剧缩小。资料显示，过去的近30年间，武汉市城市建设总面积增加了200多平方千米,但湖泊面积却减少了近230km²,2010年武汉湿地面积由2000年第一次普查时的3 358.35km²(占市域面积的39.54%),减少到3 195.85km²,净减少162.5km²。最初内沙湖有1275亩(1亩≈666.67m²),如今只剩下119.85亩,不到之前的1/10。据统计,纳入管理的38个中心城区湖泊,自1995年以来,这38个湖泊的总水面减少了10.83km²,相当于25个沙湖的水面消失了。

(3)湖泊库容量急剧下降。由于自然和人为因素,湖泊淤积严重,部分湖泊逐渐沼泽化,有些湖泊已成藕塘。再加上人为因素造成的水土流失,生产生活污水的沉积物使湖泊进一步变浅,湖泊蓄水能力大大降低。现在武汉市湖泊、塘堰的容积量只有约$41×10^8 m^3$,比不上一个密云水库。

(4)湖泊生态系统遭到破坏。近30年以来,城内湖泊不断淤塞、污染以及大规模的围垦种植与工程建设填湖,致使湖泊调蓄容量急剧减少,原有的江湖连通格局和蓄泄关系遭到严重的破坏,城区原有的水、陆、空生态格局遭受严重破坏,影响了城区正常的气候变化,工程建设填湖改变了湖泊流域下垫面的性质,影响水分蒸发、降水、风速、湿度以及大气温度等气象学因子,有可能诱发或加剧局部地区灾害性天气的发生或发展,诱发或加剧城市热岛效应。

二、武汉地区湖泊演化分析

(一)分析资料与方法

系统收集了武汉地区1965年、1973年和2000年的1∶5万地形图资料以及2011年的高分辨率快鸟卫星影像(分辨率为0.61m),基于地理信息系统平台提取了不同时期地形图和影像数据中的湖泊形态特征以及湖泊面积等参数,从而可以分析不同时期湖泊总面积的演化趋势。

本次分析的区域范围为6幅1∶5万的图幅范围。图幅名称分别为茅庙集幅、横店镇幅、汉阳幅、武汉市幅、金口镇幅和武昌幅,总面积约为2700km²。这6个图幅范围基本上包含了武汉市中心城区和主要的都市发展区,研究成果可为后续的城市科学规划及发展提供参考。

(二)湖泊总体演化趋势及特点

1.武汉市湖泊总体演化趋势

通过对1965年、1973年和2000年的地形图资料以及2011年的高分辨率快鸟卫星影像进行分析,所提取的湖面总面积如表4-4-2所示。

表4-4-2 武汉地区湖泊总面积变化情况　　　　　　　　　　　　　　　　　　　　单位:km²

时间	1965年	1973年	2000年	2011年	湖泊面积累积变化量
湖泊总面积	343.2	278.8	277.6	248.7	减少95.2

由表4-4-2可以看出,在1965年至2011年期间,研究区内的湖泊总面积减少95.2km²,减少约27.8%。另外,从图4-4-1中可以看出武汉市湖泊总面积的变化大致经历了3个阶段:①在20世纪60年代和70年代间,湖泊总面积和总数量急剧下降;②在20世纪70年代至2000年期间,湖泊面积保持相对稳定;③自2000年至今,湖泊面积再次出现快速下降。

这与武汉市的城市化建设与发展进程完全吻合:

(1)在20世纪50年代至70年末,由于粮食短缺,武汉市开展一次声势浩荡的填湖造田和围湖造塘运动,同时为了抵御洪水的肆虐,使湖泊水系连通适应生产生活的需要,修建了大量的堤防,改变了湖泊水系自然连通状况。

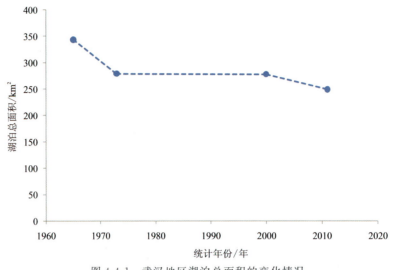

图 4-4-1　武汉地区湖泊总面积的变化情况

(2)在20世纪70年代末至90年代末,武汉市湖泊面积保持一个相对稳定的时期,此阶段武汉市一方面尚未开始大规模的城市化建设,另一方面工程建设用地充足,尚没有必要填湖造地。

(3)自2000年至今,武汉城市建设进入了高速发展期,特别是工程建设和房地产开发等的需要,开始了一次大规模的填湖造地、向湖泊借地的运动,武汉地区的湖面积又进入一个快速减少的时期。

2. 湖泊演化特征

在分析总体武汉市湖泊总体演化趋势的基础上,笔者对一些典型湖泊进行了数据分析和详细的实地调查。通过调查发现,武汉地区的湖泊演化主要有如下特征:

(1)面积较大的湖泊相对稳定,湖泊面积较小的湖泊易消退。汉阳幅在1965年至2011年期间湖泊面积减少最多。这主要是因为汉阳图幅范围内湖泊数量多且湖泊面积相对较小,面积较小的湖泊自然淤积程度严重,更利于围垦,且汉阳图幅区域大部为新型经济开发区,城市建设造成填湖现象严重;武昌幅和武汉市幅范围内湖泊主要为东湖、南湖、汤逊湖、青菱湖、黄家湖等面积较大的湖泊,湖泊面积相对稳定。

(2)偏远郊区湖泊消退时期主要体现在20世纪60年代左右,近期湖泊面积相对稳定。以农田占总面积80%以上的茅庙集图幅为例,从1965年至1973年间,湖泊总面积从42.7km²减少到30.7km²,减小12km²,而从1973年至2011年,湖泊面积仅减小了2.5km²。分析其原因,主要为偏远地区工程建设少且规模不大,湖泊面积相对稳定。

(3)近10年中心城区湖泊面积保持相对稳定,新城区湖泊面积急剧减少,主要是由于武汉市政府加强对中心城区的湖泊保护,对湖岸线进行了相应的改造工作,湖岸线保持相对稳定,中心城区湖泊水域面积才能得到有效保证。然而,新城区由于大量的工程建设,如修路、新建厂房、房地产开发等都会有填湖现象发生,从而造成新城区湖泊面积急剧下降。

三、湖泊演化成因及环境影响分析

(一)演化成因分析

有关武汉城市湖泊面积逐渐减小的原因,国内学者们开展了若干研究:王肇磊(2013)认为主要是城市经济、交通的发展建设,房地产的开发利用、洪水冲塞以及保护利用措施的不当引起的;段凯敏(2013)

指出 20 世纪 70—80 年代的填湖造地和围湖养鱼,90 年代的市政建设和房地产开发以及近年来巨大利益的驱动分别是不同阶段的主因;王芳(2005)则指出城市化建设进程中的利益驱动是主因;张毅等(2010)则指出近百年以来,围湖造田是湖泊面积锐减的主要原因。通过本文研究区内的数据分析,并结合现场调查,笔者认为武汉地区湖泊消退主要有以下 3 个方面:

(1)湖泊的自然淤积。河湖承泄坡地排水和田间的涝水,由于毁林造地、过度垦植等引起的水土流失,水中挟带的泥沙在河湖沉积。另外,河边树叶、杂草等其他杂物腐烂沉积,使河床不断淤高。特别是小型河湖常年水流速度几乎为零,淤积速度更快,河床以每年一定速度淤高。加之许多湖泊都未能及时进行清淤,使河湖淤积越来越严重,绝大多数河湖处于消亡的边缘。目前,大部分河湖淤积相当严重,湖泊容量逐年降低,使部分湖泊基本失去了应有的作用,一些湖泊已变成藕塘或沼泽地,正逐渐走向消亡。以武汉的东湖为例,通过对东湖水下地形及淤泥厚度的扫描发现,东湖最大淤泥厚度为 4m,平均淤泥厚度为 1.06m,淤泥总量达到 3 522×10^{4}m^3,是东湖库容的 20%。

(2)填湖造田或围湖造塘。这主要表现在围湖造田、造塘,增加耕地面积和池塘养殖面积。围垦造成湖泊水域面积急剧减小主要体现在 20 世纪 60—70 年代,当时由于粮食短缺,粮食产量低,开展了大量的填湖造田和围湖造塘工程来增加食品的补给。在本次调查中,诸多沿湖四周分布的大量鱼塘和地势明显较低的农田,就是湖泊转垦的有力证据。以月牙湖为例,月牙湖位于武汉市东西湖区走马岭街十三支沟,又称双大湖。1958 年走马岭农场建成后,因该湖形状似月牙,故改名为月牙湖,初期湖水面积约 1200 亩,20 世纪 80 年代地质志记载为 700 多亩,现仅有 460 亩,面积减少近 2/3。目前该湖已沦为私人承包的藕塘,湖四周均为鱼塘包围,平均水深约 1m,湖泊功能正逐渐消失,并有消亡的危险。

(3)工程建设填湖。在城市发展建设中,为了解决用地不足的问题,开始进行大规模的填湖造地运动,特别在厂房建设、市政工程和房地产开发领域表现尤为突出。例如,北太子湖位于汉阳区芳草路与三环线交会处,武汉市三环线将北太子湖分了东、西两部分,湖平均水位为 20.25m,平均水深 1.8m。在 20 年纪 60 年代以前,北太子湖水域面积约 11.33km^2,1965 年新建四新农场,后更名为武汉良种场,面积只剩下 0.823km^2;1966 年 5 月,武汉市组织在北太子湖围湖造田,湖泊水域面积锐减。20 世纪 70 年代以后,武汉市的湖泊面积相对稳定,至 2000 年时,北太子湖面积还有 0.705km^2。进入 21 世纪后,武汉市的工程建设加快了北太子湖的退缩,特别是武汉三环线以实体地基从湖中穿过,一方面修路直接填湖,另一方面三环线将北太子湖分成两部分,致使两侧湖水不能流通。三环线东北侧的湖泊水域面积逐渐萎缩,已变成一片水塘,且由于附近工程建设不断填湖,水塘面积越来越小,已近消亡。

对于造成湖泊的退缩的原因,一般情况都是以上 2 种或者 3 种因素综合作用的结果。图 4-4-2 表示什湖不同时期的面积变化情况,1965 年至 1973 年面积减少了 3.795km^2,1973 年至 2000 年面积变化不大,2000 年至 2011 年面积减少了 2.171km^2。从 1965 年至 2011 年,什湖总面积减少了 5.968km^2,减少了 91%。因什湖位于武汉市郊区,工程建设较少,造成湖泊退缩的原因为湖泊的淤积、填湖造田或围湖造塘以及修建防洪堤坝等。图 4-4-3 列出了南太子湖不同时期的影像数据,从影像数据上可以明显看到湖泊面积的急剧退缩,分析其退缩原因,上述 3 种因素都有。近 10 多年来,造成湖泊退缩的主要原因还是工程建设。

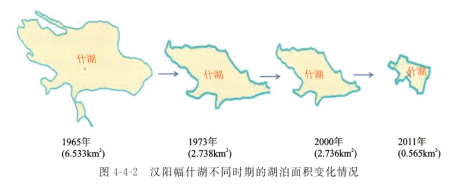

1965年　　　　　1973年　　　　　2000年　　　　　2011年
(6.533km^2)　　(2.738km^2)　　(2.736km^2)　　(0.565km^2)

图 4-4-2　汉阳幅什湖不同时期的湖泊面积变化情况

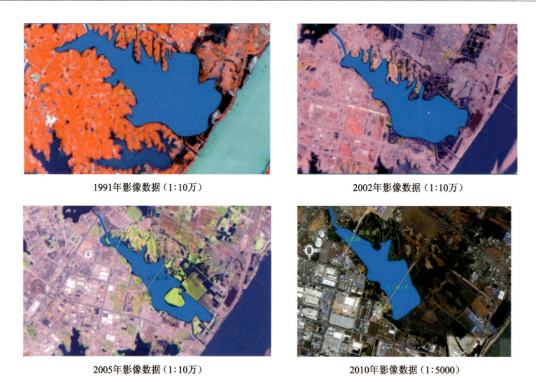

图 4-4-3　南太子湖不同时期影像数据

(二)环境影响分析

从武汉地区城市湖泊演化现状来看,将对城市的环境带来一系列的影响:

(1)城市洪涝灾害加剧。河湖的淤积与消亡,使滞蓄洪水量减少,主干河湖的洪量加大,从而使防洪形势更为严峻。例如 2016 年 7 月因持续暴雨造成武汉城区大面积、大范围的城市渍水问题,与武汉地区湖泊消退,调蓄能力大大降低有着直接的关系。

(2)灌溉引水及居民生活用水困难。河湖的退缩和消亡,又使地区蓄水能力减少,降水径流利用率降低,加之有些河水污染严重,灌溉及生活可用水减少,特别是干旱季节几乎无水可引。

(3)城区、乡村及农田排水不畅。河底的淤高,抬高了河水位,使地势低洼的地区排水困难,从而发生涝灾和农作物渍害;部分河湖的消亡,使城市和乡村原来依靠排水的出路丧失,加之地下排水系统不健全而引起城市和农田发生大面积的积水情况,道路因积水严重而无法通行,给城市和农村居民生产和生活带来了极大的不便。

(4)地下水资源进一步恶化。大量河湖淤积和消亡,使地区拦截降水径流的能力显著减少,蓄积径流量降低,从而非汛期对地下水资源的补给量减少;其次,地表水资源数量的减少和污染,必将会大量采集利用地下水资源,引起地区地下水资源的恶化和地面沉陷。

(5)地区环境的改变。大量河湖的减少和淤积,必然带来地区蓄水量的减少,周围空气的湿度相应降低。另外,水体升温和降温均较慢,广阔的水体在一定程度上具有调节气温的作用,大量河湖的消亡使适合于农作物生长及人类生存的温湿小环境改变的破坏。

总体来说,近 30 年以来,城内湖泊不断淤塞、污染以及大规模的围垦种植与工程建设填湖,致使湖泊调蓄容量极具减少,原有的江湖连通格局和蓄泄关系遭到严重的破坏,城区原有的水、陆、空生态格局遭受严重破坏,影响了城区正常的气候变化。工程建设填湖改变了湖泊流域下垫面的性质,影响水分蒸发、降水、风速、湿度以及大气温度等气象学因子,有可能诱发或加剧局部地区灾害性天气的发生或发展,诱发或加剧城市热岛效应。

四、建议

通过对研究区域内湖泊演化现状进行分析发现,由于近几十年来,人们不合理的填湖造田、围湖造塘、经济开发以及泥沙的自然淤积等,武汉市湖泊数量和总面积均急剧减小,这势必使武汉市洪涝灾害进一步加剧,灌溉引水及居民生活用水更加困难、地下水资源进一步恶化、武汉地区环境明显改变等一系列后果。要将武汉市建设成为"滨水生态绿城"和"国家生态园林城市",对武汉市湖泊整治工作将显得尤为重要。笔者在此提出以下几点整治建议:

(1)加强湖泊保护的监管力度。通过制定相应的湖泊保护法律法规,做到有法可依,严厉执法;严禁排污,截断一切污染源,确保清水入湖。

(2)严格控制对湖泊及湖泊周边的开发利用。控制人工养殖,对于中心城区湖泊,禁止进行人工养殖,对于郊区湖泊,要有效控制养殖规模;杜绝任何形式的填湖行为,特别是工程建设、房地产开发等严禁填湖,对穿过湖泊的道路,应以高架桥的形式通过。

(3)充分开展湖泊整治及保护措施。对沿湖四周鱼塘或水塘进行统一整治,将湖与塘连为一体,扩大湖泊水域范围;对湖岸线进行整治,及时清淤,修建沿湖景观道;在可能的情况下,应多修建人工水渠连接临近区域的湖泊,使湖泊保持流动状态;湖岸线及沿湖景观道作为社会公共资源,应将其从小区或者私人住宅区中独立出来。

(4)提高市民的湖泊保护意识。充分利用电视、报刊、广播、宣传栏、公众号等各种途径,加大湖泊保护宣传力度,提高武汉市民的湖泊保护意识。

第五章　地质资源

第一节　地质资源综述

　　城市的形成和发展,除与它获取外界各种资源难易程度的地理位置、交通条件等有关外,还与本城市地质资源的丰富程度密切相关,地质资源对城市的影响贯穿在城市发展的各个阶段。虽然城市不同的发展阶段对地质资源的需求是不同的,但建材非金属资源、水资源和土地资源永远是城市化进程过程中的重要保障。

　　水是城市的血液,清洁的淡水资源是城市诞生和发展的必要条件。土地资源则是人类赖以生存的和发展的物质基础,也是城市建设的载体。土地资源量的多少对城市的形成、发展、布局和城市职能发挥等具有决定性的作用。城市的可持续发展以土地、水、建材等地质资源在内的自然资源作为物质基础,但随着城市化进程的加快和经济的迅速发展,自然资源开发给城市带来的负面影响也越来越突然,并造成一定的环境污染,生态平衡受到破坏,部分地区已经开始给人类造成一些意想不到的灾难。要合理的开发利用资源,加强对各种资源的保护和管理,一方面要使现有的资源得到合理的开发利用,促进经济发展,另一方面使潜在的资源免受人类经济活动的过多损害,保证整个系统的生态平衡。

　　武汉市的地质资源主要有地下水资源、矿产资源、地下空间资源、地质景观资源等,下面分别加以阐述。

第二节　地下水资源

一、城市供水源区划分

（一）供水源区划分

　　区内地下水资源丰富,根据调查成果和已有地质资料的分析,将工作区划分为 10 个供水源区,即武昌区建设村-梨园村（①）、汉口城区舵落口-后湖乡（②）、汉阳新生砖瓦厂-十里铺村（③）、东西湖野猪湖-遮湖岗-吴家山（④）、东西湖柏泉-马池墩大队（⑤）、江夏区石咀村-青菱乡（⑥）、江夏石咀村-大桥乡-方咀村（⑦）、谌家矶-黄陂区林场（⑧）、东西湖-黄陂东山林场-十里棚村-长堤村（⑨）、汉南乌金-黄陵矶闸（⑩）（图 5-2-1）。其中,有 6 个水源区已经开展了水资源量计算评价,且常年在开采,其他 4 个水源区为现场调查确定的远景水源地。按图幅工作要求,水源区的边界进行了重新圈定,水文参数进一步得到补充,故对每个水源区都计算地下水资源,包括地下水资源量和地下水可开采量。

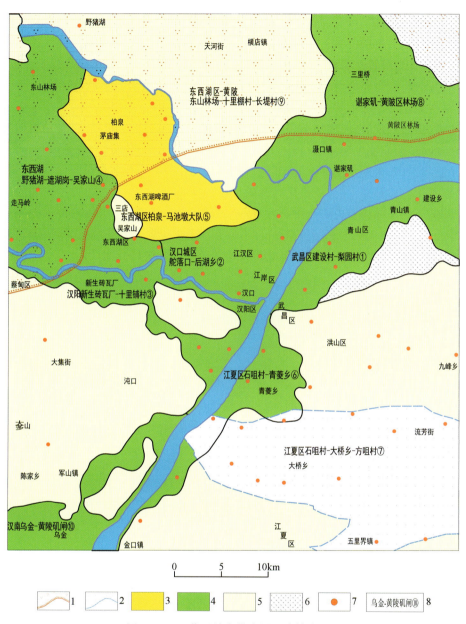

图 5-2-1 工作区城市供水源地计算分区图

1.下伏白垩系—新近系(K—N)供水源地;2.下伏石炭系—三叠系(C—T)供水源地;3.第四系上更新统(Qp^3)供水源地;
4.第四系全新统(Qh)供水源地;5.隔水层;6.透水非含水层;7.水文孔;8.供水源地名称及编号

地下水资源量是指有长期补给保证的地下水补给量的总量。本区地下水资源量主要由大气降水入渗补给量,长江、汉江的渗入补给量,相邻含水岩组地下水的越流补给量和侧向径流补给量4种组成。

地下水可开采量是指在经济合理的条件下,不发生因开采而造成地下水位持续下降、水质恶化、地面沉降等环境地质问题,不对生态环境造成不利影响的、有保证的可开采地下水量。

地下水开采资源模数是指在不使开采条件恶化、不引起严重环境地质问题的条件下,单位时间内允许从单位面积含水层中抽出的最大水量,数值上等于地下水可开采量除以开采区面积。

(二) 水文地质模型概化

计算区内大面积的水田、鱼塘、湖泊及上更新统黏性土中所含的孔隙水,在水头差的作用下,向下渗入补给主要含水层,因上更新统黏土层垂向渗透系数很小,补给量较小,可将地表水田、鱼塘、湖泊和黏性土孔隙水一并概化为上覆孔隙潜水。对于下伏无下含水层处可认为下弱透水层垂向渗透系数极小。四环线详勘钻探揭露,在汤逊湖大桥乡至流芳街段湖水通过沉积砂层与下伏岩溶裂隙水水力联系较为密切,在计算时候概化层地表水垂直入渗补给。

在临江边界,据前人资料,江底切穿含水岩组顶板,但未切穿至底板而形成非完整河补给,将长江、汉江概化为已知水位的非完整河补给边界。府河未切穿含水层,无密切水力联系。

在北部茅庙集区、东南部江夏区、西南部沌口经济开发区一带为中更新统黏土层,透水性差,为天然隔水边界,全区下伏志留系黏土岩,故概化其为隔水边界。

东西湖西部、新洲东部边界由于天然条件下,地下水流向与边界平行,故也按已知流量为零的二类边界条件处理。计算区内孔隙含水层、裂隙孔隙含水层分布广,饱水带厚度大,地下水流动符合达西定律,大都为层流,水位随时间变化,地下水运动可视为二维非稳定流(图 5-2-2)。

1. 武昌城区

建设村—梨园村地区主要含水岩组为全新统孔隙承压含水岩组,厚 6.73~40.80m,顶板埋深 7.5~23.6m。其上局部地段赋存孔隙潜水,其下伏有相对隔水的白垩系—古近系红色砂岩,北部下伏为隐伏中下三叠统嘉陵江组碳酸盐岩。

大气降水入渗补给上覆孔隙潜水含水层,继而又越流补给全新统孔隙承压水。因长江底切穿含水岩组顶板,但未切穿至底板,形成非完整河补给,故将长江概化为已知水位的非完整河补给边界。全新统孔隙承压水与下伏碳酸盐岩类岩溶裂隙水存在互补关系。地下水排泄主要是枯水期、平水期向长江排泄及少量人工开采排泄。

2. 汉口城区

舵落口—后湖乡主要含水岩组为全新统孔隙承压含水岩组,厚 14.90~48.19m,顶板埋深 8.30~27.83m。上局部地段赋存孔隙潜水,下伏有相对隔水的志留系黏土岩、页岩和白垩系—古近系红色砂岩。

地下水补给由湖泊、鱼塘及潜水的向下越流补给,而丰水期在沿江一带则有江水的渗入补给。地下水排泄主要是枯水期、平水期向长江排泄和人工开采排泄。

3. 汉阳城区

新生砖瓦厂—十里堡村一带主要含水岩组为全新统孔隙承压含水岩组,厚 3.38~44.50m,顶板埋深 10.09~19.13m。上为全新统孔隙潜水;下主要由志留系页岩形成隔水底板,而在中南轧钢厂—建港一带下伏碳酸盐岩裂隙岩溶含水岩组,两者地下水水力联系密切。

地下水主要通过上覆孔隙潜水,间接接受大气降水补给,其次丰水期沿江一带有江水渗入补给,中南轧钢厂—建港一带全新统孔隙承压水与下伏碳酸盐岩类岩溶裂隙水存在互补关系。地下水排泄以人工开采排泄及枯水期向长江排泄为主。

4. 东西湖区

(1)野猪湖-遮湖岗-吴家山含水岩组为全新统孔隙承压含水岩层,厚 4.94m,顶板埋深 8.04~40.31m。上部覆盖全新统孔隙潜水含水岩组,局部地段下伏新近系裂隙孔隙承压含水岩组。地下水主

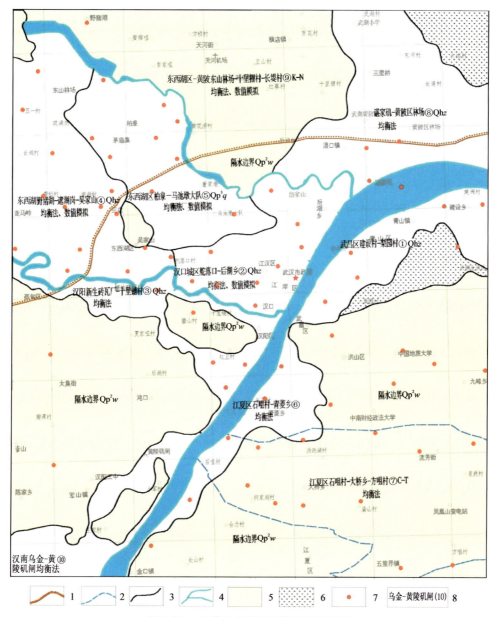

图 5-2-2　工作区水源区计算分区示意图

1.白垩系—新近系(K—N)含水岩组界线;2.石炭系—三叠系(C—T)含水岩组界线;3.第四系含水岩组界线; 4.水系界线;5.隔水层;6.透水非含水层;7.水文孔;8.水源区编号及说明

要接受境外相同含水岩组地下水的侧向径流补给,其与上部孔隙潜水、下部新近系裂隙孔隙承压水存在水力联系,可以接受自上、自下的越流补给。

(2)柏泉-马池墩大队含水岩组为上更新统孔隙承压含水岩层,厚 7.10～30.31m,顶板埋深 12.50～33.14m。上覆上更新统黏土层,为天然隔水顶板,下伏白垩系—新近系(K—N)裂隙承压含水岩组。府河未切穿含水层,补给量小。

5.江夏区

石咀村—青菱乡一带含水岩组为上更新统孔隙承压含水岩组,厚 10.40～19.80m。北部下伏有相对隔水的白垩系—新近系(K—N)黏土岩,南部下伏为第⑥岩溶条带岩溶裂隙水。中部为志留系隔水岩组。西侧长江与含水层水力联系较为密切。

该含水岩组与武昌区水源区地下水测压水位有较大水位差时,亦会产生向下入渗补给,但补给量极小。

石咀村—大桥乡—方咀村一带含水岩组为石炭系—二叠系(C—T)、三叠系(T)碳酸盐岩类岩溶裂隙水,为第⑤岩溶条带长江以东部分,含水层顶板埋深34.31~58.44m。按岩溶发育特征,岩溶水主要赋存于埋深20~50m之间。地下水主要接受大气降水通过两侧剥蚀残丘裸露基岩中的裂隙渗入补给。含水岩组与地表水汤逊湖水力联系较为密切,同时据动态观测资料显示,岩溶水与长江水也存在相互补给的特点。

6. 黄陂区

谌家矶—黄陂区林场一带含水岩组为第四系全新统(Qh)孔隙承压含水层,厚度一般为19.32~60.00m,顶板埋深10.00~50.17m。Ⅰ级阶地含水岩组上部覆盖第四系全新统承压含水组,Ⅱ级阶地含水岩组上部覆盖上更新统黏土层,岗状平原区含水岩组上部覆盖中更新统黏土层,下伏相对隔水的白垩系—古近系碎屑岩。

地下水主要接收孔隙潜水的越流补给及境外相同含水岩组的侧向径流补给。

7. 东西湖区—黄陂区

东山林场—十里棚村—长堤村含水岩组为白垩系—新近系(K—N)裂隙承压含水组,厚14.73~26.39m,顶板埋深10.08~36.27m。上部覆盖上更新统黏性土,下伏新近系黏土岩和志留系砂质黏土岩,构成含水岩组的顶底板。

地下水主要接受境外地下水的侧向径流补给及少量的堰塘、湖泊等地表水的垂向越流补给。

8. 汉南区

乌金—黄陵矶闸一带主要含水岩组为全新统孔隙承压含水组,厚13.58~44.85m,顶板埋深10~35m。上部覆盖全新统孔隙潜水含水组,下伏相对隔水的志留系页岩和白垩系—古近系红色砂页岩。

地下水主要接受孔隙潜水的越流补给以及区外地下水的侧向径流补给,而丰水期在沿江一带,则有江水的渗入补给。

二、城市远景供水源区地下水资源评价

水资源计算是建立在构建的水文地质结构模型的基础上,首先分析已有的地质三维模型,结合水文地质图及水文勘探孔,对地质模型进行优化及概化,建立含水层三维结构模型,按水文地质参数进行分区计算。图5-2-3、图5-2-4为东西湖区结构模型。

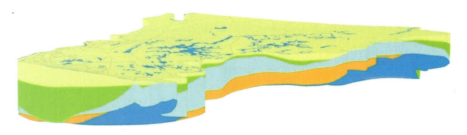

图5-2-3 东西湖区第四系孔隙承压含水层结构模型

注:自上而下分别为黏土层、第四系全新统孔隙承压水、第四系上更新统孔隙承压水和白垩系—新近系裂隙水含水层。

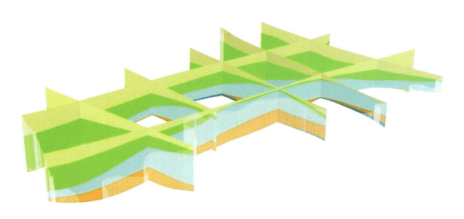

图 5-2-4　东西湖区第四系孔隙承压含水层结构模型(剖切)

注：自上而下分别为黏土层、第四系全新统孔隙承压水、第四系上更新统孔隙承压水和白垩系—新近系裂隙水含水层。

(一)地下水水资源评价

1. 评价方法选择

地下水资源量采用水动力学法进行计算。可开采量分别采用均衡法、有限单元法、"R—C"电网络模拟法进行计算。

2. 评价结果

含水岩组渗透系数 K、导水系数 T、弹性释水系数 S、上覆弱透水层垂向渗透系数 $K_上$、下伏弱透水层垂向渗透系数 $K_下$、大气降水入渗系数 a，是进行地下水资源计算和评价必须的水文地质参数。水文地质参数主要依据多种方法的野外试验和室内试验确定。

武汉市地下水资源量 $19\,911\times10^4\,\mathrm{m}^3/\mathrm{a}$，计算成果见表 5-2-1。

表 5-2-1　工作区地下水资源量计算成果表

编号	行政区	含水岩组面积/km²	地质时代	位置	地下水资源量/($\times 10^4\,\mathrm{m}^3\cdot\mathrm{a}^{-1}$)
①	武昌城区	97.3	Qhz	建设村—梨园村	1290
②	汉口城区	125.45	Qhz	舵落口—后湖乡	2981
③	汉阳城区	82.11	Qhz	新生砖瓦厂—十里铺村	560
④	东西湖区	246.46	Qhz	野猪湖—遮湖岗—吴家山	3997
⑤	东西湖区	166.72	$Qp^3 x$	柏泉—马池墩大队	367
⑥	江夏区	75.95	Qhz	石咀村—青菱乡	2357
⑦	江夏区	308.98	C—T	石咀村—大桥乡—方咀村	2480
⑧	黄陂区	223.95	Qhz	湛家矶—黄陂区林场	326
⑨	东西湖区—黄陂区	788.52	K—N	东山林场—十里棚村—长堤村	3912
⑩	汉南区	77.92	Qhz	乌金—黄陵矶闸	1641
	合计	2 193.36			19 911

(1)武昌城区:地下水主要为全新统孔隙承压水,地下水资源量 $1290\times10^4\,\mathrm{m}^3/\mathrm{a}$,水量中等—丰富。

(2)汉口城区:地下水主要为全新统孔隙承压水,地下水资源量 $2981\times10^4\,\mathrm{m}^3/\mathrm{a}$,水量中等—丰富。

(3)汉阳城区:地下水主要为全新统孔隙承压水,地下水资源量 $560\times10^4\,\mathrm{m}^3/\mathrm{a}$,水量中等。

(4)东西湖区:地下水主要为全新统孔隙承压水、上更新统孔隙承压水。地下水资源量共计 $3997\times10^4\,\mathrm{m}^3/\mathrm{a}$,水量丰富。

(5)江夏区:地下水主要为全新统孔隙承压水、石炭系—三叠系岩溶裂隙水,地下水资源量共计 $4837\times10^4\,\mathrm{m}^3/\mathrm{a}$,水量丰富。

(6)黄陂区:地下水主要为第四系全新统孔隙承压水,地下水资源量 $326\times10^4\,\mathrm{m}^3/\mathrm{a}$,水量较贫乏。

(7)东西湖-黄陂区:地下水主要为白垩系—新近系裂隙承压水,地下水资源量 $3912\times10^4\,\mathrm{m}^3/\mathrm{a}$,水量一般丰富,天河机场以东一带水量较贫乏。

(8)汉南区:地下水主要为第四系全新统孔隙承压水,地下水资源量 $1641\times10^4\,\mathrm{m}^3/\mathrm{a}$,水量一般丰富。

(二)地下水可开采量

工作区地下水可开采量 $12\,125.14\times10^4\,\mathrm{m}^3/\mathrm{a}$,计算成果见表 5-2-2。

表 5-2-2　工作区地下水可开采量、可开采模数一览表

编号	行政区	地下水开采资源模数 /[$\times10^4\,\mathrm{m}^3\cdot(\mathrm{km}^2\cdot\mathrm{a})^{-1}$]	地下水资源量 /($\times10^4\,\mathrm{m}^3\cdot\mathrm{a}^{-1}$)	位置	地下水可开采量 /($\times10^4\,\mathrm{m}^3\cdot\mathrm{a}^{-1}$)
①	武昌城区	20.75	1290	建设村—梨园村	983.12
②	汉口城区	29.51	2981	舵落口—后湖乡	1 354.5
③	汉阳城区	58.25	560	新生砖瓦厂—十里铺村	320
④	东西湖区	80.15	4364	野猪湖—遮湖岗—吴家山,柏泉—马池墩大队	3 195.1
⑤	江夏区	52.01	4837	石咀村—青菱乡,石咀村—大桥乡—方咀村	3 480.4
⑥	黄陂区	12.26	326	谌家矶—黄陂区林场	93
⑦	东西湖区—黄陂区	59.87	3912	东山林场—十里棚村—长堤村	1 943.12
⑧	汉南区	13.5	1641	乌金—黄陵矶闸	755.9
	合计	326.3	19 911		12 125.14

(三)可开采量保证程度分析

根据《武汉市区供水水文地质详查报告(1∶5万)》《湖北省武汉市地下水资源调查与开发区划报告》《湖北省武汉市黄陂区地下水资源调查与开发区划报告》《湖北省武汉市新洲区地下水资源调查与开发区划报告》,地下水开采条件下的补给量计算结果见表 5-2-3。

表 5-2-3　工作区地下水开采条件下补给量统计表　　　　　　　　　　单位：$\times 10^4 \mathrm{m}^3 \cdot \mathrm{a}^{-1}$

地下水计算区	越流补给量	侧向径流补给量	江水渗入补给量	降水入渗补给量	合计
工作区	8051	335.5	8560	7153	24 099

工作区可获取的越流补给量 $8051\times 10^4 \mathrm{m}^3/\mathrm{a}$，侧向径流补给量 $335.5\times 10^4 \mathrm{m}^3/\mathrm{a}$，江水渗入补给量 $8560\times 10^4 \mathrm{m}^3/\mathrm{a}$，降水入渗补给量 $7153\times 10^4 \mathrm{m}^3/\mathrm{a}$，总补给量 $24\ 099\times 10^4 \mathrm{m}^3/\mathrm{a}$。其中，通过接受大气降水补给的潜水向下越流补给量占33.4%，江水渗入补给量占35.5%，降水入渗补给量占29.7%，侧向径流补给量仅占1.4%。以上说明地下水在开采条件下，主要消耗地下水系统以外的补给量。工作区地下水可开采量为 $12\ 125.14\times 10^4 \mathrm{m}^3/\mathrm{a}$，因此工作区是有补给保证的，且该开采量也是适宜的。

第三节　矿产资源

一、矿产资源概况

工作区内矿产有砖瓦用黏土、矿泉水、建筑用砂岩、高岭土、建筑用灰岩、耐火黏土、煤炭、玻璃用砂岩、冶金用石英岩等(表5-3-1)。丰富的矿产资源为城市经济建设的发展提供了得天独厚的条件。

表 5-3-1　工作区矿床(点)统计表　　　　　　　　　　单位：个

矿种	规模及数量				工作程度				
	中型	小型	矿点	合计	勘探	普查	踏勘	简测	合计
砖瓦用黏土	3	67		70				70	70
矿泉水	1	2		3				3	3
建筑用砂岩	4	20	3	27	2	1		24	27
高岭土		1		1			1		1
建筑用灰岩		2	1	3				3	3
耐火黏土		1	1	2			2		2
煤炭		1		1				1	1
玻璃用砂岩	2			2				2	2
冶金用石英岩	1			1		1			1
合计	11	94	5	110	2	2	3	103	110

二、矿产资源分布特征

(一)能源矿产

工作区能源矿产为煤矿，仅有1处，为蔡甸区陈家山井田。

蔡甸区陈家山井田(JK14)位于工作区西部蔡甸区陈家乡南南西方向约1000m处,构造部位处于武汉台褶束次级褶皱之官莲湖向斜核部。煤层产出于上二叠统龙潭组中,含煤地层岩性为碳质页岩、粉砂岩及碳硅质页岩等,地层产状175°∠15°,含煤3层,煤层一般呈透镜状产出,煤层不稳定,煤层厚0~3m,一般厚0.45m,煤层间隔4~7m。煤层内一般有厚0.4~1.47m的夹矸。煤层顶底板为黑色碳质页岩、粉砂岩。埋藏于地下数十米,地表被第四系更新统王家店组残坡积层覆盖,地表见采矿的废弃老硐。组分以凝胶化物质和半丝碳化物质为主,类型为半亮—半暗型无烟煤。原煤质一般为水分1.7%、灰份33%~45.3%,可燃性挥发分13%~17.17%,发热量9 382.8~27 921.6J/g,多为21 000J/g,全硫6%~7%,一般可作为民用和动力燃料。

(二)冶金辅助原料矿产

区内冶金辅助原料矿产有冶金用石英岩和耐火黏土2种,共3处矿产地(表5-3-2)。

表5-3-2　工作区冶金辅助原料矿产资源一览表

编号	名称	矿种	产出层位	规模	成因类型	工作程度
WC22	江夏区八分山石英岩矿区	冶金用石英岩	D_3y	中型	沉积型	普查
JK1	蔡甸大集九如桥耐火黏土矿区	耐火黏土	$Qp_2^{w^{edl}}$	小型	残坡积型	简测
WC16	江夏区凉马房耐火黏土矿区	耐火黏土	P_3l	矿点	沉积型	踏勘

1. 冶金用石英岩

江夏区八分山石英岩矿区(WC22)位于工作区南部江夏区八分山南700m。矿层赋存于泥盆纪云台观组下部,呈似层状产出,长约1km,宽数百米,厚度20~42m。矿层内夹5~20层厚约1.5m的粉砂岩、页岩。矿石为浅灰色—灰白色厚层石英砂岩,呈中—细粒砂状结构、镶嵌结构、块状构造。地层产状170°∠10°。矿层顶板为含铁细粒粉砂岩,底板为石英砾岩,矿物成分以石英为主,含少量赤铁矿、电气石、褐铁矿等。矿石品位:SiO_2 97.93%、Al_2O_3 0.9%、CaO 0.17%、Fe_2O_3 0.48%,耐火温度1750℃。

2. 耐火黏土

工作区耐火黏土矿共2处,分布于江夏区凉马房及蔡甸大集,矿层产于上二叠统龙潭组及中更新统王家店组。

江夏区凉马房耐火黏土矿区(WC16)位于工作区南部江夏区二龙东100m。矿体呈透镜状赋存于上二叠统龙潭组底部,现已风化呈残坡积物,矿体长约50m,厚3~5m,赋存于残坡积黏土中。矿石为水云母高岭石黏土,呈深灰色—灰白色,泥质结构,主要矿物为水云母、高岭石,含少量石英。矿石品位:Al_2O_3 25.6%、Fe_2O_3 1.03%、SiO_2 58.74%、烧失量5.55%,耐火温度1630℃,干压强度4.9kg/cm²,湿压强度0.39kg/cm²。

(三)建筑材料矿产

区内建筑材料矿产有砖瓦用黏土、建筑用砂岩、建筑用灰岩、高岭土、玻璃用砂岩5种,共103处。

1. 砖瓦用黏土

砖瓦黏土矿是工作区蕴藏丰富的矿产,查明矿产地70处,遍布武汉市各地。主要产于中—上更新统及全新统沉积层中。

(1)中更新统砖瓦黏土矿。矿体呈似层状产出,长200~1000m,宽100~600m,厚度一般为3~9m。

物质组成以褐黄色、棕红色黏土为主,次为含粉砂质粉质黏土,具网纹状、蠕虫状构造。粉粒级(>0.005mm)含量一般为50%~60%;黏粒级(<0.005mm)含量一般为35%~40%。黏土塑性指数13.3~23.9,一般为15~20;流限34.4%~48.3%,一般为38%~48%;塑限21.1%~31%,一般为21%~23%。化学成分:SiO_2 57.85%~68.33%、Al_2O_3 14%~15%、Fe_2O_3 5%~7%、$MgO<2\%$、$CaO<2\%$。

(2)上更新统砖瓦黏土矿。矿体呈透镜状产出,为褐黄色—褐红色黏土,长数百米,宽200余米,厚3~5m。矿层顶板为全新统腐殖土层,底板为古近纪泥质粉砂岩。化学成分:SiO_2 64.25%、Al_2O_3 16.54%、Fe_2O_3 7.49%、Na_2O+K_2O 为1.81%。

(3)全新统砖瓦黏土矿。矿体呈透镜状产出,长400~700m,宽200m左右,厚2~5m,沿走向变化较大。物质组成为灰黄色黏土、粉质黏土,矿层底板为含砾粉土。极细砂粒级(0.1~0.05mm)含量13%~17%;粉粒级(0.05~0.005mm)含量一般为27%~40%;黏粒级(<0.005mm)含量一般为43%~60%。黏土塑性指数17.9~24;流限44.5%~55%;塑限17.9%~24%。化学成分:SiO_2 56%~68%、Al_2O_3 14%~18%、Fe_2O_3 6%~7%、$MgO<2.6\%$、$CaO<2\%$。

2. 建筑用砂岩

工作区建筑用砂岩矿产地共27处,是分布极广泛的矿产之一,在黄陂区、蔡甸区、江夏区、汉阳区及洪山区均有出露。

矿体呈层状赋存于上泥盆统云台观组中,一般长500~1000m,厚25~30m,最厚达50m。矿层倾角一般为30°~60°。矿体内常有3~4层数十厘米厚的黏土岩夹层。矿石为微红色—灰白色石英岩状砂岩,中—细粒砂状结构及镶嵌结构,块状构造。岩石抗压强度700~2304kg/cm²,相对密度2.63~2.68,吸水率0.26%~0.71%,容重2.44~2.62g/cm³。主要化学成分:$SiO_2>95\%$、$Al_2O_3<1\%$、$Fe_2O_3<0.5\%$、$P_2O_5<0.035\%$、$CaO<0.2\%$。

3. 建筑用灰岩

工作区建筑用灰岩矿产地共3处,集中分布在洪山区和江夏区。

赋存于下石炭统高骊山组、上石炭统黄龙组及中二叠统栖霞组中,为浅灰色—灰白色中厚层灰岩、灰色—深灰色中—厚层状生物灰岩、泥质灰岩。矿物成分以方解石为主,地层倾角35°~50°,厚度15~50m。平均品位:$CaO>54\%$、$Fe_2O_3<0.31\%$、$MgO<0.58\%$。

4. 高岭土

工作区高岭土矿产地共1处,位于汉阳区。

矿体产于上泥盆统云台观组、黄家磴组及中上二叠统孤峰组中,为沉积作用形成。呈似层状、透镜状产出,长150~1300m,厚0.9~30m。矿石呈灰色—灰白色,泥质结构,块状构造。矿层分布稳定,矿石质量较好,矿石品位:Al_2O_3 13.61%~20.72%、Fe_2O_3 2.38%、SiO_2 63.74%、TiO_2 0.66%~0.88%。高岭土是武汉市目前较为紧缺的陶瓷原料。

5. 玻璃用砂岩

工作区玻璃用砂岩矿有2处,均为中型规模,分布于蔡甸区大军山和江夏区八分山。

矿层呈层状产于上泥盆统云台观组中下部,可分为上、下两个矿层,矿层长600~1000m,厚8.03~27.05m,上矿层质量最佳,两矿层间隔0.3~5.35m,夹层为含黄铁矿粉砂岩、细砂岩、含铁质泥质粉砂岩等。矿层倾角一般较缓(10°~25°)。上矿层顶板为含铁质泥质粉砂岩,下矿层底板为砾岩、含砾细粒石英砂岩。矿石为中细粒砂状结构,块状构造。主要矿物成分为石英,次为硅质岩屑、黏土矿物、电气石等。矿石品位:SiO_2 96.08%~99.12%、Al_2O_3 0.24%~2%、Fe_2O_3 0.08%~0.38%、P_2O_5 0.004%~

0.015%、CaO 0.05%～0.63%、Na_2O+K_2O 0.06%～0.49%。

（四）其他矿产

工作区其他矿产主要为矿泉水。矿泉水以含一定量的有益人体健康的矿物质、微量元素、游离二氧化碳气体而有别于普通地下水。这种水没有受到外来的污染，不含热量，是人类理想的保健饮料。

工作区内有3处矿泉水（表5-3-3），其中东西湖武汉玉屏山饮用天然矿泉水（MMJ01）和东西湖严家渡地下矿泉水（HY2）水质为含锶偏硅酸重碳酸钙钠镁型饮用天然矿泉水，含水层均为上更新统孔隙含水层；洪山马鞍山矿泉水（WH7）水质为含锶的重碳酸钙型饮用天然矿泉水，含水层为中二叠统孤峰组裂隙岩溶含水层，日涌水量为200～240 m^3。

表5-3-3 工作区其他矿产资源一览表

编号	名称	矿种	产出层位	规模	矿床类型	工作程度
MMJ01	东西湖武汉玉屏山饮用天然矿泉水	矿泉水	$Qp_3^3x^{1al}$	小型	孔隙水	简测
HY2	东西湖严家渡地下矿泉水	矿泉水	$Qp_3^3x^{1al}$	小型	孔隙水	简测
WH7	洪山马鞍山矿泉水	矿泉水	P_2g	中型	裂隙水	简测

三、矿产资源开发利用情况

工作区矿产资源评价应充分考虑到武汉地区经济发展特点，做到有效保护、合理开发利用矿产资源与城市生态环境保护相结合。以国内、省内、市内紧缺矿产资源为重点，以成矿地质条件为基础，以成矿远景区划和近年地质勘查成果为主要依据，加强基础性、公益性地质调查和战略性矿产资源勘查，实现与公益性、战略性矿产资源勘查的有机衔接与协调发展，提高地质勘查程度和矿产资源的可供性。重点在于增强矿产资源开发与山水园林型城市建设的协调能力，主要以提供有利的后续替代开采地、满足矿山开采区域调整的需要为目标。

（一）矿产资源潜力与优势

工作区矿产资源具有以下三大特点：①以建材类和冶金辅助原料类非金属矿产为主，缺乏石油、煤、天然气、铁矿、化工原料等支柱性矿产；②主要矿产资源集中度较高，但矿床规模偏小，多数为小型；③主要矿产资源易开采，交通及加工便利，但由于生态环境保护的要求极高，矿山开采的总体技术经济条件较差。

区内现有的各类矿产中，建筑用砂岩、建筑用灰岩、熔剂用灰岩、冶金用石英岩、玻璃用砂岩5种矿产的资源储量相对较丰富，且现有开发利用量较大，对应的矿山企业较多，是武汉市目前处在开发利用中的主要矿种，但其开采多数与武汉市建设山水园林型城市的总体要求和部署有较大冲突，须对其严格限制开发利用，因此不具持久优势。黏土矿探明资源量丰富，用途较单一，主要为制砖瓦用，对生态环境影响大，为不具潜在优势的矿产。

（二）矿产资源的开发利用与保护

贯彻落实科学发展观，按照"环境优先、保障急需、科技先行、因地制宜、统筹规划、发挥优势、突出重点、规模开采、集约利用、协调发展"的总体思路，以保护生态环境为大局，以武汉市山水园林型城市、国家级森林城市建设为重点，以资源为基础，以市场为纽带，以矿产品后续加工利用产业为优势，节约利用各类矿产资源,促进矿业的持续健康发展,保障矿产品的永续供给,构筑与武汉市社会经济发展相适应的矿业开发利用格局。

1. 开发利用方向

按矿石质量、用途分级、分类使用各类矿产,实行优质优用,禁止优质劣用。对特殊优质矿产和资源保证程度差的矿产实行保护性限量开采和限量使用。

武汉市矿产开发利用规划规定禁止开采煤炭、可耕地砖瓦用黏土等矿产,限制开采矿种有熔剂用灰岩、冶金用石英岩、耐火黏土、水泥用灰岩、水泥配料用黏土、玻璃用砂岩、建筑用砂、建筑石料用砂岩、矿泉水等。

对限制开采矿种,应严格控制采矿权总数,还要严格控制其开采的地点和面积。属国家和省实行总量调控的矿种必须实行年度计划管理,要优先保证武汉市急需的矿产,如熔剂用灰岩、水泥配料用黏土、玻璃用砂岩等的开采。

2. 开发利用保护措施

在武汉市矿产开发利用规划的前提下,通过关、停、并、转、改等方式,尽早形成新的、适应武汉市社会经济发展态势和生态环境保护要求的矿山开采格局。

熔剂用灰岩:优先保留开采矿种,优先保证武钢熔剂用灰岩的开采利用。

冶金用石英岩为规模开采矿种。八分山冶金用石英岩开采矿区(位于江夏青龙山风景区内)于2004年停采,其他地区目前尚未发现有利开采地段。处于风景区内的矿产禁止开采。

建筑用砂岩、建筑用灰岩:需重点整合矿种,通过关、停、并、转、改等方式,整合或关闭市域内相关各区的小矿,大力减少现有矿山数目,实现矿山的规模化开采和生态环境有效的保护。

3. 矿产资源开发环境安全评价

(1)矿山生态环境问题极为突出,治理乏力。在开发过程中,忽视矿山生态环境,多数矿山及周边地区植被、景观、土地、水均衡等经常遭受不同程度的破坏,直接影响了当地居民的正常生活和其他生产秩序,与武汉市山水园林型城市建设冲突较大。多数矿山"三废"(废液、废气、废渣)排放率难以达标、矿山恢复治理率和土地复垦率低,局部地区水源、大气、土地受到严重破坏,严重的粉尘污染、土地侵占与砂化、矿区涌水与地下水断流等矿山生态环境问题,在一些矿山开采集中地区特别突出;一些矿山开采集中地区还存在较突出的地面塌陷、地面沉降、山体开裂、崩塌、滑坡、泥石流、尾矿库溃坝等次生地质灾害。由此可知,武汉市矿山生态环境治理的任务将是一个长期而艰巨的工程。同时要注意的是,民众目前对矿山环境问题一般都十分关注,因此此问题往往会带来无法预料的社会反响。

(2)矿产资源利用方式粗放,资源利用率低。多数矿山重开发、轻保护、采主弃副、采易弃难、乱采滥挖等资源破坏问题较为突出。仍有一些个体和集体矿山在设备、技术、工艺、管理等方面较差,经营粗放,效率低,事故多,矿山生态环境恶化,资源利用率低。其中建筑用灰岩、建筑用砂岩等大矿开采中的"多、小、低、散、差"状况尤为明显。

四、矿产资源需求及开发利用形势

1. 矿山地质工作较薄弱

多数开采矿区的矿山地质工作尚不规范,矿山地质工作不系统、不连续,资料形成不全面、保存不完整,矿产资源综合勘查、研究程度不高。

更为迫切的是,受勘查投入资金不足的影响,现有多数矿山开采普遍所依据的是通过地质简测所形成的资料,勘查范围局限,勘查程度普遍较低,矿区人为分割严重,矿区保有资源储量的精度和准确性较差,严重影响了矿产资源的开发利用,也极易导致资源的破坏和浪费。

2. 矿山环境恢复与治理任务艰巨

因矿山开采,局部地区的大气、水源、土地受到严重影响。矿山及周边地区植被、景观、土地、水均衡等遭受不同程度的破坏,"三废"达标排放率、矿山生态环境恢复治理率和土地复垦率仍较低,恢复与治理任务艰巨。武汉市多数地区砖瓦用黏土的开采利用均存在侵占耕地现象。

3. 矿产资源利用方式粗放,资源综合利用率低

目前,重开发、轻保护、采主弃副、采富弃贫、采易弃难、重采轻掘、乱采滥挖等现象仍未得到根本改观,仍存在较大的资源浪费和破坏。武汉市在开采利用砖瓦用黏土、建筑用砂岩等矿产方面仍处于"多、小、低、散、差"状态。一些小矿山设备、技术、工艺、管理落后,经营粗放,效益低,同时也引发了安全事故多发、矿山环境持续恶化等问题。

4. 矿产资源管理尚存在一些薄弱环节

执行矿业法规、规划、政策、标准体系的力量还较薄弱,管理力度有限,矿产资源利用的宏观调控和监督力度不够。矿政管理格局方面仍存在一些与社会主义市场经济体制不适应的地方,部分管理功能尚不健全。矿产资源资产化管理还处于起步阶段,矿业权市场发育迟缓。重微观轻宏观、重审批轻审查、重发证轻监管、重开发轻保护、重眼前轻长远等现象仍然存在。

第四节　地下空间资源及适宜性评价

城市地下空间如同地表土体和地下矿产一样,是一种宝贵的自然资源,在城市地表空间拥挤的情况下,地下空间的开发利用工作也更加迫切。近几年来,武汉市经济建设步伐不断加快,城市面貌日新月异。武汉市正处于高速发展阶段。随着经济建设的发展,武汉市进入了高层建筑建设和地下空间开发的高峰期。旧城区改造、房地产开发,商务综合体、超高层建筑建设,加上城市规划市政工程,如地铁、过江隧道等大型地下工程及其他建设项目相继开展,城市建设进入了新阶段。但武汉市地质背景条件复杂,如规划、建设、管理得不合理,易遭受地面沉降、地面塌陷等地质灾害事故,无序、不合理的开发地下空间会对地铁、隧道等市政工程的安全运营造成一定的影响。

本章从地质背景条件入手,首先阐述影响地下空间开发利用的地质环境问题,然后对武汉市地下空间资源开发适宜性进行评价。

一、影响地下空间开发利用的地质环境问题

工作区为浅覆盖区,第四系厚度一般为20~40m,最薄处南部低丘基岩裸露,最厚处在长江Ⅰ级阶地,中南路和汉阳国博中心,厚度超过70m(图5-4-1)。武汉市为地貌形态集低丘-岗地-平原于一体,复杂的地质背景条件决定了影响地下空间开采的因素多种多样,如地形地貌、土体压缩性、岩体风化层度、

岩溶发育特征、地下水腐蚀性、人类工程活动等。经前文综合分析,确定主要有地下水、软土、断层和岩溶地面塌陷4个因素影响着区内地下空间开发。

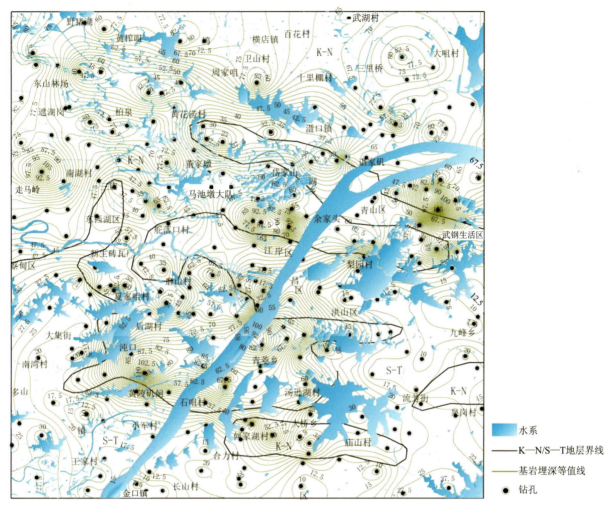

图 5-4-1 工作区第四系厚度图

(一)地下水对地下空间开发的影响

影响地下空间开发的含水层主要为潜水含水层 H①、第四系全新统孔隙承压含水层 H②、第四系上更新统孔隙承压含水层 H③(图 5-4-2)。H①含水层埋藏深度基本位于 0~15m 之间,H②、H③含水层埋深基本介于 10~55m 之间。不同深度的开发空间均处于饱水的含水层中。

以往地下空间开发的经验表明,在地下水位埋深较浅的地区开挖基坑、隧道,建筑抗浮压力设计不当或采取措施不当,容易造成地下水基础破坏,地下水进入基坑,容易造成流砂、边坡失稳、地基承载力下降等不良现象,易产生安全事故。基坑开挖至坡底后由于上部土体的卸载,坑底被承压水顶破而发生涌砂、隆起的危险。有的内部基坑土体由于发生了较大的位移,出现影响邻近建筑物的安全等异常情况。

在地下空间开发利用过程中,地下水是导致基坑、隧道不稳定的最主要的影响因素之一,而粉土及砂土层是主要含水层,水量丰富。黏性土层为相对隔水层,水量小。地下空间开发过程主要控制粉土、砂土层中的地下水。

由于各含水层埋藏于地表下不同深度,而不同深度含水层地下水有其自身的水头压力,尤其以箱型

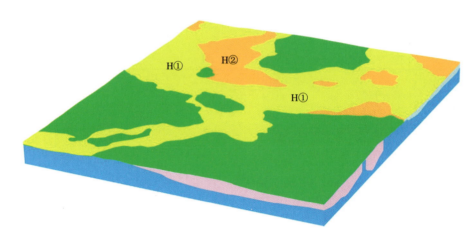

图 5-4-2 H①、H②含水层分布区示意图

基础更为明显。当不同深度的基坑及隧道开挖过程中,坑底将受到地下水水压力的影响。以往经验表明,一般基坑深度小于 15m 时,主要受潜水地下水影响。当基坑深度大于 15m 时,除潜水外,还受承压含水层地下水影响。如果坑底所受承压水浮托力大于上覆隔水层的土压力时,说明基坑不稳定有产生突涌的可能,应降低承压水水头和降低高度来满足设计、施工要求。

H②、H③含水层顶板埋深,当基坑开挖超过一定深度,坑底下地基土不足以抵抗承压水水头压力时,则有基坑突涌的可能,应降低承压水水头和降低高度来满足设计、施工要求。另外,在地铁、隧道施工过程中,当涉及承压含水层时,由于水头具有承压性,如盾构土舱压力小于承压水水头压力时,则会发生喷水、冒砂事件,将造成很大危害,因此应充分重视。

本次调查对全区 73 个水文孔进行了水位统测,重点监测了 H②、H③含水层。测量最高水位并编制水位埋深线,为抗浮水位设计提供依据。

(二)软土对地下空间开发的影响

区内软土分布较为普遍,主要分布在长江、汉江的Ⅰ级阶地和Ⅱ级阶地中,在武汉市东西湖区、汉阳墨水湖、武昌东湖以西、北湖以北区域其含水量高,压缩性大,灵敏度高,渗透系数小,抗剪强度低,工程性质较差,容易受到地下水位下降、建筑物荷载及动荷载的影响,伴随而来的是各种地质灾害。近些年地面塌陷、软土地面沉降等现象极为普遍。

按照软土塑性、液限指标将软土对地下空间开发的影响进行了划分,分为影响大区、影响中等区和影响小区(图 5-4-3)。

地下空间开发过程中,软土对其影响主要表现在以下几个方面。

(1)在外荷作用下压缩变形量大,易产生较大的沉降和不均匀沉降。一般软土层厚度越大、压缩性越高,沉降量越大。

(2)软土层抗剪强度低,基坑开挖坑壁难以直立,因此基坑超过 3m 后一般需采取围护措施,根据开挖深度及周围环境,需设置一道或多道支撑。

(3)具有明显的流变特征,对于基坑工程,开挖时易产生侧向变形和剪切破坏,导致支护结构变形或边坡失稳;对于隧道工程,软土流变及次固结变形会导致隧道纵向和横向的长期缓慢变形,且变形收敛时间长。

(4)具有明显的触变特性,若土体受到扰动或震动而影响土体结构,会使强度骤然降低,从而导致土体沉降或滑动,使地下空间施工的安全度降低。

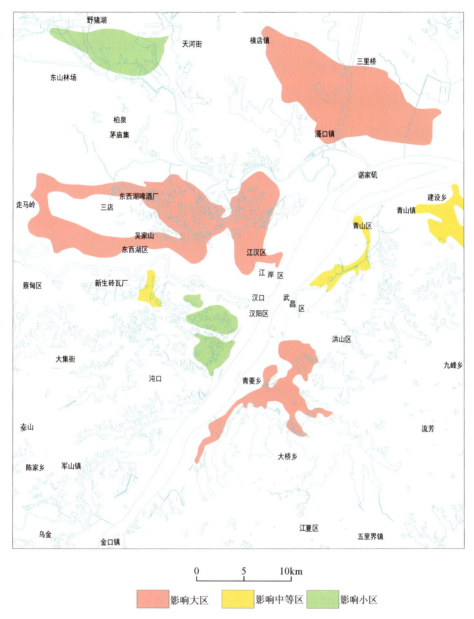

图 5-4-3　工作区软土分布及对地下空间开发利用影响分级图

（三）断层对地下空间开发的影响

工作区南部为扬子区台地、北部为秦岭区,发育有近东西向的褶皱带,北北东向断裂极为发育,构造作用下岩体较为破碎,对地下空间开发影响较大。本次评价为 50m 以浅,工作区属于浅覆盖区,北西大部地区基岩构造隐伏于第四系堆积物和红层以下,构造对地下空间开发影响小;南部基岩埋深浅,武昌区、沌口区局部基岩零星出露,构造对地下空间开发影响大。主要构造分布及埋藏深度如图 5-4-4。

（四）可溶岩对地下空间开发的影响

区内可溶岩以近东西向展布,占地面积超过 756km², 占区内面积 28%（图 5-4-5）。区内可溶岩类型包括裸露性、覆盖型和埋藏型。岩溶地质条件复杂,岩溶区分布范围较广,特别是隐伏岩溶区面积较大,在自然和人为两方面诱发因素作用下,极易发生岩溶地面塌陷。岩溶地面塌陷这一地质灾害在时间上

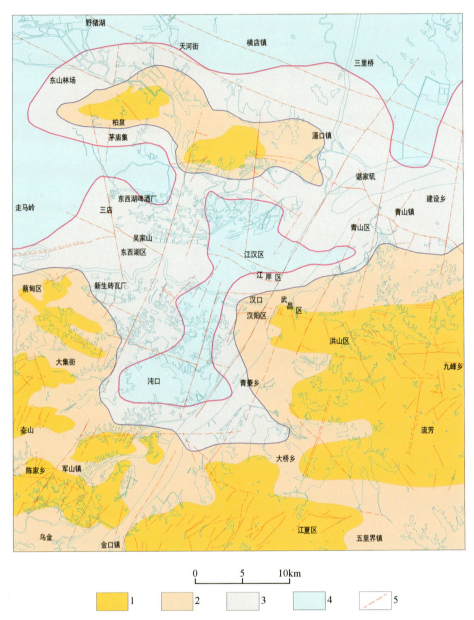

图 5-4-4 断层分布埋深及对地下空间开发利用影响分区图
1.影响大区(断层埋深 0~15m);2.影响较大区(断层埋深 15~30m);
3.影响中等区(断层埋深 30~50m);4.影响小区(断层埋深>50m);5.断层

具有突发性,在空间上具有隐蔽性,准确地预测预报存在极大难度。在目前城市建设用地日益紧张的情况下,建筑物密度和高度越来越大,城市建设不断向地下空间扩展,岩溶地质环境的特殊性也越来越影响地下空间的开发。

由于地下工程埋深大,通常已深入基岩层,加之地铁、隧道等工程线路长、施工面积大,而且基坑土方开挖和支护,地下工程施工对岩溶地质条件影响更大。破坏上覆第四系盖层、改变地下水渗流场、增强地下水水力联系、破坏基岩层岩体结构和力学性质、增加了碳酸盐岩溶蚀速率和面积以及裂隙等岩溶通道,施工产生振动等诱发岩溶地面塌陷,这些影响在地下工程施工中得到集中体现。

岩溶区一般采用的桩基础主要有钻孔桩、冲孔桩。因受场地地下水动力条件的改变和施工冲击振动等的影响,由桩基础施工引起的岩溶地面塌陷时有发生。

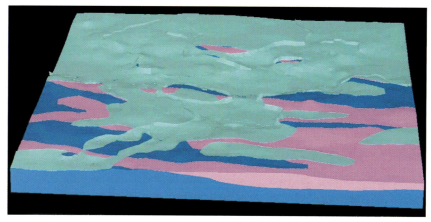

5-4-5 工作区内可溶岩分布范围

注:紫红色为可溶岩;灰绿色为上覆红层。

岩溶发育区溶沟、溶槽、基岩裂隙与溶洞、土洞相互连通,水文地质条件复杂,若施工不当,极易诱发地质灾害。如钻、冲孔桩施工过程中漏浆,将会改变地下水动力条件,诱发地面塌陷,机械振动也可诱发地面塌陷。

二、地下空间适宜性评价

地下空间资源开发适宜性评价及分区主要是在三维地质结构调查的基础上进行的地质结构特征下的适宜性评价,主要考虑的因素是地下空间开发时因地质结构差异所引起的地质灾害问题,尤其是不良地质体的空间分布。

本次评价结合区内地质背景条件,考虑开发层次(0~10m浅层、10~30m次浅层和30~50m深层)的区别,结合对地下空间影响较大的地下水、软土和砂、可溶岩分别进行分区,分区原则为由其产生的基坑突涌问题、软土变形问题和流砂问题以及岩溶塌陷问题的严重程度,对地下空间开发影响分轻微区(A)、中等区(B)、严重区(C)。首先阐述地下空间资源,上述因子影响程度各有不同,不同类型地下工程其分区定义及所考虑的问题不尽相同。

(一)地下空间资源地质组合及含水层分布特征

1. 地下空间资源的三维地质结构

三维地质结构是在工程可能影响的深度范围内,对第四系堆积层及下伏基岩的分布、空间形态、岩性、厚度和与构造关系的综合反映。区内三维地质的主要结构类型为下伏古—中生代层状坚硬—半坚硬碎屑岩或层状坚硬碳酸盐岩+全新统—中更新统半固结—松散砂砾石、黏土夹砾(碎)石层+中—上更新统硬塑—可塑低—中等压缩性黏性土层+全新世稍密—松散粉细砂或可塑—软塑中等压缩性黏性土层。

2. 地下空间资源的构造组合

工作区地下空间资源的构造组合主要指地下空间载体在水平方向的连续性和垂直方向的分层性。前者主要受控于基岩断裂,造成区内断块运动和第四纪堆积层在横向上的巨大差异;后者主要取决于沉积相的变化,共分8种组合类型。

1)横向断裂面构造

工作区基岩断裂大多隐伏地下,以北北东向及近东西—北西西向为主。

近东西—北西西向断裂主要分布在武汉地区北缘,由北向南规模较大的有龙王咀断裂(YF11)、龙口断裂(YF9)、青山断裂(YF7)、吴家山断裂(YF1)和马场咀断裂(YF13)等,一般形成顺层断裂,其中前3条断裂共同组成襄广断裂带,龙口断裂为断裂带的主断裂,以北的龙王咀断裂控制了新洲凹陷的主边界,以南的青山断裂控制了沿断裂展布的小红盆南部边界。

北北东向断裂形成时间相对较晚,对先存断裂有强烈的改造和穿切作用,挽近时期有活动,对工作区地貌、河湖有明显控制作用。由西向东规模较大的有舵落口断裂、长江断裂、蒋家墩-青菱湖断裂、严西湖断裂等。

以主要断裂为界,区内划分为众多断块。断块走向以北北东向为主,表现为向东掀斜,断块内部相同岩土体分布高程表现出西高东低的态势;北东部青山—阳逻一带断块走向为北西西向,表现出北升南降之势,基岩面向北逐渐升高,形成基座阶地。

2)垂向岩土体组合

由武昌向北西汉阳、汉口方向,向南东方向地势均由高向低变化,下部岩体由志留系—三叠系岩层向白垩系—古近系平缓岩层过渡。表层土体由中更新统向全新统、上更新统变迁,并由薄变厚、由单一变复杂。

从0~50m地下空间岩土体有7种组合类型。

(1)由高倾角的志留系(S)—三叠系(T)岩层组合,分布于武昌、汉阳、黄陂水浒山一带呈东西走向断续展布的线状残丘。

(2)下部为高倾角的志留系(S)—三叠系(T)岩层,上部为(Qp_1^2w)棕红色黏土层组合,广泛分布于武昌、汉阳、黄陂天河一带垄岗地形地貌区。

(3)下部为高倾角的志留系(S)—三叠系(T)岩层,上部为(Qp^3x)砂砾石土、灰黄色黏性土组合,分布于武昌青山、东西湖柏泉至马池墩大队一带。

(4)下部为高倾角的志留系(S)—三叠系(T)岩层,上部为(Qhz)粉砂与粉砂质黏土、局部灰褐色黏土、灰黑色淤泥质黏土,主要分布长江、汉江两岸Ⅰ级阶地一带。

(5)下部(K_2E_1g)为紫红色中—厚层状砂岩、粉砂质黏土岩,上部为(Qp_1^2w)棕红色黏土层组合,分布于工作区中北部黄陂区一带。

(6)下部(K_2E_1g)为紫红色中—厚层状砂岩、粉砂质黏土岩,上部为上更新统下蜀组(Qp^3x)为青灰色中细砂与灰黄色粉砂质粉质黏土互层,主要分布在东西湖三店农场一带。

(7)下部(K_2E_1g)为紫红色中—厚层状砂岩、粉砂质黏土岩,上部为全新统走马岭组(Qhz)灰褐色砂砾层、中细砂、粉砂与粉砂质黏土、局部灰褐色黏土、灰黑色淤泥质黏土,分布于东西湖走马岭农场、汉口赵家条、武昌徐东、青山建设乡农场。

3. 含水层空间分布特征

(1)第四系孔隙潜水含水层。主要有两类:一是分布于汉江以北Ⅰ级阶地舵落口一带和长江Ⅰ级阶地谌家矶一带,含水介质主要为粉土;二是分布于武昌天兴洲、金口铁板洲漫滩区域。含水介质为粉土、粉细砂。在阶地不同部位,含水岩组的岩性、厚度、潜水位埋深及富水性均有明显差异,而在天兴洲、铁板洲、白沙洲等沙洲、漫滩中,潜水含水层一般与地表水体联系较为密切,含水岩组厚度一般为6~45m,结构松散,透水性强,接受大气降水和地表水系补给,水位埋深0.5~2m。

(2)第四系孔隙承压水含水层。分布于长江、汉水Ⅰ级阶地,汉口至东西湖、五通口至界埠、余家头、青山东区以及殷店、白沙洲等地,汉口地区自辛安渡—东山农场一线以东,经走马岭、慈惠墩、唐家墩、武汉关抵江岸一带,汉阳及江夏地区则分布在金口镇—小军山—青菱乡一带。含水层顶板埋深超过10m,

测压水位 2~6m,故浅层基础开挖在含水层顶板以上时,该含水层对地下空间开发影响不大。

(3)碎屑岩裂隙水含水层。主要分布于工作区北部、向斜两翼,含水介质为白垩系—古近系砂岩、泥盆系砂岩等,地下水富水性差异较大,总体表现为白垩系—古近系含水层水量丰富,泥盆系砂岩水量较为贫乏。白垩系—古近系H④含水层隐伏于第四系之下,顶板埋深超过 30m。

(4)碳酸盐岩类岩溶裂隙水。以近东西向展布于区内中—南部大部地区,含水介质为石炭系—三叠系碳酸盐岩。受岩溶发育强度、碳酸盐埋深、上覆地层的不同等因素影响,岩溶裂隙水水量差异较大。在武昌大桥村一带,埋深 15m 处钻探揭露高 4~8m 溶洞,局部泥质充填,但未见岩溶水。而沌口开发区南湾湖一带,溶洞高度为 0.5~0.7m,钻探揭露岩溶水水量丰富。

(二)地下空间开发利用适宜性分区评价

1. 城市地下空间开发适宜性评价原则

(1)因地制宜原则。城市地下空间具有复杂性和可变性,不同地域的城市,会由于各地地质环境的不同而影响到其地下空间的开发适宜性,尤其是主要因子可能不一样。因此在确定评价指标因素时,需要慎重分析研究区的地质环境背景,因地制宜地选择影响全局的地下空间开发因子作为其评价因子。

(2)系统性原则。首先,城市地下空间的开发受多方面因素的影响,且这些因素综合影响决定了城市地下空间开发程度的大小,因此评价指标体系应该系统全面地体现出影响城市地下空间开发的各个因素。其次,各因素在评价过程中所起的作用大小各不相同,因此在评价过程中需要系统全面且准确合理的确定各因素的影响程度,并找出主要因子。

(3)客观性原则。它指标体系必须建立在对城市地下空间开发适宜性的客观分析的基础上,而且要保证参评因子数据的可靠性、准确性以及处理方式的科学性。同时,各参评指标必须有明确的物理意义。

(4)可行性原则。首先,要确定一个评价因子,必须要能够获取到评价这个因子所需要的数据;其次,评价方法切实可行;再次,数学模型应具有可操作性;最后,评价程序应科学合理。

(5)自然环境优先原则。自然环境优先原则是要求保护研究区的自然生态景观资源,最大限度地降低城市规划建设对区域自然生态环境的影响和破坏。在城市地下空间开发适宜性评价中引入自然生态环境优先原则,主要目的是通过控制和减少人类活动的破坏作用,从而实现城市建设和生态建设和谐可持续发展。

2. 分区评价方法及结果

1)层次分析法(AHP)简介

层次分析法(Analytic Hierarchy Process,简称 AHP)是由美国著名运筹学家、匹兹堡大学教授 Saaty 于 20 世纪 70 年代提出的一种多层次权重解析方法。它将决策者对复杂对象的决策思维过程进行定量处理,是一种定性分析和定量分析相结合的决策方法。层次分析法适用于多因素、多层次(子系统)、多方案系统的综合评价和决策,尤其对于兼有定性因素和定量因素的系统问题,能够方便、有效地进行综合评价和方案优化决策,具有高度的逻辑性、系统性、简洁性和实用性等优点。AHP 方法不仅可以用于工程技术、经济管理、社会生活中的决策过程,而且可以用来进行分析和预报。举世关注的三峡大坝工程在前期论证中,曾利用 AHP 方法对水库的正常蓄水高度方案进行了分析,以掌握坝高对未来政治、经济、军事与环境的影响程度。

AHP 方法的基本思路是把复杂问题分解为多个组成因素,通过划分相互联系的有序层次使之条理化,即建立一个描述系统功能或特征的内部独立的递阶层次结构。在系统分析阶段中,通过两两比较因素(或目标、准则、方案)的相对重要性,给出相应的比例标度,在系统综合阶段中,构造上层某要素对下层相关元素的判断矩阵,以给出相对元素对上层某要素的相对重要序列。AHP的核心问题是排序,包括递阶层次结构原理、标度原理和排序原理。

运用AHP解决问题,大体可以分为4个步骤:建立问题的递阶层次结构模型、构造两两比较判断矩阵、层次单排序及其一致性检验、层次总排序及其一致性检验。

城市地下空间开发利用适宜性评价,受到多种地质环境因素的影响,既包含确定性因素,又包含许多非确定性指标因素。在进行综合评价研究、处理这样的多目标评价决策问题时,运用定量处理的方法比较清晰简单。采用层次分析法,具有很大的优势和帮助,可以定量化处理复杂的决策思维过程,对影响地下空间开发利用的诸多影响因素进行方便、有效地综合研究,对各个区域做出适宜性评价。

2)层次分析模型的建立

将文题所包含的因素按属性的不同而分层,可以划分为最高层、中间层、最低层,同一层次元素作为准则,对下一层的某些元素起支配作用,从而形成一个递阶层次。

最高层又叫目标层,通常只有一个元素,表示解决问题的目的;中间层又叫准则层,为实现总目标而采取的措施、方案、政策,一般分为策略层、约束层、子准则层;最低层又叫方案层(因子层),包括决策的方案,用于解决问题的各种途径和方法。

3)评价指标权重的计算

层次分析法的基本原理就是建立评价模型后,根据评价结构的层次,将目标层、准则层和指标层每个层次的影响因素两两比较,根据重要性等级的比较构造判断矩阵。判断矩阵表示在复杂系统研究中,针对层次结构中的某元素而言,引入合理度量标准,判断评定该层次中各有关元素相对重要性程度。最后,求出判断矩阵的最大特征根 λ_{max} 和它所对应的特征向量,判断矩阵的最大特征根对应的特征向量,就是每个因素在整个多因素综合层次评价结构中的权重。

本节根据评价指标对目标的重要程度建立评判矩阵:$A=(a_{ij})_{n \times n}(i,j=1,2,3,\cdots,n)$。其中 a_{ij} 就是两个指标相比,对于目标层的重要性比例标度。判断矩阵 A 有如下性质:

(1) $a_{ij} > 0$;
(2) $a_{ij} = 1/a_{ji}(i,j=1,2,3,\cdots,n)$;
(3) $a_{ii} = 1(i=1,2,3,\cdots,n)$。

因此,判断矩阵 A 又叫正互反判断矩阵。根据矩阵的互反性,对于一个由 n 个元素构成的判断矩阵只需给出上三角矩阵或下三角矩阵,就能计算出判断矩阵的特征根。

根据调查的地质数据资料,利用中国科学评价研究中心张建华教授的 Yaahp 0.4.1 软件计算判断矩阵的最大特征根对应的特征向量,也就是各因素的权重大小,计算出各个影响因素在地下空间开发利用适宜性评价过程中的权重。

4)一致性检验

判断矩阵是经过咨询相关专家、两两比较影响因素的重要性等级建立的,较客观地反映出两个影响因素影响力的差别,能减少对其他因素的干扰,但是综合全部比较结果时,受人为主观因素影响较大,不同专家所作判断矩阵的一致性不能确定。构造判断矩阵时不允许判断偏离一致性过大,因此需要检验判断矩阵是否具有令人满意的一致性。

当层次总排序随机一致性比率 CR 满足小于 0.1 时,称层次总排序结果具有满意的一致性。其中 CI 为一致性指标,$CI = (\lambda_{max} - n)/(n-1)$,$RI$ 为平均随机一致性指标,由表 5-4-1 查出。

当 $n = 1, 2, 3, \cdots, 9$ 时,Satty 教授给出 RI 值。

表 5-4-1 平均随机一致性指标

n	1	2	3	4	5	6	7	8	9
RI	0	0	0.58	0.90	1.12	1.24	1.32	1.41	1.45

根据中间层与指标层权重，计算随机一致性比例 CR，当 $CR<0.10$ 时，认为判断矩阵的一致性是可以接受的，不满足 $CR<0.10$ 的条件时，则需调整本层次的各判断矩阵，也就是调整各个影响因素重要性比较等级，直至通过层次总排序的一致性检验，满足平均随机一致性比例 $CR<0.10$ 为止。

5）评价指标定量化及标准化

城市地下空间是一个特殊且复杂的体系，在开展的城市地下空间开发适宜性评价过程中，参评因子众多，数据形式也不一致，各参评因子的量纲也不同，如果将其直接进行比较，则没有可比性。因此，要对参与评价的不同量纲的指标数据进行标准化计算。城市地质环境容量评价体系中包括离散型指标数据和连续型指标数据。对离散型指标数据采用专家打分法，将其划分为 5 个等级，并将每一个等级的评分赋值在 0～1 之间。对于数据类型为连续型指标，需要对收集到的数据通过极值标准化计算，得到 0～1 之间的值。根据指标的性质可以将其分为两类：一类是指标值越大，地质环境容量越高，对这一类数据采用(5-1)式，另一类是随着指标数据值得增大，地质环境容量降低，因此采用(5-2)式进行标准化处理。

$$X'_i = \frac{x_i - x_{\min}}{x_{\max} - x_{\min}} \tag{5-1}$$

$$X'_i = \frac{x_{\max} - x_i}{x_{\max} - x_{\min}} \tag{5-2}$$

式中，X_i 为第 i 项指标的实际值；x_i 为第 i 项指标标准化处理之后的标准值；$x_{\min}$ 为该项指标的最小值；$x_{\max}$ 为该项指标的最大值。

（1）各类影响因素的指标量化标准。对于有相应行业标准规范的，应按其划分等级；对于可度量的指标，可在其取值区间内划分为等级；对于其他无法直接量化的评估指标，可采用专家评分法来定性分级。综合研究区地质环境问题，将影响武汉市地下空间开发适宜性评估指标的量化标准列于下表 5-4-2。

表 5-4-2　武汉市地下空间开发适宜性评价指标及分级

分级评价指标		Ⅰ（差）	Ⅱ（一般）	Ⅳ（良）	Ⅴ（优）
地下水	地下水位抗浮压力	大	中	小	非含水层
软土	软土沉降	强	中	小	无软土分布
不良地质现象	岩溶发育	强	中	弱	非岩溶区
断层	构造破碎带影响	大	较大	中等	小
评分		<0.25	0.25～0.5	0.5～0.75	>0.75

（2）各类影响因素权重值的确定。基于层次分析法和专家调查法，确定了本次评价主题层的判断矩阵。之后通过构造各主题层内各指标的判断矩阵，采用最优矩阵传递法对群体判断矩阵进行计算，即可得到武汉市地下空间开发难度的评估指标及其权重，如表 5-4-3。

表 5-4-3　因子权重分解表

准则层	因子层	权重
地下水	地下水位抗浮压力	0.2
软土	软土沉降	0.3
不良地质现象	岩溶发育强度	0.35
断层	构造破碎带影响	0.15

6)评价结果

除上述 4 个因素之外,还有其他因素对地下空间开发利用有影响,本次采用了地下水位抗浮压力、软土沉降、岩溶发育强度和构造破碎带影响 4 个因素进行地下空间开发适宜性评价。根据上述主控因素的分布规律,对地下工程建设影响的方式和强度以及武汉市区地下工程的施工工艺特点,将工作区地下空间开发地质适宜性分为 3 个大区(表 5-4-4):适宜区(Ⅰ区)、基本适宜区(Ⅱ区)、适宜性差区(Ⅲ区)。

表 5-4-4 地下空间开发地质适宜性分区及评价

分区代号	岩土体工程性质		地下水	不良地质作用	适宜性评价	
					适宜性	施工方法及需注意的问题
适宜区(Ⅰ区)	基岩出露区、老黏性土、隐伏老黏性土区。岩土体承载力较高,压缩性低,抗剪强度较高,工程性质好		地下水贫乏,表层人工填土含季节性上层滞水,易于疏干	不良地质作用不发育	地质条件良好,适宜兴建各种形式的地下工程	可采用明挖、暗挖和盾构法等施工工艺。常用的明挖施工方法有放坡、喷锚、桩锚等。在采用浅埋暗挖施工手段时,应注意岩(土)体中软弱夹层的不良影响
基本适宜区(Ⅱ区)	以一般黏性土为主,软土(淤泥或淤泥土)厚度不超过 15m。岩土体承载力一般,压缩性中等,抗剪强度较低,工程性质一般		砂层中孔隙水具有承压性,水量较大。表层填土含季节性上层滞水,易于疏干	不良地质作用不发育	地质条件一般,采取适当的处理方法加固支护软土和采取适当的地下水处理措施后,可兴建各种形式的地下工程	对于明挖基坑,应做好软土的支护、加固及地下水处理工作,防止侧壁坍塌,出现流砂、管涌等。采用盾构法或矿山法,应采取可靠措施,防止上部软土坍塌或基底隆起,并做好地下水处理工作
适宜性差区(Ⅲ区)	深厚软土区(Ⅲ₁区)	以软土(淤泥或淤泥土)为主,厚度超过 15m。岩土体承载力低,压缩性高,抗剪强度低,工程性质差	砂层中孔隙水具有承压性,与长江水力联系密切,富水性好。表层填土含季节性上层滞水,易于疏干	不良地质作用不发育	地质条件较差,地下工程建设应采取合理的施工工艺和防排水措施	明挖常用的支护方法有桩锚、桩撑、SNW 工法、地下连续墙等。对于浅埋暗挖工程,应严格控制软土塌陷问题,同时应做好降、排水工作
	潜在岩溶地面塌陷区(Ⅲ₂区)	上覆第四系松散—稍密砂土、粉土,隐伏型灰岩埋深一般小于 30m	孔隙水与地表水有直接水力联系,止水排水困难,岩溶裂隙水丰富	岩溶发育	地质条件差,地下工程建设存在安全隐患	局部已多次发生地面塌陷、施工机械陷落等安全事故。明挖基坑开挖深度较大时,地下水处理困难,基岩稳定性差,地下工程造价昂贵,施工中易引发岩溶地面塌陷,应采取有效措施防治

第五节 地质景观资源及评价

一、地质遗迹分类

在地质遗迹景观资源调查的过程中,经过收集、调查和初步筛选地质遗迹 30 处,经分析整理,选择其中 21 处具有特殊地质意义、稀有奇特、美学价值高,并在学术上或当地历史地理环境中具有特殊价值的地质遗迹进行评价,按照《地质遗迹调查规范》(DZ/T0303—2017)对 18 处地质遗迹进行分类,分类结果如表 5-5-1,即 3 个大类,7 个类,11 个亚类。

表 5-5-1 工作区内地质遗迹景观分类表

序号	地质遗迹景观名称	地质遗迹大类	地质遗迹类	地质遗迹亚类
1	青山区钢谷小区青山组风成砂山剖面	基础地质	地层剖面	层型(典型剖面)、火山岩剖面
2	黄陂区寅田村玄武岩		岩石剖面	
3	襄广(襄阳-广济)断裂带		构造剖面(遗迹)	断裂
4	洪山区南望山构造剖面			褶皱与变形
5	东西湖区瓠子山黄家蹬组斜方薄皮木		重要化石产地	古植物化石产地
6	东湖新技术开发区铁箕山坟头组汉阳鱼动物群			古动物化石产地
7	汉阳区锅顶山坟头组汉阳鱼动物群			
8	武汉经济技术开发区大军山向斜山地貌	地貌景观	岩土体地貌	碎屑岩地貌
9	汉阳区龟山石英砂岩碎屑岩地貌			
10	武昌区蛇山石英砂岩碎屑岩地貌			
11	江夏区八分山白云洞岩溶地貌			碳酸盐岩地貌
12	青山区天兴洲心滩		水体地貌	河流
13	江岸区武汉江滩			
14	武汉龙王庙-南岸咀汉江与长江汇流			
15	东湖新技术开发区东湖湖泊			湖泊
16	东湖新技术开发区汤逊湖湖泊			
17	江夏区梁子湖湖泊			
18	武汉经济技术开发区砾山滑坡	地质灾害	地质灾害遗迹	滑坡

二、区内地质遗迹总体特征

(一)以河湖景观为主要特色,地质遗迹景观类型丰富

工作区地处江汉平原与鄂东南丘陵过渡地带,兼具两者之特色。区内江河纵横、湖港交织、山湖掩

映,构成了滨江滨湖水域生态环境,长江与汉水的交汇造就了区内"隔两江、立三镇"的特殊地理格局。工作区大地构造位置跨及桐柏-大别造山带和下扬子陆块两个构造单元,历经元古宙至新生代各个地质时代的演变,岩层和构造复杂多样,使得区域内保存有大量的地质遗迹(图5-5-1～图5-5-19),有着巨大的科学、文化和旅游价值。工作区从属于以流水作用为主的东部平原和东南丘陵旅游地质资源区长江中下游河湖、名山和溶洞旅游地质资源亚区,以河湖地质景观为主要特色。此外,岩土体地貌景观、地层剖面和古动植物化石亦较为发育。

1. 基础地质大类

(1) 地层剖面类,如图 5-5-1 和图 5-5-2 所示。

图 5-5-1　淘金山村公安寨组紫红色砂岩

图 5-5-2　黄陂区军犬训练基地上更新统砾石层

(2) 岩石剖面类,如图 5-5-3 和图 5-5-4 所示。

图 5-5-3　黄陂区寅田村玄武岩

图 5-5-4　玄武岩与公安寨组"舌状"侵入

(3) 古植物类,如图 5-5-5～图 5-5-8 所示。

图 5-5-5　东西湖瓠子山黄家蹬组斜方薄皮木

图 5-5-6　瓠子山黄家蹬组疑似芦木化石

图 5-5-7　湖北大学博物馆阳逻硅化木

图 5-5-8　武汉植物园阳逻硅化木

（4）古动物化石类，如图 5-5-9～图 5-5-14 所示。

图 5-5-9　汉阳区锅顶山坟头组汉阳鱼残片

图 5-5-10　汉阳区锅顶山坟头组中华棘鱼残片

图 5-5-11　东湖新区铁箕山坟头组三叶虫

图 5-5-12　东湖新区铁箕山坟头组链房螺

图 5-5-13　东湖新区铁箕山坟头组海百合茎

图 5-5-14　东湖新区铁箕山坟头组古尼罗蛤

2. 地貌景观大类

(1)岩土体地貌,如图 5-5-15 和图 5-5-16 所示。

图 5-5-15　江夏区八分山白云洞岩溶地貌景观

图 5-5-16　武汉经济技术开发区大军山碎屑岩地貌景观

(2)水体地貌类,如图 5-5-17～图 5-5-19 所示。

图 5-5-17　胡杨村东湖湖泊景观　　　　图 5-5-18　武汉江岸区江滩

图 5-5-19　龙王庙—南岸咀汉江与长江汇流处

(二)科学价值高

工作区处于桐柏-大别造山带和下扬子陆块的构造单元内,地史活动时间较长,岩层和构造复杂多样,使得区域内保存有大量的地质遗迹。这些地质遗迹中所蕴含的古地理、古沉积环境、古地球化学、古生物、古地磁、古构造等信息是揭示该区乃至周边地区众多地质谜团的钥匙,也为研究地质演化、地层对比提供了重要的地质依据,具有较高的科学价值。

在构造方面,襄广断裂在湖北省横贯600km以上,将工作区分隔为两个构造单元,控制了南北不同单元的形成、发展及演化。新洲区出露南华系石英钠长片岩和武汉地区普遍存在滨海相-台地相沉积地层有效限定了其空间展布,黄陂区寅田村公安寨组玄武岩反映了其可能存在多期次活动,对于研究桐柏-大别造山带和扬子陆块的构造演化具有重要科学价值。

在古生物方面,锅顶山汉阳鱼和中华棘鱼的发现对全球将"鱼类时代"推前至志留纪有着重要的作用,是探讨颌的起源、有颌类冠群的起源与早期分化、硬骨鱼类的起源等生命史中一系列重大课题的关键资料与实证,东西湖区瓠子山黄家磴组中发现的斜方薄皮木和疑似芦木化石为测区黄家磴组时代的确定提供了充分的古生物证据。

此外,工作区内湖泊成因对于江汉、洞庭两盆地的发育历史和水系变迁,以及开发利用水资源和地下空间资源都有着密切联系。

(三)开发利用潜力大

目前,湖北省有省级和国家级地质公园18处,测区内无一处,而北京地区早在2002—2006年就先后成功申报建立了2个市级地质公园、3个国家地质公园和1处世界级地质公园。武汉地区地质公园申报建设方面工作可能相对滞后。这种现象的产生,一方面是由于地质演化过程所造就的地质遗迹景观分布上的不同,另一方面可能需要进一步加强对区内有价值的地质遗迹景观资源的挖掘,同时积极参与申报和建设地质公园。通过地质公园的建设能够向人们直观地展示亿万年前的沧桑巨变,让人们在领略引人入胜的地质遗迹景观的同时,感受武汉地区漫长的地质演化历史,获取地学科普知识,同时可与武汉市所倡导的湖泊保护和山体修复结合起来,其蕴含着巨大的经济价值、社会价值和环境价值。

三、区内地质遗迹分述

在调查过程中共筛选地质遗迹景观18处,分为三大类,其中基础地质大类7处,地貌景观大类10处,地质灾害大类1处。基础地质大类中包括地层剖面类、岩石剖面类、构造遗迹类、构造剖面类、古植物类和古动物类共六类,地貌景观大类中包括岩土体地貌类和水体地貌类两类,地质灾害大类中仅地质灾害地质遗迹类。

(一)古植物类

1. 东西湖区瓠子山黄家磴组古植物化石产地

在东西湖区瓠子山发现了"鳞木"化石,鉴定为斜方薄皮木(*Leptophloeum rhombicum* Dawson),通过地质剖面测制和地质路线调查确定了其岩性组合及空间展布特征,从而确定了化石产出层位为上泥盆统黄家磴组(图5-5-20)。

1987年东西湖区政府便在此设立"瓠子山鳞木化石产地"的石牌,具体发现时间尚无发表文献可查。2012年3月初,中国地质大学逸夫博物馆馆长徐世球教授等4名专家,应邀到东西湖对它进行实

图 5-5-20　东西湖区瓠子山黄家蹬组斜方薄皮木产地概况

地考察,初步确定其为鳞木化石,形成于350Ma年前。2014年7月,湖北省地质调查院武汉城市调查项目组先后多次前往调查,实测了比例尺为1∶100,长约78.7m的地层剖面,并对含化石层位开展了追索路线调查。它多呈长条状展布于灰白色厚层石英砂岩中,植物结构特征清晰,可见明显的菱形或斜方形叶座,部分标本还保留着较清晰的叶痕,经鉴定为斜方薄皮木,可与宜昌官庄一带对比。*Leptophloeum rhombicum Dawson* 具有十分重要的地质时代意义。它系上泥盆统的重要标准化石,也是中国晚泥盆世(弗拉斯期—法门期)植物群的重要代表之一(斯行健等,1956;王祺等,2003),曾见于湖北省长阳县黄家蹬组、广东省花县打鼓岭组和甘肃省天水县巴都系红层等,国外曾发现于北美洲、大洋洲、斯比次彼格岛、哈萨克(西伯利亚)及日本,所有地层都属于标准的上泥盆统(彭中勤等,2010)。因此,此植物化石时代属晚泥盆世是无疑的。

从地层区域分布情况和产状变化规律来看,调查处总体应为丰荷山向斜西延,调查点处可能位于其次级背斜南翼,地层应为正常层序。瓠子山人工开挖露头处,地层产状向南倾斜,倾角约35°,下部为灰白色薄中—厚层石英砂岩夹灰白色黏土、黄褐色薄层状粉砂岩,上部为灰白色薄层状石英砂岩与浅黄绿色页岩互层,夹灰白色黏土岩和红褐色薄层状鲕状赤铁状,与湖北省岩石地层黄家蹬组相对比,地层岩性组合整体也显示了下粗上细、下厚上薄的总体特征,应位于黄家蹬组上部。本处是目前武汉市发现唯一原地保存完整的斜方薄皮木化石产地,具有较高的科学研究价值和文化价值。

(二)古动物类

1. 汉阳区锅顶山坟头组汉阳鱼动物群

在汉阳区锅顶山发现了汉阳鱼和中华棘鱼等动物化石残片,查明了化石产出层位及主要采集层(图 5-5-21)。它位于武汉市汉阳区锅顶山,化石赋存于坟头组中,主要采集层为坟头组上部灰黄色—灰绿色页岩。1957 年,潘江首次在汉阳锅顶山地区对棘鱼棘刺(中华棘鱼)进行了描述,这一发现被认为是中国志留纪鱼化石研究的开始。1975 年,潘江等在汉阳锅顶山地区又记述了无颌类-汉阳锅顶山鱼(*Hanggan yaspis guodingshanensis* Pan et Liu),并建立新目,即 *Hanyangaspoformes*,至此之后,拉开了中国志留纪鱼类化石发现与研究的序幕,在湖南、湖北、江西、安徽、江苏、浙江、云南、四川、重庆、贵州、新疆及陕西等省(区、市)陆续被发现,据最新统计结果,中国志留纪鱼类化石的主要产出地点或地区有 28 个,分别隶属于华南板块及塔里木板块(赵文金等,2014)。

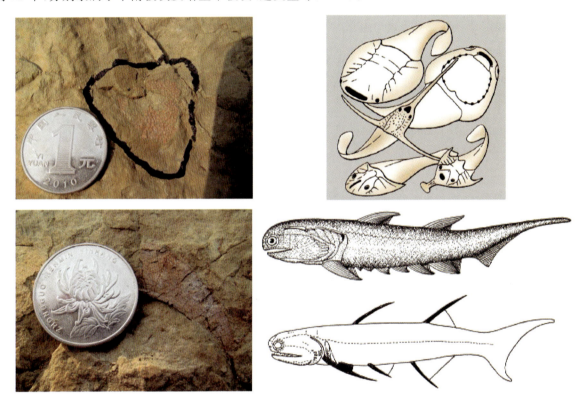

图 5-5-21 汉阳区锅顶山坟头组汉阳鱼与中华棘鱼化石

锅顶山所发现的汉阳鱼属无颌超纲,双鼻孔纲,多鳃鱼亚纲,汉阳鱼目,汉阳鱼科,汉阳鱼属,为一体较大的多鳃鱼类,背甲很大,略呈五边形,长与宽相近,为 140~150mm。腹环的后部相闭合。前中背孔("鼻垂体孔")特别大,洞穿背甲,位近吻喙,呈横宽的卵圆形。口孔前腹位,头中吻缘环的后缘构成口孔前缘,口后片的前绷构成口孔后缘。眶孔相距很远,在前腹侧位。无洞穿背甲的松果孔。鳃囊少,7 对,鳃孔大,通过各自独立的外鳃孔开向外界,沿侧缘环内侧排列,其中第一外鳃孔约与眶孔后侧角相对。眶上沟短,大致平行,后端相交会呈"V"形。具中横联络枝两条,侧横枝短,有 7~8 条。眶下沟与侧背沟相连。纹饰由星状突起组成,基部彼此不愈合。骨片的中层具蜂状层。

锅顶山所发现中华棘鱼属有颌超纲,硬骨鱼纲,棘鱼亚纲,棘鱼目,棘鱼科,中华棘鱼属。鳍棘大,略呈前缘较短的等腰三角形,前缘稍向前拱凸,后缘长度约为前缘的 1/2,刺体呈 30°角与鱼体相交,两侧扁平,壁薄,横切面为很窄的三角形。近基部具纵脊 47~50 条,中部 22~24 条,至末端仅保存 8 条。脊宽略大于沟宽，其沟略呈"U"形。

自国际地质对比计划（IGCP）项目实施以来，在全球范围内逐步建立了鱼类大化石组合序列及微体化石组合序列，部分地区甚至建立起了鱼类微体化石生物带，可与牙形类带、笔石带等相对比，使其对志留纪、泥盆纪地层划分对比显示出更为重要的作用（赵文金等，2005）。锅顶山汉阳鱼动物群对全球"鱼类时代"推前至志留纪有着重要的作用。化石记录表明，汉阳鱼所处的志留纪是脊椎动物演化史的一个关键时期。这个阶段无颌类（如汉阳鱼）已经相当繁盛，有颌类所有重要类群（如中华棘鱼）已出现并逐渐得到发展。因此，志留纪鱼类化石是探讨颌的起源、有颌类冠群的起源与早期分化、硬骨鱼类的起源等生命史中一系列重大课题的关键资料与实证，对于志留纪各门类化石的详细研究，为生物演化研究提供了重要的化石实证，对于中国志留系划分与对比、重要界线的确定等起到了重要的作用（戎嘉余等，2012）。

此外，本处出露下志留统坟头组（S_1f）、中上泥盆统云台观组（D_3y）、上泥盆统黄家磴组（D_3h）、下石炭统高骊山组（C_1g）和下石炭统和州组（C_1h）5个组级地层单元，反映了440～330Ma期间武汉地区由远滨环境、开阔滨岸环境向三角洲相环境的演变过程，可见S_1f/D_3y和D_3h/C_1g两个平行不整合界面，平行层理和交错层理等沉积构造较为发育。锅顶山地区是研究武汉地质演化的重要载体。

2. 东湖新技术开发区铁箕山坟头组汉阳鱼动物群

汉阳鱼动物群化石产于武汉市东湖高新技术开发区铁箕山地区，化石赋存于志留系坟头组中，主要采集层为坟头组上部浅黄色、黄绿色薄—中厚层状泥岩。2008年，纵瑞文野外考察时发现，由于道路建设沿路志留系出露好，化石种类多，数量丰富。地层岩性组合与锅顶山处坟头组相近，生物组合面貌上存在差异，反映武汉地区志留纪地层岩性存在相变，均属坟头组。铁箕山坟头组上段中含三叶虫 *Coronocephalus gaoluoensis*；腕足类 *Striispirifer shiqianensis*、*Striispirifer disparatus*、*Howellella* sp.；喙壳类 *Technophorus peregrinus*；腹足类；双壳类；头足类；棘皮类；遗迹化石 *Thalassinoides*、*Palaeophycus*；汉阳鱼、中华棘鱼碎片等，经初步鉴定有13属17种，含8个未定种（纵瑞文等，2011）。通过铁箕山坟头组所含化石分子在全国分布和赋存层位对比来看，该区坟头组的时代应属早志留世晚期，相当于欧洲的兰多维列世特列奇期。通过铁箕山实体化石组合及其埋藏特征、遗迹化石及其他相标志表明，武汉地区坟头组下部沉积环境以波浪作用为主的高能前滨环境，中上部为正常浪基面附近的近滨和远滨环境（纵瑞文等，2011）。武汉市及鄂东南地区坟头组剖面出露不佳，化石亦少有报道，对其所涉及志留系剖面进行了实地调查显示，此处交通便利，剖面出露好，化石种类多，数量丰富，对深入研究和认识武汉地区志留系及其与邻区对比具有重要意义。

（三）地层剖面类

青山区钢谷小区青山组风成砂山剖面位于长江左岸青山汽渡口与工人村路之间，隶属于武汉市青山区。由一连串北西向长短不一的砂山丘陵构成，与湖南君山剖面、江西九江新港剖面等作为长江沿岸第四纪晚更新世（$Qp_3^{x^{eol}}$）至全新纪时期形成的风成砂山的典型代表，其沉积序列具有分布范围广、时间跨度长、沉积连续、层理变化明显和保存完好等特点，是记录古环境变迁的重要载体，因而具有较高的科学研究价值。砂山粒度特征显示出典型的风成特点；砂丘的分布呈明显的带状，由北向南略为展宽，与风力路径吻合；在不同区域，砂丘发育的高度与风力大小大致相关，从而可以确定风力应为长江中下游砂山形成的主要外营力。

（四）岩石剖面类

黄陂区寅田村玄武岩位于武汉市黄陂区陈家田—吴陡塆一带谌家岗木兰500kV变电站，赋存在白垩系—古近系公安寨组中。野外实地调查显示，此处至少存在两期玄武岩岩浆活动：第一期玄武岩呈团块状分布于公安寨组之中;第二期与地层呈侵入接触关系。第二期玄武岩在本处广泛分布,在地层中顺层或脉状产出,新鲜面为黑灰色,风化面主体为灰绿色,可见少量氧化强的为紫红色,无斑隐晶结构,气孔构造和杏仁构造发育,主要矿物由普通辉石、基性斜长石组成。它产出于龙口断裂西北段附近,根据其侵入地层时代、空间位置和物探资料反映其可能与襄广断裂的多期次活动有关。在寅田村阳逻组砾石层底部发现舌状玄武岩透镜体,阳逻组砾石层中样品的 ESR 年龄为(824 ± 80)ka,证明有可能在第四纪时期受襄广断裂带影响新构造活动较为强烈,黄陂区寅田村玄武岩对武汉市新构造运动的研究提供了新的证据。

(五)岩土体地貌类

1. 武汉经济技术开发区大军山向斜山地貌

武汉经济技术开发区大军山向斜山地貌位于武汉市蔡甸区,采坑坐落于大军山山顶,为开采泥盆系云台观组玻璃用石英砂岩而留下的露采遗迹,累计探明资源储量为 126.1×10^4 t,属中型规模。采石场形成了高约 20m 近于直立的悬崖峭壁,由坚硬的石英砂岩构成,其旁侧以云台观组石英砂岩为核的宽缓向斜构造转折端清晰可见,突显了印支运动在武汉地区造就的主体构造格架。面向长江,隔江对峙于江夏区槐山,与龟山、蛇山一道形成了长江武汉段天然门户,北为剥蚀堆积高岗地,南为湖冲积平原,为第四纪地貌天然分界。在军事、交通上具有重要的战略位置,为历代兵家必争之地。特别是三国时期,吴魏在此屯兵交战,蜀汉诸葛亮的屯兵遗迹和故事千百年来为这里的人民津津乐道。北魏郦道元《水经·江水注》载:"昔周瑜与黄盖诈降魏武(曹操),大军山地也"。明末张献忠、清代洪秀全、近代北伐战争、抗日战争时期的保卫大武汉战役等,都曾在大军山这里屯兵鏖战。孤峰耸立,紧临长江,登临极目,可见"千里长堤杨柳依依,万里长江百舸争流"。它可作为都市周边难得的休闲、度假和户外攀岩体验的好去处。

2. 武昌区蛇山石英砂岩碎屑岩地貌

武昌区蛇山石英砂岩碎屑岩地貌位于武汉市武昌区长江南岸边。蛇山由志留系坟头组和泥盆系云台观组组成。蛇山又名黄鹄(hú)山,绵亘蜿蜒,形如伏蛇,头临大江,尾插闹市。南宋诗人陆游的《入蜀记》中提及"缭绕为伏蛇……",蛇山由此得名。它与汉阳龟山隔江相望,武汉长江大桥的南岸和汉阳龟山的北岸为一桥飞架的南北交点。蛇山长约 1790m,海拔 85m,宽 25~30m,山上古迹甚多,名胜也不少,均呈斜陡长狭形,形势十分险峻。在长约 2km 的山上,历代建有众多的名胜古迹,驰名的楼阁亭台有 20 多处。历代名人崔颢、孟浩然、李白、王维、陆游等 10 多人,均先后登临游赏,吟诗作赋,留下"寒花媚幽石,疏林带高阁""桃桦深处暖云浮,隔树红妆倚翠楼"等名句。三国时筑夏口城于其上,历代不断扩建,名区胜景甚多,有黄鹤楼、八极楼、白云楼、留云阁、一览亭等达 20 多处,故有"鄂之神皋奥区"的美称。现存胜迹可供参观游览的有蛇山之巅的黄鹤楼、长江大桥引桥东头的胜象宝塔、蛇山南麓的陈友谅墓、蛇山中部顶端的岳武穆遗像亭(简称岳飞亭)、蛇山南腰处的抱冰堂、蛇山尾部武昌大东门外的长春观等。飞檐崇脊,危耸半空,金碧辉煌,且大都与道教及神话传说有关。蛇山尾部的长春观建于元代,是此山的道教中心。其他另有涌月台、黄兴铜像及历代名士的许多重要碑刻题记等。1924 年为纪念武昌起义,将原有蛇山公园改建为首义公园,成为武汉三镇最早的公园。

3. 江夏区八分山白云洞岩溶地貌

江夏区八分山白云洞位于江夏区纸坊街西南八分山南麓,是一座前后贯穿的天然大溶洞。由前洞、中洞、天井(天窍)和后洞几部分组成,长约 300m。前洞洞口朝南,形如圆拱。洞厅内右前壁又有两支洞,宽数米,深数千米,洞口西上壁镌写"白云洞"为明代著名兵部尚书熊廷弼所题。溶洞分别命名白云洞、七星谭洞、牛鼻子洞、黄道士洞、黑龙洞等,这些溶洞各具特色,异彩纷呈,石钟乳、石幔、石柱、石笋、石佛等景观30余处。白云洞规模较大,景观集中,四周山峦重叠,风光迷人。

(六)水体地貌类

1. 武汉龙王庙-南岸咀汉江与长江汇流

龙王庙-南岸咀位于江汉区与汉阳区交会处,万里长江与其最大的支流汉水相交于此。在这里浑浊的长江水与清绿的汉江水流汇为一体,汹涌东去,朝向大海,形成了江汉汇流绝景——龙王庙、南岸咀,"一勺舀起两江水,半杯清茶三镇香"。龙王庙位于汉水与长江交汇之处汉口岸,全长1080m。据史书记载,龙王庙码头始建于清乾隆四年(1739年),此前已筑有"龙王庙"。明洪武年间,汉水改道由沌口改为龙王庙出口。龙王庙地段河面狭窄,岸陡脚虚,迎流顶冲,水急浪高,船多倾覆,素以险要著称,故有人修筑龙王庙祈求龙王爷保佑平安。南岸咀位于汉水与长江交汇之处的汉阳岸,与龙王庙隔江相对,全长1280m,被认为是最能体现江城武汉特征的地方。据史料记载,早在唐宋时期,这里就是古汉阳最繁华的地方,商贾云集,商市满街。南岸咀地段地势险要,水流湍急,漩涡甚多,是经常发生船覆人亡的事故地带。昔日一到汛期,更是险象环生,多次发生被淹情形,中华人民共和国成立后,党和政府高度重视堤防安全,对此处尤为关注。按照"扩展口门、改善河势、除险加固、综合整治"的原则,把整治与营造旅游景点结合起来,晴川桥飞架南北,天堑变通途。长江与汉水融为一体,倚巍巍之青山,瞰浩翰之大江,气势磅礴,雄浑壮丽,成为武汉一个标志性景观区。

在龙王庙—南岸咀景观台这一花园绿地的"风水宝地",雕塑、文史墙、历史文化展示长廊,"水上世界"游船各展风采。造型典雅别致的柱灯沿堤而立,五彩地砖铺设的人行道与鹅卵石曲径小道纵横交错。在龙王庙堤防内墙上,两条精雕细琢的巨龙,腾空而起,威风凛凛。镶嵌"98抗洪大型花岗石浮雕",高3.35m,总长约102m。8幅图分别讲述8个故事,"党员生死牌"记录其中。站在观景台,眺望远处,四周风景美不胜收:晴川历历汉阳树,芳草萋萋鹦鹉洲;擎天柱塔龟山头,蛇山白云黄鹤楼;汉口揽胜风景图,滔滔江水百舸争流。大桥上车流如织,火车奔驰,诗一般美景令人心潮澎湃,浮想联翩。在观景平台白天还可以看到世界奇观:奔腾咆哮的长江与激流不止的汉江相互融合,然而在交汇之处,清澈的汉江与浑浊的长江之间有一条泾渭分明的分界线。

江汉汇流,龟蛇对峙,集中在武汉市区这一中心地带,雄浑壮丽,开阔浩荡,堪称绝景。再加上黄鹤楼、晴川阁、禹稷行宫、铁门关等胜迹,与长江大桥、江汉三桥以及龙王庙-南岸咀景区,其自然、人文、社会内涵,将使此处成为武汉甲天下的胜景。

2. 青山区天兴洲心滩

天兴洲心滩位于青山区青山镇、江岸区谌家矶所夹的长江段江心,行政上为天兴乡。天兴洲由长江泥沙自然冲积而成,是长江河床和航道,经过数千年演变、变迁的结果。因为是新添一洲,初叫"添新洲",后改称"天兴洲",由此得名。目前,天兴洲已成长江最大江心洲之一,北对汉口谌家矶,南临青山工业区,距岸最近也有700m水面,洲头距长江二桥仅5km之遥,洲尾与阳逻开发区隔江相望。全洲面积26km²,具有得天独厚的江岛风情景观资源,四面环江,面积约26km²,东西长13km,南北宽2km。洲头有直劈长江分二的恢弘,洲尾有两江翻腾合一的豪迈,中间有细细的沙滩、摇曳的芦苇、遍布洲岸的绿绿青草地都让人无限神往。天兴洲近年来以年均130m以上的速度向下游漂移,且漂移速度正在加快。昔为荒岛,1949年后围垦,已经阡陌相连,为武汉市的瓜果生产基地,盛产西瓜,北岸有渡口,南岸有码头与汽车轮渡。2009年,武汉市政府委托武汉市城市规划设计研究院、美国易道环境设计有限公司、北京大学等单位联合设计《天兴洲生态绿洲控制性规划》。按照规划,天兴洲功能定位为长江中的生态绿洲,将以"生态、运动、旅游"为核心开发理念,建成天兴洲生态博览园、文化创意园、体育运动园、生态涵养园4大园区。建设项目包括高尔夫球场及训练场、湿地公园、长江飞禽公园、长江水族馆、现代主题农庄、宠物基地(含跑狗场)、老武汉风情街、江滩娱乐场、农家乐等。建成后,它将成为以旅游业为支撑的集度假、休闲、观光于一体的天兴洲旅游绿洲。

3. 东湖新技术开发区东湖湖泊

东湖位于湖北省武汉市中心城区,是国家AAAAA级旅游景区,全国文明风景旅游区示范点,首批国家重点风景名胜区。武汉东湖是以天然湖泊景观为核心,湖光山色为特色的大型观光旅游景区,在中国的历史文化和风景名胜中具有重要地位。武汉东湖每年接待游客达数百万人次,是华中地区最大的风景游览地。2014年前曾是中国最大的城中湖,2014年因武汉中心城区拓展,东湖居武汉市江夏区的汤逊湖之后,是中国第二大城中湖。东湖因位于湖北省武汉市武昌东部,故此得名,现为中国水域面积最为广阔的城中湖之一,水域面积达$33km^2$,是杭州西湖的6倍。东湖位于长江南岸,是由长江淤塞而形成,100多年前曾和武昌其他湖泊相通并与长江相连,水患频繁。1899—1902年,湖广总督张之洞下令在长江与东湖之间修建了武金堤和武青堤,并在堤防上修建了武泰闸和武丰闸。在人工干预下,从此东湖及其周边的湖泊与长江分离。东湖生态旅游风景区面积$88km^2$,由听涛、磨山、落雁、吹笛和湖北省博物馆5个片区组成,素有"楚韵山水、大美东湖"的美称。武汉东湖拥有梅园、荷园、樱花园等13个植物专类园,是中国最大的赏花胜地。武汉大学等全国重点大学坐落在东湖湖畔,成为一道绝佳的风景线。

(七)地质灾害遗迹

武汉经济技术开发区砾山滑坡遗迹位于武汉市武汉经济技术开发区,属军山街管辖。它东拥龙史山,南临长江,西接京珠高速公路,北连砾山湖,与318国道和东风汽车公司自主品牌生产基地接壤,是军山街对外交通的重要节点。砾山东西全长约2km,20世纪70年代砾山主峰以北被作为采石场进行开采,矿区面积约为$2.25km^2$。历经20余年的开采导致山体植被破坏,岩石裸露松动,形成了一系列滑坡等地质灾害,安全隐患突出。2006年根据湖北省国土资源厅、财政厅批复的项目实施方案,对山体采取了削方,修建挡土墙、排水沟与绿化相结合的方式,对于山体存在的滑坡、危岩进行了整治,消除了地质灾害隐患,并适时启动山体绿化工程和矿区开发建设。涉及土地面积约1000亩,治理区植被恢复后,形成约350亩的景观绿地,对治理区实行削填方处理后可提供约460亩土地。将砾山采石场的绿化斑块景观与砾山湖构成一个整体,结合人工湖、生态园、绿化带,构成一个能够自我调节的小气候、景观优美的环境,充分展示了当地社会发展的轨迹,采用生态修复和文化重现等手段,融采石遗迹景观、自然景观与人文景观于一体,使此处成为人们参观采石遗迹、游览自然景观、体味风俗乡情和科普学习的休闲基地。

四、武汉市地质遗迹资源评价

(一)评价方法

以开发旅游为目的地质遗迹资源评价,是通过对地质遗迹资源的价值功能、环境条件和开发条件等多方面来实现的。评价的最终结果是为国家与地区进行旅游资源的分级规划和管理提供系统资料及判断对比的标准,为旅游资源开发定位准备条件,为制订旅游开发规划提供科学依据(李正琪等,2009)。

由于层次分析法可以将比较复杂的问题分层次用数量来表达,比较适合对地质遗迹资源的评价,故本次对武汉都市发展区地质遗迹资源的评价采用层次分析法。

对于一个总目标 E,各影响因子 $P_i(i=1,\cdots,n)$ 的重要性分别为权重 $Q(Q>0,\sum Q=10$ 或 1,则

$$E = \sum_{i=1}^{n} Q_i P_i$$

式中,E 为地质遗迹资源价值;Q_i 为第 i 个评价因子的权重;P_i 为第 i 个评价因子的评价值;n 为评价因子数目。

(二)评价指标权重体系及评分标准

依照层次分析法,地质遗迹资源开发评价因子体系的确定应首先对各种影响地质遗迹评价的因子进行归类和层次划分,确定出各属于不同层次和不同组织水平因子之间的相互关系,在总目标(即最高层)的基础上划分出评价综合层,在评价综合层的基础上划分出评价项目层、在评价项目层的基础上划分出评价因子层。本次参照李正琪等(2009)将地质遗迹资源开发评价因子(指标)体系分为 3 个大类 9 类 19 个因子(指标)层,分别称为评价综合层、评价项目层和评价因子层,并采用 3∶7 的权重比例,即资源价值特征的权重为 70%;环境因素和区位条件仅各占 20% 和 10%。在地质遗迹资源评价结果等级划分方面,李正琪等(2009)曾划分为五级,各级划分标准为:大于 90 分[Ⅰ级为世界(珍稀)地质遗迹得分]、76~89 分[Ⅱ级为国内少见(稀有)地质遗迹]、61~75 分[Ⅲ级为省内少见(重要)地质遗迹]、45~60 分[四级为县(市)内少见(重要)地质遗迹]和小于 45 分(一般地质遗迹),本次根据专家意见,参照《地质遗迹调查规范》(DZ/T 0303—2017),仅划分为 3 类,即世界级地质遗迹点、国家级地质遗迹点和省级地质遗迹点。

(三)地质遗迹景观资源评价结果

运用层次分析法和李正琪等(2009)所建立的评价指标、指标权重和评价标准赋分,依次对这 21 处地质遗迹的 19 项指标赋分进行计算。计算总分为 100 分,其中资源价值 70 分,区位条件 10 分,环境条件 20 分。经专家鉴评,最后确定了本次 18 处地质遗迹的综合得分,其中最高总得分为 88.2,最低总得分为 41.8,超过 76 分的有 6 处。评价结果显示在区内汉阳区锅顶山坟头组汉阳鱼动物群、青山区天兴洲心滩、武汉龙王庙-南岸咀汉江与长江汇流、东湖新技术开发区东湖湖泊和江夏区梁子湖湖泊 5 处被评为国家级,其余均为省级(表 5-5-2)。

表 5-5-2 区内地质遗迹景观资源点评价结果一览表

序号	名称	地质遗迹大类	地质遗迹类	地质遗迹亚类	评价级别
1	青山区钢谷小区青山组风成砂山剖面、新洲区阳逻港阳逻组地层剖面	基础地质	地层剖面	层型(典型剖面)	Ⅲ
					Ⅲ
2	黄陂区寅田村玄武岩		岩石剖面	火山岩剖面	Ⅲ
3	襄广断裂带		构造遗迹	断裂	Ⅲ
4	洪山区南望山构造剖面		构造剖面	褶皱与变形	Ⅲ
5	东西湖区瓠子山黄家蹬组斜方薄皮木		古植物	古植物化石产地	Ⅱ
					Ⅲ
6	东湖新技术开发区铁箕山坟头组汉阳鱼动物群		古动物	古动物化石产地	Ⅲ
7	汉阳区锅顶山坟头组汉阳鱼动物群				Ⅱ

续表 5-5-2

序号	名称	地质遗迹大类	地质遗迹类	地质遗迹亚类	评价级别
8	武汉经济技术开发区大军山向斜山地貌	地貌景观	岩土体地貌	碎屑岩地貌	Ⅲ
9	汉阳区龟山石英砂岩向斜山地貌				Ⅲ
10	武昌区蛇山石英砂岩向斜山地貌				Ⅲ
11	江夏区八分山白云洞岩溶地貌			碳酸盐岩地貌	Ⅲ
12	青山区天兴洲心滩		水体地貌	河流	Ⅱ
13	江岸区武汉江滩				Ⅲ
14	武汉龙王庙-南岸咀汉江与长江汇流				Ⅲ
15	东湖新技术开发区东湖湖泊			湖泊	Ⅱ
16	东湖新技术开发区汤逊湖湖泊				Ⅱ
17	江夏区梁子湖湖泊				Ⅲ
18	武汉经济技术开发区砾山滑坡	地质灾害	地质灾害遗迹	滑坡	Ⅱ

第六章　三维地质数据库与地质建模

第一节　城市三维地质数据库

一、城市地质数据的特点

(一)城市地质数据一般特点

城市地质三维地质数据库具有格式差异性、来源多源性和数据海量性特点。

(1)城市三维地质数据格式差异性:主要体现在三维地质数据格式和类型的不同,按类型分有空间数据、非空间结构化数据和非结构化的描述性数据。

(2)城市三维地质数据的多源性:城市三维地质数据库来自不同的地质领域,从而决定了数据的差异性,且大部分数据具有多比例尺的特点。如图形空间数据可能来源于 CAD 格式、ArcGIS 格式或者 MapGIS 格式等,属性数据可能来源于 Access、Excel、Word 等格式。

(3)城市三维地质数据的海量性:城市地质来源于不同的专业、不同的研究领域,且同一领域数据还存在不同年份的差异,从而决定了城市三维地质数据数量巨大,故需要对这些海量的数据进行有效的组织、合理的存储。

(二)武汉城市地质数据的特点

对于武汉地区的城市地质数据,也有其自身的特点,具体如下。

(1)各类城市地质资料分布分散,基础性的地质资料主要分布在公益性地质调查单位,如中国地质调查局武汉地质调查中心、湖北省地质调查院、湖北省地质环境总站等,而钻孔资料等勘查资料主要分布在省、市级的勘查单位,如武汉市城乡建设局、武汉市地铁集团、武汉市勘察设计研究院等单位。

(2)钻孔数据的分布不均匀且多以工程勘察钻孔为主,总体利用价值有限。武汉中心城市因进行了大量工程建设,故相应的工程勘查钻孔资料也较多,而偏远郊区则分布着大量农田、荒地、鱼塘、湖泊等,地质勘察工作较少。武汉地区工程勘查钻孔一般深度较浅,地层描述不够系统和准确,可利用价值有限。

二、城市三维地质数据整理

对于城市地质数据的整理工作,可分为一般地质资料的整理和钻孔资料的整理。

(一)一般性地质资料的整理

全面利用已有的成果资料和原始资料,首先选出可为利用的成果资料和各种原始编录资料,同时找出已有资料的不足之处,为开展进一步调查工作打下基础。有针对性地通过整理和分析对不同类别的资料进行归类,进行资料可利用程度的划分。

已有资料整理要求见 6-1-1。

表 6-1-1 基岩区资料收集及整理内容一览表

资料名称		主要内容
成果资料		地质报告、地质图、基岩地质图、第四系地质图、构造纲要图、古地理演化图、岩浆岩序列图、图切剖面图、综合地层柱状图等
原始资料	地质填图	实际材料图,实际材料图中的成果地质图没有表达的特殊岩性层信息及其属性信息(如特殊岩性层分层、照片、素描、样品采集等)的选分材料
	地质剖面	剖面图、地层柱状图及图件相关信息
	采样基本信息	采样位置,样品类别编号、位置、坐标、日期、样品类型、采样人
	测试分析	野外地质点编号,野外编号、测试单位、试验人、试验编号、测试项目、含量和分析结果作出的图、表、文
	样品类别	古生物、同位素年龄、岩石化学、地球化学、稀土、同位素示踪、重砂等
	野外记录簿	调查点编号、性质、位置、坐标、照片、素描、剖面分层信息、样品采集信息、项目名称、岩性描述、分层编号、记录人、审核人、工作时间

(二)钻孔资料的整理

1. 钻孔数据

钻孔是具有狭小地表面积和一定深度的柱状三维体,它可以用点状实体存储表示。钻探是获得地下岩层、构造、含水量等信息的有效手段。钻孔数据即日常所说钻孔资料的抽象,是钻探工作的主要成果,也是技术人员进行计算、绘图、报告的主要基础数据。钻探是地质勘探的最重要的方法之一,也是对地下地质结构特征最直接地揭露。

2. 钻孔数据的组织

钻孔数据的基本特点是几何方向上沿钻孔迹线分布有许多地层分界点、采样点等控制性点。原始钻孔数据经地质人员初步加工、处理后,通常以钻孔统计表、钻孔柱状图和钻孔位置平面图的形式记录下来。为了满足查询、保存钻孔数据及制图、三维数据显示的需要,原始钻孔数据可以分为钻孔统计数据、岩层数据和钻孔取样数据 3 类进行组织。

(1)钻孔统计数据。它主要是表达每个钻孔的编号、孔口位置、终孔深度和钻孔类型等的数据。这些数据通常以钻孔统计表的形式出现。

(2)岩层数据。岩层数据作为钻孔勘探的基本地质数据,包括的信息有起点深度、终点深度、地层时代代码、岩石代码和岩性描述等,为了清晰表达地层或岩层信息,可设置表示不同地层或岩层的代码、颜色和图案。

(3)钻孔取样数据。它一般包括样品位置、样品编号等,可以自定义多个不同类型的字段记录样本的多种信息,如采取率、采样人和采样时间等。

(三) 钻孔数据的标准化

进行钻孔数据的标准化要先确定三维填图单元的划分，然后按照相应填图单元对钻孔资料进行标准化。

1. 基础地质三维地质填图单元划分

基础地质填图单位的划分包括第四系填图单元和基岩地质填图单元两个方面。

1）第四系填图单元的划分

全新世以后工作区经历了气候冷暖干湿多次交替变化及振荡升降运动，致使第四纪沉积环境变迁频繁，造成工作区第四系分布广、类型多、相变大、成分复杂，有侵蚀剥蚀作用与堆积作用的分区现象，垂直剖面存在多次沉积间断，从而加大了武汉地区第四系划分的难度。在对工作区第四系充分认识和了解的基础上，考虑其他的相关因素，将工作区划分为堆积覆盖区和剥蚀露头区，分别单独进行第四系三维填图单元的划分。

在进行填图单元划分时，主要以地层时代作为划分主线，即早更新世、中更新世、晚更新时和全新世，共计 4 个时代，并考虑按成因类型和地层岩性，确定的第四系填图单元见表 6-1-2。

表 6-1-2　武汉地区第四系岩石地层填图单元划分简表

地质时代	堆积覆盖区		剥蚀露头区	
	组	沉积(相)体	组	沉积(相)体
全新世	走马岭组 (Qhz)	冲积(Qhz^{al})、湖积(Qhz^l)、洪泛堆积(Qhz^{pal})、残坡积(Qhz^{edl})		
晚更新世	下蜀组 ($Qp^3 x$)	冲积($Qp^3 x^{al}$)、湖积冲积($Qp^3 x^{lal}$)、残坡积($Qp^3 x^{edl}$)、风尘堆积($Qp^3 x^{eol}$)		
中更新世	辛安渡组 ($Qp^2 x$)	洪冲积($Qp^2 x^{pal}$)　湖积($Qp^2 x^l$)	王家店组($Qp^2 w$)	冲积($Qp^2 w^{al}$) 洪冲积($Qp^2 w^{pal}$) 冲洪积扇($Qp^2 w^{psl}$)　残坡积($Qp^2 w^{edl}$) 残积($Qp^2 w^{esl}$)
早更新世	东西湖组 ($Qp^1 d$)	洪冲积($Qp^1 d^{pal}$)	阳逻组($Qp^1 y$)	冲积($Qp^1 y^{al}$)、冲洪积扇($Qp^1 y^{psl}$)

2）基岩地质填图单元的划分

(1) 基岩地质填图地层划分的原则。

出露基岩岩石地层单位划分至组和段，砾岩层、膏岩层、含矿层或煤层等特殊岩性层以非正式填图单位表示。侵入岩划分到单一岩性的最小侵入岩体，以岩性加时代表示。变质表壳岩划分到岩组和岩段，变质侵入岩划分到单一变质岩性。

隐伏基岩的填图单位主要依据钻孔资料，结合地球物理和出露区及邻区地表基岩特征划分，有确切依据的划分至岩石地层单位，依据欠充分则划分不同级的年代地层单位。侵入岩划分到岩类，变质地层划分到岩组。钻孔控制的特殊沉积层(或其他特殊地质体)以非正式填图单位表示。

(2) 基岩地质填图的划分方案。

根据武汉地区岩石地层发育特征，在湖北省岩石地层划分成果的基础上，确定本次工作区的基岩地质填图单位。

沉积岩采用多重地层划分，岩石地层作为填图单位。对于某些地层单一、岩性相近，野外调查时难以区分或者形成时间和环境类似,将其合并为一个大层,如泥盆系黄家磴组和云台观组石英砂岩,可以作为一个并层处理,做一个序号,能区分时再分别表示。

变质岩在本次工作区内分布过少,基本无划分。项目工作区北部襄广断裂区域有变质岩出露,但是工作区内未直接观测,无法判定其与沉积岩、侵入岩接触关系,未作判定。

地层包括志留纪、泥盆纪、石炭纪、二叠纪、三叠纪海相沉积盖层及侏罗系、白垩系、古近系陆相盆地地层等。由于覆盖严重,除志留系、泥盆系分布相对较广外,多数地层仅极少量露头,出露不全。

基岩地质填图单元划分见表 6-1-3。

表 6-1-3 武汉地区基岩三维地质填图单元划分

地质时代		岩石地层组	代号	主要岩性	划分标志
纪	世				
新近纪	中新统	广华寺	N_1g	浅白色黏土岩、砾石层	以浅白色砂砾层为主要划分标志
古近纪	古新世	公安寨组	K_2E_1g	紫红色砂岩、粉砂岩、泥岩	以紫红色砂砾岩出现为主要划分标志
白垩纪	晚世				
三叠纪	中世	薄坼组	T_2p	紫红色砂岩、粉砂岩、泥岩	以紫红色粉砂岩出现为划分标志
		嘉陵江组	$T_{1-2}j$	浅灰色薄—中厚层白云岩	以厚层状砂屑白云岩出现与大冶组灰岩分界
	早世	大冶组	T_1d	下部为灰白色黏土岩、黄绿色页岩,上部为灰岩	以页岩出现与下伏大隆组硅质岩分界
二叠纪	晚世	大隆组	P_3d	深色薄层硅质岩、泥质硅质岩,有时相变为深色页岩	以硅质页岩出现为划分标志
		龙潭组	P_3l	下部以页岩为主,上部以长石中砂岩为主,底含圆饼状铁质粉砂岩	以碳质页岩、砂岩出现与孤峰组硅质岩分界
	中世	孤峰组	P_2g	下部为薄层硅质岩,下部为厚层硅质岩	以灰黑色薄层硅质岩出现为划分标志
		栖霞组	P_2q	深色含燧石条带、团块状生物灰岩	以厚层状含碳灰岩出现与梁山组碳质页岩分界
		梁山组	P_2l	含碳质页岩	以碳质页岩出现为划分标志
	早世	船山组	P_1c	灰色厚层球粒灰岩	以灰色厚层状球粒灰岩出现为划分标志
石炭纪	晚世	黄龙组	C_2h	浅灰色—灰色厚—巨厚层生物灰岩	以厚层块状白云岩消失、浅灰色—灰色厚—巨厚层生物灰岩出现为划分标志
		大埔组	C_2d	浅灰色厚—巨厚层白云岩、白云质灰岩	以灰岩消失或厚层块状白云岩出现为划分标志
	早世	和州组	C_1h	灰色中层石英细砂岩、粉砂岩夹黏土岩、透镜状灰岩等	底与高骊山组以细粒石英砂岩消失、含生物碎屑含白云质灰岩出现为划分标志
		高骊山组	C_1g	浅色黏土岩、薄层粉砂岩、页岩夹细砂岩、薄煤层、赤铁矿层等	以黄绿色、紫红色页岩大量出现,夹煤线和赤铁矿层为主要划分标志

续表 6-1-3

地质时代		岩石地层	代号	主要岩性	划分标志
纪	世	组			
泥盆纪	晚世	黄家蹬组	D_3h	灰黄色石英砂岩夹页岩	以黄绿色页岩出现与下伏云台观组石英砂岩分界,化石丰富,为 *Leptophloeum rhombicum-Cyclostigma kiltorkense* 组合带
		云台观组	D_3y	浅灰色、灰黄色中—厚层状石英细砂岩,底为砂砾岩	以灰白色含砾石英砂岩出现为划分标志
志留纪	早世	坟头组	S_1f	黄绿色页岩、粉砂质页岩、泥质粉砂岩、薄层状细砂岩	以黄绿色页岩、泥质粉砂岩大量出现为划分标志,顶部为红褐色粉砂岩,化石丰富,为 *Coronocephalus* 带
南华纪		武当岩群	NhW.	石英钠长片岩	仅由钻探揭露于测区北东,以石英钠长片岩等变质岩出现为划分标志

2. 水文地质三维地质填图单元划分

1) 划分原则

以地质填图单位为基础,以水文地质特征为依据,以地下水资源开发利用为目的,确定本项目水文地质填图单位。

以基岩地质填图单位为基础,划分出具有供水意义的含水层(组、带),富水性或透水性弱的地质填图单位进行合并。在地质填图单位的基础上,依据地下水动力条件和水文地球化学环境划分含水层(组),一个地质填图单位可以划分为多个含水层(组),多个地质填图单位也可以合并为一个含水层组。根据地层的渗透性,将含水层(组)进一步划分为含水层、弱含水层、隔水层。

水文地质填图单位的确定应以工作区具有供水意义的主要含水层为划分对象。划分依据一般按地下水类型、成因、时代及水动力条件进行,同时也应考虑环境地质研究的要求。

2) 划分方案

根据上述原则,以上述含水层(组)划分为依据,充分利用工作区水文地质研究成果,划分工作区水文地质填图单位。水文地质填图单元的划分标准见表 6-1-4。

表 6-1-4 武汉地区水文地质三维填图单元的划分

	年代地层		代号	水文地质填图单位	层号		岩性特征
1	全新统	走马岭组	$Qh^{3-3}z$	潜水含水层		1	素填土
2						2	杂填土
3						3	碎石土
4			$Qh^{3-2}z$	潜水含水层	H①	1	沼泽湖泊、淤泥质土
5				隔水层	N①	1	黄褐色黏土
6						2	黄褐色粉质黏土
7			$Qh^{3-1}z$	承压含水层	H②	1	黄褐色粉土
8			Qh^2z			2	灰黑色淤泥质土
9			$Qh^{1-3}z$			3	灰色、青灰色粉细砂
10			$Qh^{1-2}z$	承压含水层	H④	1	灰黄色含砾中粗砂
11			$Qh^{1-1}z$			2	灰黄色、灰白色砂砾石

续表6-1-4

	年代地层		代号	水文地质填图单位	层号		岩性特征
12			$Qh^3 x$		3		灰黄色粉细砂
13				承压含水层	H⑤	1	淤泥质土透镜体
14	上更新统	下蜀组	$Qp_3^{2-2} x$	隔水层	N②	1	棕黄色黏土
15						2	棕黄色粉质黏土
16			$Qp_3^{2-1} x$	承压含水层	H⑥	1	灰黑色淤泥质土
17			$Qp_3^{1-2} x$			2	灰黄色中粗砂
18			$Qp_3^{1-1} x$			3	灰黄色砂砾石
19			$Qp_2^{2-3} w$	隔水层	N③	1	棕红色—褐红色黏土
20	中更新统	王家店组	$Qp_2^{2-2} w$			2	棕红色网纹状黏土
21			$Qp_2^{2-1} w$			3	杏黄色网纹状黏土
22			$Qp_2^1 w$	承压含水层	H⑦	1	棕红色泥砾
23			$Qp_1^3 y$			2	黄棕色—红棕色砂砾石
24	下更新统	阳逻组	$Qp_1^2 y$		N④	3	黄色、浅红色粉质黏土
25			$Qp_1^1 y$		H⑧	4	黄褐色、红棕色砂砾石
26	新近系	广华寺组	$N_1 g$	裂隙孔隙承压含水层	H⑨	1	灰绿色黏土岩、粉砂岩、细砂岩、含砾粗砂岩,下部为含砾黏土质砂砾岩及砾岩
27	白垩系—古近系	公安寨组	$K_2 E_1 g$	裂隙承压含水层	H⑩	1	紫红色中—厚层细—粗粒岩屑长石夹杂砂岩、含钙砂岩、底部含砾砂岩夹凝灰岩
28	侏罗系	王龙滩组	$J_1 w$			2	褐黄色细粒绢云母石英砂岩、细砂岩夹黄绿色粉砂质泥岩
29		中上统	蒲圻群	$T_2 P$			3	紫红色粉砂岩、粉砂质泥岩夹褐黄色粉砂岩细砂岩石英砂岩
30	三叠系	中统	嘉陵江组	$T_{1-2} j$	裂隙岩溶含水层	H⑩	1	灰岩、白云质灰岩
31		下统	大冶组	$T_1 d$			2	灰岩、页岩夹泥质灰岩
32		上统	大隆组	$P_3 d$			1	硅质岩、含黏土硅质岩、硅质页岩
33			龙潭组	$P_3 l$		H⑪	2	长石石英砂岩、泥质页岩夹黏土岩
34	二叠系	中统	孤峰组	$P_2 g$			2	硅质岩、生物碎屑硅质岩
35			栖霞组	$P_2 q$		H⑫	1	灰岩、含燧石结核生屑灰岩、角砾状灰岩
36			梁山组	$P_1 l$			2	生屑灰岩、碳质页岩、细晶灰岩
37		上统	黄龙组	$C_2 h$			3	细粒砂屑灰岩、鲕粒状灰岩
38	石炭系	下统	和州组	$C_1 h$		N⑤	1	褐黄色—灰绿色杂砂岩、黏土页岩夹透镜状生屑灰岩
39			高骊山组	$C_1 g$			1	灰白色—浅黄色黏土岩、粉砂岩夹碳质页岩

续表 6-1-4

	年代地层			代号	水文地质填图单位	层号		岩性特征
40	泥盆系	上统	黄家磴组	D_3h		H⑬	1	灰色—灰黄色薄—中层状细粒石英砂岩夹粉砂岩
41			云台观组	D_3y			2	灰色—灰黄色薄—中层状—中粒石英砂岩，底部褐红色厚—巨厚层状石英砾岩
42	志留系	下统	坟头组	S_1f		N⑤	1	黄色—黄绿色薄—中厚层状细粒石英砂岩夹黏土质粉砂岩及页岩

3. 工程地质三维地质填图单元划分

武汉地区第四系工程地质三维填图单元划分见表 6-1-5，基岩部分填图单元划分见表 6-1-6。

表 6-1-5 工程地质三维地质填图单元划分（第四系部分）

序号	年代地层		代号	层号		岩性特征
1	全新统	走马岭组	Qh_z^{3-3}	1	1-1	素填土，松散
2					1-2	杂填土、松散
3					1-3	碎石土、松散
4			Qh_z^{3-2}	2	2-1	沼泽湖泊，淤泥质土，流塑
5					2-2	黄褐色黏土、可—软塑
6					2-3	黄褐色粉质黏土、可—软塑
7			Qh_z^{3-1}	3	3-1	黄褐色粉土
8			Qh_z^{2-3}	4	4-1	灰黑色淤泥质土
9			Qh_z^{2-2}		4-2	粉土
10			Qh_z^{2-1}		4-3	淤泥质粉土
11			Qh_z^{1-3}	5	5-1	灰色、青灰色粉细砂
12			Qh_z^{1-2}	6	6-1	灰黄色含砾中粗砂
13			Qh_z^{1-1}	7	7-1	灰黄色、灰白色砂砾石
14	上更新统	下蜀组	$Qp_3^3 x$	8	8-1	灰黄色粉细砂
15			$Qp_3^{2-2} x$	9	9-1	淤泥质土透镜体
16					9-2	棕黄色黏土
17					9-3	棕黄色粉质黏土
18			$Qp_3^{2-1} x$	10	10-1	灰黑色淤泥质土
19			$Qp_3^{1-2} x$	11	11-1	灰黄色中粗砂
20			$Qp_3^{1-1} x$	12	12-1	灰黄色砂砾石
21	中更新统	王家店组	$Qp_2^{2-3} w$	13	13-1	棕红色—褐红色黏土
22			$Qp_2^{2-2} w$	14	14-1	棕红色网纹状黏土
23			$Qp_2^{2-1} w$	15	15-1	杏黄色网纹状黏土
24			$Qp_2^1 w$	16	16-1	棕红色泥砾

续表 6-1-5

序号	年代地层		代号	层号		岩性特征
25	下更新统	阳逻组	$Qp_1^3 y$	17	17-1	黄棕色—红棕色砂砾石
26			$Qp_1^2 y$	18	18-1	黄色、浅红色粉质黏土
27			$Qp_1^1 y$	19	19-1	黄褐色、红棕色砂砾石

表 6-1-6　工程地质三维地质填图单元划分（基岩部分）

	年代地层				代号	层号		岩性特征
26	新生界	新近系		广华寺组	$N_1 g$	20	10-1	黏土岩、粉砂质黏土岩
27							10-2	砂岩
28	中—新生界	白垩系—古近系		公安寨组	$K_2E_1 g$	21	11-1	泥岩
29							11-2	砂岩、砂砾岩
30	中生界	侏罗系	上统	王龙滩组	$J_1 w$	22	12-1	石英砂岩、细砂岩、粉砂岩
31							12-2	泥岩
32		三叠系	中上统	蒲圻群	$T_{2-3} P$	23		紫红色粉砂岩、粉砂质泥岩夹褐黄色粉砂岩细砂岩石英砂岩
33			中统	嘉陵江组	$T_2 j$	24		灰白色巨厚层白云质灰岩、灰岩、浅灰色巨厚层角砾状白云质灰岩、灰岩夹白云岩
34			下统	大冶组	$T_1 d$	25		黄绿色页岩夹泥灰岩
35	古生界	二叠系	上统	大隆组	$P_3 d$	26		灰黑色—浅灰色薄层硅质岩、含黏土硅质岩、黏土页岩
36				龙潭组	$P_3 l$	27	27-1	浅灰色—浅黄色中厚层细粒长石石英杂砂岩
37							27-2	灰黑色—黄褐色黏土页岩夹黏土岩
38			下统	孤峰组	$P_2 g$	28		灰黑色薄—中厚层硅质岩、生屑硅质岩
39				栖霞组	$P_2 q$	29		上部巨厚层灰岩，下部中厚层含燧石结核生屑灰岩，顶部偶见角砾状灰岩
40				梁山组	$P_1 l$	30		深灰色厚层状细粒砂屑灰岩、含碳质页岩，底部夹透镜状细晶灰岩
41		石炭系	上统	黄龙组	$C_2 h$	31		浅灰色厚层状细粒砂屑灰岩、鲕状灰岩
42			下统	和州组	$C_1 h$	32		褐黄色—灰绿色杂砂岩、黏土页岩夹透镜状生屑灰岩
43				高骊山组	$C_1 g$	33		灰白色—浅黄色黏土岩、粉砂岩夹碳质页岩，含奇形亚鳞木
44		泥盆系	上统	云台观组—黄家磴组	$D_3 y+h$	34		上部灰色—灰黄色薄—中层状细粒石英砂岩夹粉砂岩，下部褐红色厚—巨厚层石英砂岩
45		志留系	下统	坟头组	$S_1 f$	35		黄色—黄绿色薄—中厚层状细粒石英砂岩夹黏土质粉砂岩及页岩

4. 钻孔数据的标准化工作

对于工作区的钻孔资料,则需要按照划分的三维地质填图单元对相应的钻孔进行重新分层,形成基础地质标准化钻孔、水文地质标准化钻孔和工程地质标准化钻孔。

三、城市地质数据库质量保证

武汉城市地质数据库质量控制贯穿从源数据到形成标准产品的全过程。

源数据的质量控制:首先对各种渠道收集的资料进行筛选和分类,剔除一些争议性数据或者渠道来源不明的数据;然后项目技术专家对各专业数据进行评审验收,验收通过方可对该专业数据进行入库整理工作,从而保障数据来源可靠性。

建立自检、互检和抽检制度:建立完整的自互检表,每个作业人员对每一幅图、每一个属性表格都要进行100%的自检,个人完成自检工作后,由项目工作组组长安排其他作业人员进行开展数据的互检工作,并将互检结果和修改处理结果如实、完整地记录下来,最终由工作组组长确认。对数据的自检互检完成以后,由项目负责抽取20%进行抽检,并确保检查内容全部符合质量要求。

数据入库:数据入库的过程中为避免人为因素造成的错误,采用全自动或半自动的方式将数据导入数据库,保持数据库中数据与源数据的一致,保证入库过程的准确性。

入库数据检查:数据入库后,需要对数据进行完整性、正确性和应用性进行检查。分别对不同属性数据、空间数据、文档数据等采用不同的方法进行数据完整性和正确性检查,然后运用武汉城市地质信息管理服务系统调用各专业的数据进行运行测试、计算,检查数据在系统中的展示应用情况,以保证数据准确可靠。

四、入库数据支撑

数据库涵盖基础地理、基础地质、工程地质、水文地质、地球物理、城市环境、地球化学、地质灾害、地质资源等多个专业的数据,以三维地质建模与可视化分析系统作为工作平台,建立武汉地区城市地质数据库,各种类型的专题数据均按照相应的规范导入该数据库,支撑武汉城市地质信息管理与服务系统运行。在武汉城市地质数据库中,以数据来源及用途为分类标准,将各类专题数据分为原始数据、过程数据和最终建模成果数据三大类。以下为武汉城市地质数据库的数据类型及数量。

(一)基础地理

基础地理由地理底图和遥感影像两部分组成。

(1)地理底图:项目数据库中地理底图主要为工作区1:5万地形图,录入数据库的地形图共计6个图幅的4期地形数据,数据格式有MapGIS格式和光栅格式两种,具体见表6-1-7。

(2)遥感影像:录入武汉城市地质数据库遥感数据为1:5万横店镇幅、茅庙集幅、汉阳幅、武汉市幅、金口镇幅、武昌幅范围的快鸟卫星影像,数据时间为2011年,分辨率为0.61m,具体数据资料说明见表6-1-8。

表 6-1-7 录入数据库中的工作区不同时期 1∶5 万地形图数据

图幅名称	格式(1965 年)	格式(1973 年)	格式(1990 年)	格式(2000 年)
横店镇幅	光栅	光栅	光栅	MapGIS
茅庙集幅	光栅	光栅	光栅	MapGIS
汉阳幅	光栅	光栅	MapGIS	MapGIS
武汉市幅	光栅	光栅	MapGIS	MapGIS
金口镇幅	光栅	光栅	MapGIS	MapGIS
武昌幅	光栅	光栅	MapGIS	MapGIS

表 6-1-8 录入数据库中的工作区快鸟卫星影像资料情况

区域	1∶5 万汉阳幅、金口镇幅、武昌幅、武汉市幅、茅庙集幅、横店镇幅
拍摄时间	2011 月 11 月 28 日
影像倾角	22.8°
影像分辨率	0.61
云量	0
DEMCorrection	Base Elevation
影像 Band 的 ID	全色和多光谱

(二)基础地质

基础地质包括基岩地质和第四纪地质。根据这些数据,可以对武汉市基岩、断裂活动性、第四系地质等状况进行研究。基础地质数据主要包括钻孔数据、剖面数据、图形数据和试验测试数据。

(1)钻孔数据:整个项目组 3 年钻探工作量为 3700 多米,全部进入武汉城市地质数据库。同时,项目组从 20 000 多个收集钻孔中整理并标准化入库基础地质钻孔数量为 4000 多个。

(2)剖面数据:因项目三维地质建模的需要,项目组构建 6 个图幅内的基础地质剖面,共绘制 6 个图幅基础地质剖面 77 条,各片区的剖面总长度和控制面积见表 6-1-9。图 6-1-1 为 6 幅基础地质剖面合并图。

表 6-1-9 基础地质剖面数据情况

图幅名称	剖面数/条	单元格数/个	横向比例尺	纵向比例尺	剖面控制面积/km²	完成单位
茅庙集幅	13	27	1∶1000	1∶1000	450	湖北省地质调查院
横店镇幅	13	28	1∶1000	1∶1000	450	湖北省地质调查院
汉阳幅	13	26	1∶1000	1∶1000	450	湖北省地质调查院
武汉市幅	13	25	1∶1000	1∶1000	450	湖北省地质调查院
金口镇幅	13	26	1∶1000	1∶1000	450	湖北省地质调查院
武昌幅	12	26	1∶1000	1∶1000	450	武汉地质调查中心
合计	77	112			2700	

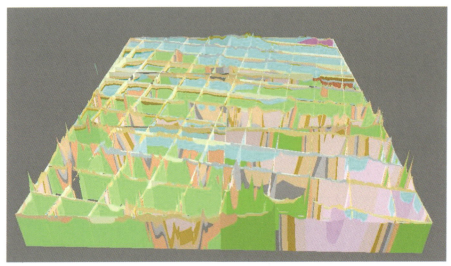

图 6-1-1　基础地质剖面（6 幅图合并）

(3) 图形数据：基础地质成果：①基础区调图件，主要为工作区 6 幅 1∶5 万地质图、第四系地质图、基岩地质图和地貌分区图；②三维地质模型类，工作区第四系等厚图、全新统走马岭组三维地质模型、上更新统下蜀组三维地质模型、中更新统王家店组三维地质模型、中更新统辛安渡组三维地质模型、下更新统阳逻组三维地质模型、下更新统东西湖组三维地质模型。

(4) 试验测试数据：主要为项目实施过程中开展的基岩和第四系的相关试验测试数据。

(三) 工程和水文地质

工程地质有工程地质图形数据、水文地质图数据、工程勘察报告等。

图形数据：主要为工作区茅庙集幅、横店镇幅、汉阳幅、武汉市幅、金口镇幅和武昌幅共计 6 个图幅的 1∶5 万工程地质图和 1∶5 万水文地质图。

工程勘察报告：收集工作区内水文地质、工程勘察报告 50 多份。

(四) 地球物理

地球物理数据主要为工作区收集的各类重磁、航磁成果图件和项目组完成的物探剖面资料。具体地球物理成果图见表 6-1-10。

表 6-1-10　武汉地区地球物理成果图列表

图形编号	图幅名	格式类型	比例尺
1	武汉市汉口地区第四系（Q层）厚度分布图	光栅格式	1∶1 万
2	武汉市汉口地区垂直磁力异常剖面平面图	光栅格式	1∶1 万
3	武汉市汉口地区重力推断第 1 剖面图	光栅格式	1∶1 万
4	武汉市汉口地区重力推断第 2 剖面图	光栅格式	1∶1 万
5	武汉市汉口地区剩余重力异常平面图	光栅格式	1∶1 万
6	汉口市浅层地温平面图	光栅格式	1∶1 万
7	武汉地区地质构造分析图	光栅格式	1∶10 万
8	武汉市汉口地区布格重力异常平面图	光栅格式	1∶1 万

续表 6-1-10

图形编号	图幅名	格式类型	比例尺
9	武汉市武昌地区直流电测深Ⅰ线综合断面图	光栅格式	1∶5万
10	武汉市武昌地区直流电测深Ⅲ、Ⅳ线综合断面图	光栅格式	1∶5万
11	自由空间重力异常点位数据图(黄陂幅)	光栅格式	1∶20万
12	武汉市布格重力异常点位数据图(武汉市幅)	光栅格式	1∶5万
13	布格重力异常平面图(黄陂幅)	光栅格式	1∶20万
14	自由空间重力异常平面图(黄陂幅)	光栅格式	1∶20万
15	布格重力异常点位数据图(黄陂幅)	光栅格式	1∶20万
16	布格重力异常数据点位置图(武汉市幅)	光栅格式	1∶20万
17	武汉市布格重力异常平面图(1986)	光栅格式	1∶5万
18	布格重力异常平面图(武汉市)	光栅格式	1∶20万
19	自由空间重力异常点位数据图(武汉市幅)	光栅格式	1∶20万
20	自由空间重力异常平面图(武汉市幅)	光栅格式	1∶20万
21	武汉市武昌地区直流电测深Ⅵ、Ⅷ、Ⅹ线综合断面图	光栅格式	1∶5万
22	武汉市武昌地区电测深推断第四系覆盖层厚度图	光栅格式	1∶5万
23	武汉市武昌地区直流电测深实际材料图	光栅格式	1∶5万
24	武汉市武昌地区直流电测深推断成果图	光栅格式	1∶5万
25	武汉市武昌地区直流电测深Ⅴ、Ⅹ线综合断面图	光栅格式	1∶5万
26	推测奥陶系界面深度图(武汉市幅)	光栅格式	1∶5万
27	武汉市武昌地区直流电测深Ⅱ、Ⅶ线综合断面图	光栅格式	1∶5万
28	武汉市 2km×2km 滑动平均重力布格异常平面图(武汉市幅)	光栅格式	1∶5万
29	武汉市重力综合异常平面图(武汉市幅)	光栅格式	1∶5万
30	布格重力异常综合平面图(武汉市幅)	光栅格式	1∶20万
31	武汉市物探推断地质构造图	光栅格式	1∶10万
32	武汉市布格重力异常推断成果图(武汉市幅)	光栅格式	1∶5万
33	武汉地区航空磁测 ΔT 剖面平面图——阳逻镇	光栅格式	1∶5万
34	武汉地区航空磁测 ΔT 剖面平面图——武汉市	光栅格式	1∶5万
35	武汉地区航空磁测 ΔT 剖面平面图——横店镇	光栅格式	1∶5万
36	武汉地区航空磁测 ΔT 剖面平面图——汉阳区	光栅格式	1∶5万
37	武汉地区航空磁测 ΔT 剖面平面图——茅庙集	光栅格式	1∶5万
38	武汉地区航空磁测 ΔT 剖面平面图——金口镇	光栅格式	1∶5万
39	武汉地区航空磁测 ΔT 剖面平面图——武昌区	光栅格式	1∶5万
40	武汉地区航空磁测 ΔT 剖面平面图——豹澥	光栅格式	1∶5万
41	武汉地区地质构造推断图	光栅格式	1∶5万
42	《长江中游武汉城市群三维地质调查》高密度电法 1~4 线地质解译成果图	MapGIS 格式	
43	黄陂地区 1~4 测线浅层地震反射时间剖面及地质推断图	MapGIS 格式	

五、城市地质数据管理与维护

(一) 城市地质数据安全体系

城市地质数据库中存放和管理着大量基础地理、基础地质、工程地质、水文地质、环境地质等有关数据。这些地质测绘与调查数据获取成本高,基础性强,部分数据还涉及国家秘密,因而城市三维地质数据的安全问题日益引起重视。

1. 城市地质数据库系统主要安全问题

城市地质信息系统数据安全问题是整个系统安全中最重要的一个方面,地质数据内容若丢失、泄露、被篡改、被破坏会造成巨大的损失,使系统无法运用数据准确有效分析评价来提供决策服务。一些机密数据如不同比例尺的地形图等出现泄露,可能会对国家和城市安全造成威胁。城市地质信息系统在对外发布的过程中,涉及城市地质信息数据服务中心与互联网的跨界传输,一些涉及机密的数据可能在传输过程中遭到窃取,因此需要对城市地质数据系统制订相应、可持续的保护策略。

2. 数据保护策略

为了保证武汉地区城市地质数据库系统的安全,项目组主要采取了以下措施。

(1) 对所有能接触城市地质数据人员进行系统地质数据安全性培训,提高成员地质数据安全意识,并与项目组成员签订项目资料保密协议,任何成员不得在未经许可的情况下泄露任何数据。

(2) 对城市地质数据系统中的地质数据进行保密级分类,对不同时期的不同比例尺的工作区地形图、高精度遥感影像图、各种比例地质图、航磁和重力资料、钻孔资料等设计为机密数据,一般的试验测试数据设定为秘密级。

(3) 制订内部终端机管理机制,严防出口、规范操作,保障终端设备安全、可靠运行。通过互联网传输和外部设备拷贝是内网信息泄漏的主要途径,保障内网信息安全关键是守住出口。在数据库的实际管理中,局域网和互联网应采取物理隔离方式,不允许将内网计算机接入互联网,以防止通过互联网泄漏信息。局域网内部通过文件服务器进行数据传输,采用数据管理软件禁用内网台式机 USB 端口、可刻录光驱及无线网卡等硬件设备,防止电子文件在未经批准的情况下随意拷出,对局域网内所有计算机的文件操作过程进行跟踪记录,一旦发生信息流失或泄密事件可追查到当事人。

(4) 用户及权限管理,通过对用户、用户权限的严格管理,控制用户的功能权限和对系统数据的操作权限。系统的所有合法用户,都将经过一个可视化的组织机构管理工具,安置于各自的岗位,各自拥有各自的角色。权限管理系统将把系统的功能和数据资源,以树结构分配到树形结构的组织结构图上的岗位和角色。不同的用户在登录进入系统中时,由于各自的工作岗位和角色不同,拥有的用户操作权限也不同,对数据可能有可见、可读、可修改、可删除、可新建等权利。

(5) 搭建终端机管理系统,通过系统可定时地对终端机操作系统、应用程序进行安全管理、软件更新、系统漏洞扫描、病毒清扫、其他管理等,使得信息数据制作过程安全可靠。应专设计算机管理人员定期维护计算机和网络,及时更新系统,减少安全漏洞,在整个局域网内安装网络防病毒软件,建立数据备份机制,对重要信息及时备份,并采取异地存储的形式,确保重要信息的安全。

(6) 构建完善系统预警机制,编制程度监测控系统网络数据量流量的动态变化特征,当系统数据流量出现异常时,系统及时发现预警信号。

（二）武汉城市地质数据库管理与维护

武汉城市地质数据库系统中的基础数据树是指在将日常开展工作时所用到的数据节点，可以根据工作的实际情况添加、删除、更新相应的数据层和数据节点。基础数据树的管理和维护主要包括两大类，即对数据层的管理和维护、对数据节点的管理和维护。数据层指的是多个数据节点的集合，本身不能关联任何类型的数据，类似于 Windows 资源管理器中的"文件夹"。数据节点指的是实实在在可以关联数据的节点，一个数据节点可以关联一个数据表、图件、文档资料或三维模型，也可以是一类或多个数据表、图件、文档资料或三维模型。

基础数据树常用的功能包括数据层的添加、删除和重命名，数据节点的添加、删除、重命名、关联数据、删除关联等。

1. 数据关联

关联数据是基础数据树上的数据节点，与真实的数据表、图件、文档资料建立关联关系。只有建立了这种关联关系的数据节点才是有效的数据节点，才能在系统中进行打开、查询和分析等操作。

武汉城市地质数据库基础数据树上的数据节点可以关联的数据类型有很多，包括属性数据表、MapGIS 格式图形数据、文档资料数据、三维模型数据。

2. 数据查询及修改

武汉城市地质数据库提供对属性数据表、MapGIS 格式图形数据、文档资料数据、三维模型数据的查询及修改，已达到及时对数据库进行查错补充。

4. 数据库维护

三维地质建模与可视化分析系统最终实施的软件环境选用目前较为通用的 Windows 系列操作系统、国产优秀地理信息系统 MapGIS 基础平台和 SQL Server 数据库。前端开发工具选用 Visual C++ 6.0 及以上版本。MapGIS 平台具有很好兼容 Windows 系列操作系统环境的特性，能与 ARC/INFO 方便地进行数据转换，并通过 MapGIS 平台独有的空间数据引擎，实现了空间数据在数据库中的高效存储和管理。具体软件运行环境如下。

（1）数据库服务器。操作系统采用 Windows 服务器系列，数据库产品采用 SQL Server2005。

（2）系统客户端。操作系统采用 Windows 服务器系列，支持基于 NT 技术的 Windows XP、Windows 7、Windows 8、Windows Vista 等系列产品，SQL Server 客户端，Microsoft Office 2000 以上版本（若需要导入、导出 Excel 等表格）。

（3）GIS 平台。采用的 GIS 平台为武汉中地数码科技有限公司地理信息基础平台 MapGIS K9 平台。

武汉城市地质数据库将数据树文件保存在 G2D DataPrj. xml 文件中，后期维护人员可以在数据树上对任意父节点、子节点，进行重命名、新建、删除、添加等操作以补充和完善数据库数据。

第二节　三维地质建模

一、建模基本流程

对于城市三维地质建模工作，总体工作流程如下。

(一)对拟建模工作区开展资料的收集、整理

系统收集武汉地区区域地质、水文地质、工程地质、环境地质、岩土工程以及地热、地震、物探、化探等地质调查研究资料和成果,重点是详细、全面地收集地质勘探、工程勘察和地震工程等形成的钻探资料,以及地下施工、开挖基坑等揭露工程的地质资料,结合已完成的不同比例尺基础地质调查成果,进行资料筛选、整合和集成。

(二)相应的实物工作量补充

在对工作区已有地质资料分析的基础上,对工作程度不高或者相应地质资料还欠缺的地区,布设相应的实物工作量,以满足三维地质建模的精度需要。补充实物工作量的内容包括地面补充调查、钻探、地球物理勘探、环境地球化学调查、遥感解译等方面。

1)地面补充调查

在对武汉市区域地质特征、前人工作程度以及目前收集资料整理和分析的基础上,有针对性地开展地面补充工作。它主要包括基础地质调查、工程地质调查、水文地质调查、岩溶地质调查、地质资源调查、水土质量地球化学调查等。

2)钻探

钻探是直接取得地下地质信息的最主要、最有效的技术方法,主要用于揭露或验证埋藏的地层、岩土体地质结构和隐伏断裂。根据工作收集钻孔资料的掌握情况,对以往有勘探钻孔控制的地段,原则上不再布置或仅布置少量验证孔;在空白区按精度要求,遵循由疏而密、一孔多用的原则。

(1)第四纪地质研究钻孔。

第四纪地质研究钻孔以揭露典型区段完整第四纪沉积层序,开展第四纪尤其是3ka以来古气候演化、海平面变迁和新构造运动耦合效应研究为目的。因此,要求部署在长江、汉江Ⅰ级阶地区的汉口、武昌沿江一带,东西湖区柏泉农场和洪山区化工新城一带的中更新世以来沉积层序完整的地段。

第四纪勘探应配合地球物理综合测井(包括视电阻率、超声波、放射性等)开展工作,按相关规范、要求对岩芯进行详细的分层与描述;工程地质勘探分机械岩芯钻和静力触探孔两类,后者为辅助勘探方法,主要用以查明中、浅部地层结构。

(2)工程地质钻孔。

根据区域工程地质条件和结构分区特点、研究目标和精度要求及手段的有效性,采用机械岩芯钻,遵循成本投入的合理性与工程布置有效性原则进行方案的部署。

工程钻孔分为标准孔、控制性钻孔和隐伏断裂验证孔3种。标准孔是以建立第四系标准层序和工程地质填图单位为目的的钻孔,作为区段划分对比的标准。控制性钻孔是指钻孔密度控制不足情况下布设的钻孔,以达到一定精度控制的要求。隐伏断裂验证孔是指通过基础地质推断和物探工作确定为主要隐伏断裂通过地段,运用钻探手段证实断裂并揭示断裂规模及产状、断裂构造岩类型及其活动年代的钻孔。

工程地质钻孔布置主要遵循下列基本原则。

①分析研究可利用钻孔的空间分布状况,对钻孔空白区、盲点、疑问点和突变点进行部署,以满足网度控制要求。对已满足精度要求的地区,则适当布置标准孔,统一第四系层序和工程地质填图单位的划分。

②依据地貌类型、工程地质层发育完整性和区域代表性等,每个工程地质结构亚区至少布设3~5个标准孔;在第四纪层序变化复杂、工程地质填图单位划分复杂的地段,在网度要求下应适当加密钻孔;其余则根据不同精度要求和工程地层结构的复杂程度布设若干控制性钻孔。

③结合已有资料,按精度要求适当在空白区、盲点、疑问点和突变点网格状布置补充勘探孔。在基

岩分布区和山麓沟谷区针对不同的风化壳类型布置少量钻探孔，以开展对风化层的工程地质特性的研究，风化壳中的钻孔均为标准孔。

④对孔与孔之间的岩性层的连续性和厚度变化特征调查，结合已有浅层地震资料，采用"十"字交叉部署。

⑤与浅层地震剖面测线协调，适当、合理布置标准孔。

（3）水文地质钻孔。

水文地质钻孔分为水源地勘查孔、水文地质结构对比控制孔、水文地质验证孔 3 类。

水文地质钻探部署的基本原则如下。

①应在充分利用以往资料特别是各类钻孔资料、物探资料的基础上，结合地质、地貌，以及第四纪地质、水文地质条件的综合分析部署水文地质钻探，对以往有勘探钻孔控制的地段，原则上仅部署个别验证孔。

②水文地质钻探要求目的明确，并配合第四纪地质、工程地质等研究的需要，体现"一孔多用"。

③水文地质钻探以揭露工作区主要含水层或含水构造带为前提，应揭穿覆盖层，每个水文地质单元至少布设 1 个孔。

水文地质钻探主要部署在城市应急供水水源地勘查区、水文地质钻孔控制不足或无钻孔控制的区，水文地质钻孔控制性初步满足要求的建模区仅部署个别验证性钻孔。此外，在垃圾处理地质环境条件调查评估与场址优选区划专题研究中只部署少量的水文地质钻探。

3）地球物理勘探

地球物理勘探是一种通过地球物理场直接反映地下信息的定量勘探技术，也是城市地质工作中最重要的现代勘查技术方法之一。本次物探工作主要目的是查明浅覆盖地区的地质体结构，尤其是查明第四系松散层结构和隐伏断裂的准确定位。因此，根据以上工作目的和测区断裂构造、第四系分布特征，结合地球物理勘探方法的技术特点，工作主要选择地质雷达、浅层地震、高密度电法、电阻率电测深等物探方法。

4）环境地球化学调查

目前环境地球化学方法一般应用于城市环境监测方面，如土壤污染、空气污染、地下水污染等。城市环境地球化学调查能够全面了解城市地区化学元素的背景场分布，通过建立城市地区元素地球化学数据库，可以指导土地利用规划和城市规划，还可以识别污染源，进行城市环境地球化学分析评价。

5）遥感解译

遥感解译目的任务：采用高分辨率遥感，获取工作区地表土地利用信息，同时对区内地质构造、崩滑流重大地质灾害、矿山环境地质问题、河道变迁以及第四系分布等进行解译，为地面调查获取前期信息，也为三维地质模型提供地表数据基础。

（三）确定三维地质填图单元

根据城市区域地质特点，确定三维地质建模的填图单元，划分原则是一方面要能满足解决地质问题要求，另一方面必须具有三维地质建模的可操作性。

填图单元的确定：根据建模目标地质体的需要，对于城市三维地质建模，需要划分的三维地质填图单元主要包括第四系填图单元、基岩填图单元、水文地质填图单元和工程地质填图单元。

钻孔资料的标准化：根据确定的三维地质填图单元，对收集的钻孔资料，根据不同的填图单元进行相应的标准化。对于一个原始资料完整的钻孔，需对其进行第四系和基岩地质填图单元标准化、水文地质填图单元标准化以及工程地质填图单元标准化。

（四）地质图件的修编工作

通过大量收集工作区钻孔、物探、测试成果等资料，加以整理，并辅以适当的野外地面调查工作、钻探工作和物探工作，对工作区1∶5万的第四纪地质图、地质图和基岩地质图进行修编，进一步提高建模基础数据的精度。

（五）地质剖面的制作

在1∶5万地形图上进行剖面线的布置，以布设纵横交错的剖面线为主，剖面线间距以2～5km为宜。剖面制件主要依据地质图、第四纪地质图、基岩地质图、工程地质图、水文地质图、钻孔资料等，必要时需进行相应的地质推测。

（六）建模方法和建模软件平台的选择

根据建模区域地质特点，选择不同的城市三维地质建模方法和不同的建模平台软件。对武汉地区的三维地质建模，因地质模型复杂，采用分块交互式建模方法，建模平台采用中地公司MapGIS K9。

（七）三维地质数据的入库工作

根据三维地质建模平台对数据的基本要求，进行相应三维地质数据的入库工作。入库的数据资料主要包括标准化的钻孔资料、二维剖面资料、物理勘察资料、遥感影像资料、相关地质图件地质以及相关的试验测试数据资料等。

（八）由地质剖面形成三维地质粗框架模型

根据制作的三维基础地质剖面、水文地质剖面和工程地质剖面将整个区域分成很多小方格，再利用分块交互式建模方法生成城市三维地质框架模型。

（九）三维地质模型精细化

依据工作区的钻孔资料对三维地质框架模型进行精细化，形成工作区精细化三维地质模型。

二、数字城市地质建模平台体系

（一）软件平台的选择

目前国外用于三维地质建模的主要软件有：澳大利亚SUPPAC MINEX GROUP国际有限公司开发的大型数字化矿山软件Surpac、Earth Decision公司开发的软件GoCAD、澳大利亚Maptek公司开发的地质三维建模软件Vulcan、英国矿业计算公司开发的软件Datamine、美国MINTEC公司开发的矿业软件MineSight、美国CTECH公司开发的矿山可视化系统MVS、英国Midland Valley勘探公司开发的应用于油气领域的构造地质分析软件3Dmove、美国队阿什卡地球科学咨询服务有限公司开发的软件Petrel等。国内的三维地质建模软件主要有北京航空航天大学开发的软件3D-Grid、武汉中地数码科技有限公司开发的软件MapGIS K9、中国地质大学（武汉）开发的可视化系统GeoView和Petro Modeling、中国矿业大学（北京）开发的GeoMo3D软件等。本项目根据工作区的地质特征、建模的工作的尺度和精度要求，选择武汉中地数码科技有限公司自主研发的地理信息系统产品MapGIS K9建模平台体系来构建三维基础地质模型。

(二)软件平台介绍

MapGIS K9 是由武汉中地数码科技有限公司自主研发的地理信息系统产品,于 2009 年 11 月正式发布。2011 年 4 月 7 日,MapGIS K9 SP3 亮相中地数码媒体见面会,同年 7 月 20 日 MapGIS K9 SP3 版正式发布。

MapGIS K9 SP3 提供"云服务"的超级引擎,采取悬浮式体系架构,具有可伸缩性及很强的自适应性;功能跟数据是分离的,功能与功能之间、功能与数据之间是耦合的;系统生命力极强,一个云细胞出了问题,新的云细胞可以随时聚集过来进行替换;具有跨平台、高扩展性等特点,可以轻松实现不同设备间的数据或应用的共享,还可以方便地与 ERP、CRM、商业智能(BI)等企业系统进行有机集成,为用户提供及时、高效、可定制的 GIS 服务。

MapGIS K9 SP3 为 2D、3D 一体化数据管理专家,其中三维地理信息平台,率先提出三维 GIS 服务理念,在行业中具有领先的技术优势,实现了丰富的三维建模方法,多样化的模型可视化表达,专业特色的三维分析应用以及 2D、3D 一体化的数据处理分析等功能。并通过整合 GIS、DEM、三维景观建模、三维地质构模、虚拟现实、数据库、网络通信等技术,实现了基于 C/S、B/S 结构的真三维地理空间实体的可视化分析、应用和服务,是真正的高空、地上、地表、地下全方位一体化真三维数据管理专家。

城市地质资料集群化管理与辅助决策解决方案以服务为中心、以行业需求为导向,基于 MapGIS K9 数据中心理念,利用 GIS、数据库、三维可视化等技术,实现对海量多源异构的地质资料和数据统一存储和共享管理,提供丰富的三维地质建模和多维空间分析功能,构建面向城市地质的数据集成服务与分析应用的开放式平台。

1. 主要特点

(1)强大的兼容性:系统能够很方便地与行业主流软件平台衔接,获取地调单位、勘察部门已有的专题数据库,能够容纳或转换地调行业各种主流的数据格式。

(2)层次化集群管理:对城市地质整合收集的数据,按照地质专业分专题(基础地质、工程地质)、多尺度进行管理,实现数据的层次化管理,并可根据用户需求进行自定义扩展。

(3)真三维一体化展现:以三维地球的形式实现城市地质资料的集群化管理与成果的地上、地表、地下一体化展现。

(4)多专业分析工具:以地质行业业务主流程为导向,进行面向各地质专业的应用服务,分专题建立地质应用产品体系,提供丰富的数据建模和多维空间分析功能,为政府部门进行辅助决策提供依据。

(5)Web(在线)地质资料智能服务:通过城市地质资料的网络发布、智能搜索与专业服务,探索城市地质资料的产业化服务模式。

2. 主要功能

(1)地质数据录入、导入、配置管理、钻孔标准地层生成与编辑工具、地质数据资料整合和管理。

(2)数据查询检索,多专业钻孔柱状图、剖面图生成与编辑,平面图、统计图、等值线图生成与编辑,综合图排版与编辑,专业报表输出。

(3)钻孔实体建模(支持直孔和斜孔)、含标准层的多源数据耦合的层状地质体建模、多约束下的复杂地质体交互式建模、基于平行剖面的复杂地质体交互建模、三维模型切割分析、隧道开挖与漫游。

(4)地质专业计算工具,地质专业评价模型构建与评价分析。

(5)大规模曲面全自动建模及动态预演;海岸带变迁模拟;地质参数属性体建模、可视化及分析。

(6)地质资料元数据的发布与检索,地质资料多级智能搜索,三维地质模型网络发布,综合地质资料检索、浏览和下载,地质专业成图,动态新闻管理。

(7)基于Web的地质资料智能服务,通过地质资料的网络发布、智能搜索与专业服务,探索地质资料的产业化服务模式。

(三)软件平台功能结构

武汉城市地质数据库和信息管理服务系统按照软件的功能角度进行划分可将整个系统划分为3个层次体系,即数据管理与维护子系统、分析评价与三维可视化建模子系统、城市地质信息Web发布子系统。以下具体介绍各个子系统的功能。

1. 数据管理与维护子系统

城市地质数据管理与维护系统所承载的应用功能是对城市地质中相应数据的管理,面向数据管理维护人员提供基础地理空间数据、各专题属性数据、成果图件、文档资料等各类资料的数据库管理维护及操作监测。

城市地质数据管理与维护系统主要包括用户表管理、数据维护、专业方案管理、标准地层编辑、权限管理、高级查询、系统日志等功能。具体包括数据字典管理、用户表管理、数据录入、数据导入、文档资料导入、专业方案配置、标准地层的生成与编辑、文档资料的上传、设置文档资料的属性、文档资料属性的批量导入、文档资料的检索、权限管理、配置属性表、系统环境设置、系统日志生成与维护等。

数据管理与维护子系统主要由菜单栏、工具栏、专业树管理控制图层树、专业数据管理窗口、表文档视图窗口组成。菜单栏包括系统所具有的各种主要功能按键选项;工具栏包括字典管理、用户表定制、专业配置、数据导入、数据录入、文档上传、文档关联、高级查询、权限管理等功能的快捷键;专业树管理着基础数据,包括城市地质各专业的数据;专业数据管理视图窗口显示各专业的数据表和文档资料目录等,用户还可以切换到表文档视图窗口查看打开表或文档的详细信息。

2. 分析评价与三维可视化建模子系统

基于3D GIS的城市地质数据分析,通过三维可视化方式模拟与表达城市地质体和地质现象,是一种对传统的二维地质信息表达的补充和扩展,便于地学工作者或非专业人员分析地质体的空间展布规律,观察地质现象的发生变化,尤其是通过视点的变化,可以从不同的角度观察地质体的空间展布,在三维环境下进行城市地质信息的可视化探析。

为建立研究区各种三维地质模型,系统必须根据各种模型的特点开发合适的三维数据结构,选用适当的建模方法建立各种复杂的模型。其中,三维数据格式选择的前提条件主要有两点:一是能满足模型空间分析的需要;二是能够在现有地质数据获取情况下尽量精确刻画复杂的地质结构。

基于3D GIS的城市地质分析应用以反映地质体边界及特征的数据(主要是钻孔、剖面等数据)为基础数据,模拟地质体的表面形态特征和内部结构特征,动态地进行地质体的空间形态和结构分析。这一过程是一个将3D GIS所具有的空间数据输入、处理及三维构模、显示、分析等功能与城市地质可视化要求相结合可视工作流程,包括多源数据准备、多源数据预处理、三维构模、可视化探析几个主要步骤。依据数据源和所建立模型不同,这一步骤又包含许多微流程,一些流程可自动完成数据处理和建模过程,另外一些流程则需要人工交互完成数据处理和建模过程。

三维地质模型的建立可采用"预建模型"方式,也就是说采用自动/半自动的方式逐步建立各三维地质模型,并把这种结果保存起来,作为今后运行、显示的模型数据。各种三维地质结构模型均要求能与平面二维要素进行一体化展示和交互分析。系统可重建地下地质体三维空间形态及其组合关系,实现地下复杂空间结构与关系的分析和过程的虚拟再现,可基于地质体三维结构模型进行任意切割、开挖、虚拟钻探等可视化模拟,提供包括体积、面积、距离、深度、压缩性、承载力等三维量算功能,并可利用空间分析与数据挖掘技术实现复杂工程地质问题的计算评价研究。

3. 城市地质信息 Web 发布子系统

Web 发布子系统运行于 B/S 环境，在实际操作中可以划分为内部数据共享和社会化数据信息服务两个层次。通过用户授权方式实现不同用户服务的差异性。省自然资源厅、市自然资源局等政府机构可以共享系统原始数据、基础数据等资料及所有信息处理服务，社会化用户可以共享综合成果、信息处理服务和数据订购服务。

为了便于指导用户方便快捷地浏览信息，在系统首页对每个功能操作都给出详细的操作流程，对操作过程中将输入的每个参数也给出详细的说明并初始化为最佳值。同时在每一步操作时都以向导的形式提供在线帮助和指导。

1）地质信息动态发布

（1）新闻发布。发布与地质有关的新闻、公告，供广域网用户浏览。

（2）法律法规信息发布。发布与地质有关的国家、地方的法律、法规，供广域网用户查询、浏览。

（3）政策文件信息发布。发布与地质有关的国家、地方政策文件，供广域网用户查询、浏览。

（4）标准规范信息发布。发布与地质有关的国家、行业、地方标准规范，供广域网用户查询、浏览。

（5）借阅办法信息发布。发布地质相关资料借阅办法，供广域网用户查询、浏览。

（6）通报通告信息发布。发布与地质有关的通报通告，供广域网用户查询、浏览。

2）二维数据显示与查询

以数据目录树形式，提供对地理底图、遥感影像、地质图件、钻孔及地质灾害点位数据的组织管理与显示查询功能，具体包括如下。

（1）以目录树形式对专业数据进行组织与管理。提供基础地理空间数据及基础地质、工程地质、水文地质、第四纪地质、地质灾害等多专业数据的树目录列表形式的组织功能。

（2）地理底图数据浏览显示。提供不同时期、不同比例尺地理底图数据显示功能及放大、缩小、移动、更新、复位等浏览功能。

（3）遥感影像数据浏览显示。提供不同时期遥感数据显示及放大、缩小、移动、更新、复位等浏览功能。

（4）专题图件浏览显示。提供基础地质、水文地质等专业平面地质图的显示及放大、缩小、移动、更新、复位等浏览功能。

（5）钻孔点位显示。提供基岩地质、工程地质、第四纪地质、水文地质专业点位与地理底图、遥感影像的叠加显示功能。

（6）地质灾害点显示。提供滑坡、崩塌、泥石流、塌陷等地质灾害点与地理底图、遥感影像数据的叠加显示功能。

（7）钻孔点信息查询。钻孔点的基本信息查询，包括拉框、点击等查询方式；基于基本信息，可链接查询钻孔分层信息；基于分层信息，可链接查询到钻孔实物信息（包括实物资料与实物照片等）。有下载权限的用户还可将查询结果下载到本地。

（8）地质灾害点基本信息查询。地质灾害点的基本信息查询，包括拉框、点击等查询方式。有下载权限的用户还可将查询结果下载到本地。

（9）地图图元属性查询。在图上查询图元属性，提供的查询方式包括点击、拉框、画圆。

（10）钻孔柱状图查看。选定钻孔，系统按照默认模板自动生成钻孔柱状图并进行显示。

3）三维模型显示与分析

选定查询区域和模型专业，系统自动提取该区域内已建立的三维地质结构模型，下载到客户端，从而进行显示及分析。主要功能如下。

（1）三维模型显示。在客户端三维场景中显示下载到客户端的地形模型、基岩地质模型、地层模型等。

(2) 三维模型浏览。支持通过鼠标、键盘对模型进行放大、缩小、旋转、平移等三维模型浏览操作。

(3) 三维模型图形输出。能够当前场景以图像形式输出,包括图像输出和查看图像。

(4) 三维通用功能。能够显示包围盒、显示坐标网格、模型半透明显、设置网格颜色。

(5) 物体浏览。对选中的物体进行浏览,选择方式包括选择模型、选择坐标。

(6) 视频输出。对场景动态进行视频录制,按录制参数输出到指定路径。

(7) 爆炸效果。对场景进行爆炸效果模拟。包括爆炸整个场景、爆炸当前活动图层、复位场景、设置爆炸相关参数。

(8) 距离量测。可以量测 3 种距离、量测地形高度。

(9) 地形剖面图。通过编辑路径对地形进行地形剖切,将剖面图显示在 UI 界面中。

(10) 日照分析。进行日照模拟。

(11) 路径漫游。包括路径编辑和路径漫游。路径编辑可以在三维视图中编辑漫游路径,设置漫游相关参数。路径漫游可以对编辑好的路径进行漫游显示,通过 UI 界面可以控制漫游进度。

4) 三维模型属性查询

三维模型属性查询如下。

(1) 查询地层属性。在三维场景中通过鼠标点击方式查询三维结构模型中的地层基本信息。

(2) 查询钻孔信息。在三维场景中通过鼠标点击方式查询钻孔信息,查询结果的显示方式与基础数据查询功能中查询钻孔信息功能相同。

5) 综合研究成果资料检索

综合研究成果资料检索功能如下。

(1) 资料浏览。以列表方式显示综合研究成果资料,包括相应专题图、成果图件、三维模型、多媒体资料等的基本信息,点击某一资料基本信息可查看资料目录信息。

(2) 资料检索。选择或输入查询条件,系统查找符合条件的资料目录并以列表形式显示,授权用户还可进一步查询资料详细信息。

(3) 资料查看下载。授权用户可查目录检索查询到的资料全文或进行资料下载。

6) 后台数据维护

供系统管理员配置数据目录、用户权限及设置系统信息。

(1) 通过图层管理。可以创建和维护管理数据查询及三维地质信息服务中使用的数据树,包括基本树创建、删除数据层,创建、删除、修改树节点及节点与数据关联等。

(2) 用户权限管理。属于系统后台管理功能,是从保障系统安全的角度出发,对系统的数据及功能进行管理的工具。用户权限管理从用户和角色两级进行管理,包括添加、删除用户,设定用户角色以及相应数据或功能访问权限。用户访问系统必须首先登录,通过用户口令认证,然后根据角色访问数据、使用系统功能。

(3) 动态信息管理。可以添加、删除、修改新闻、公告、法律法规、政策文件、标准规范、借阅办法、通报通告等动态发布信息的文本信息,上传相关文件等。

(4) 地质资料管理。可以添加、删除、修改地质资料目录信息,上传地质资料文件。

三、三维地质结构模型构建

三维地质模型构建必须满足符合精度要求,且尽可能反映实际地质情况,这样才有可能进行可视化、空间分析和专业应用等。由于城市三维地质建模因数据源来源广、建模专业多样、建模目标不一,很难形成一套统一的数据建模方法。如何使建模方法有新的突破、如何使专家知识能更好地融入建模过程，这些问题都是建模的重难点，需要重点考虑。

1. 建模方法的选择

由于武汉地质条件复杂，构造发育，钻孔自动建模和分区图建模方法不能满足武汉地区三维建模的要求，故最后选择分块交互式的建模方法来构建武汉地区基础地质模型。

2. 三维地质建模数据准备

此次建模过程中运用的数据主要包括等高线（等值线）、钻孔、第四纪地质图、基岩地质图、地质剖面图、地质构造图等。根据勘察数据，等高线数据的收集主要是以地形测量为主，同时与前人收集的钻孔数据通过 MapGIS 6.7 进行插值最后修正得来；钻孔数据则是近十几年来武汉地区中的各种类型的钻孔资料，项目组共收集的武汉地区钻孔大概有 20 000 多个，能利用的有用孔 4 000 多个；地质图、第四系地质图、基岩地质图等主要是通过区域地质调查工作进行编制；地质剖面图是对相应工作区的地质图进行图切，然后根据钻孔资料、地面补充调查和某些区域的实测最后生成的。对于二维地质基岩面以下的部分钻孔资料无法揭露的地层则主要依靠地质工作者的推断。剖面图中的分层标准主要参考武汉地区地质构造的标准划分而成。

1）钻孔数据

在地质建模中，钻孔数据是最有价值的数据，经过严格约束后可将钻孔数据利用率提高。对于收集武汉地区的各类钻孔资料，需按一定要求进行标准化工作。经过标准化后的钻孔数据，对应在数据库中的表为钻孔基本信息表、钻孔分层信息表和标准地层表。其他约束数据包括建模范围（.wp 格式）、模型表面贴的遥感影像（.msi 格式）。

钻孔数据的标准化主要是针对钻孔地层数据的标准化处理。处理的内容包括按照统一的编码规范对钻孔地层进行编码和分层编码，确定钻孔数据的属性结构等。

钻孔数据作为三维地质建模数据源的一种，在整个结构建模中，主要使用钻孔的基本信息和分层信息，以属性数据库为主，也可以采用文本、Excel 等格式，如表 6-2-1 为工作区钻孔标准化整理资料。这些格式的数据可通过执行 sql 语句或采用数据获取插件，最终得到钻孔的建模数据源。

表 6-2-1 工作区钻孔标准化整理表

钻孔 ID	分层编码	顶板埋深/m	底板埋深/m	岩性名称	岩性描述
1	Q^{ml}	0	1.4	杂填土	杂填土：杂色，湿—饱和，由黏性土与砖块、碎石、块石、片石、炉渣等建筑及生活垃圾混合而成
1	Qh^{al+pl}	1.4	9.6	黏土	黏土：褐黄色，饱和，可塑状态，含铁锰氧化铁。无摇振反应，切面光滑，干强度高，韧性高，中等偏高压缩性土
1	Qh^{al+pl}	9.6	11.2	粉质黏土夹粉土	粉质黏土夹粉土：灰黄色，饱和，粉质黏土以软塑为主，局部可塑状态。粉土成稍密—中密状态，中等偏高压缩性土
1	Qh^{al+pl}	11.2	15.0	粉砂夹粉土、粉质黏土	粉砂夹粉土、粉质黏土：灰褐色，饱和，粉质黏土呈软塑—可塑状态。粉土、粉砂呈稍密—中密状态，中等偏高压缩性土

续表 6-2-1

钻孔 ID	分层编码	顶板埋深/m	底板埋深/m	岩性名称	岩性描述
1	Qh^{al+pl}	15.0	21.9	粉细砂	粉细砂:青灰色,饱和,稍密—中密状态。含云母片、长石、石英等矿物,局部夹细密状薄层粉土。中等压缩性土
1	Qh^{al+pl}	21.9	32.6	细砂	细砂:青灰色,饱和,中密状态。含云母、长石、石英等矿物,中等偏低压缩性土
1	Qh^{al+pl}	32.6	43.9	细砂	细砂:青灰色,饱和,中密—密实状态。主要矿物成分为云母、长石、石英。局部夹薄层黏土(呈透镜体分布),低压缩性土
1	Qh^{al+pl}	43.9	50.4	含砾中粗砂	含砾中粗砂:灰色—青灰色,饱和,中密—密实状态。主要矿物成分为云母、长石、石英,砾卵石含量5%～30%
1	K—E	50.4	57.8	强风化砂砾岩	强风化砂砾岩:灰绿色—褐红色,主要由砂岩、石英砂岩、硅质岩等岩屑组成,泥质、钙质胶结,具砂砾状结构,取芯困难
1	K—E	57.8	72.5	中风化砂砾岩	中风化砂砾岩:灰绿色—褐红色,主要由砂岩、石英砂岩、硅质岩等岩屑组成,泥质、钙质胶结。具砂砾状结构,岩芯呈柱状
2	Q^{ml}	0	3.5	杂填土	杂填土:杂色,湿—饱和,由黏土与砖块、碎石、块石、片石、炉渣等建筑及生活垃圾混合而成
2	Qh^{al+pl}	3.5	5.3	黏土	黏土:褐黄色,饱和,软塑—可塑状态。含铁锰氧化铁。无摇振反应,切面光滑,干强度高,韧性高。中等偏高压缩性土
2	Qh^{al+pl}	5.3	9.5	黏土	黏土:褐黄色,饱和,可塑状态。含铁锰氧化铁。无摇振反应,切面光滑,干强度高,韧性高。中等偏高压缩性土
2	Qh^{al+pl}	9.5	12.5	粉质黏土夹粉土	粉质黏土夹粉土:灰黄色,饱和。粉质,粉质黏土以软塑为主,局部可塑状态,粉土成稍密—中密状态。中等偏高压缩性土
2	Qh^{al+pl}	12.5	15.6	粉砂夹粉土、粉质黏土	粉砂夹粉土、粉质黏土:灰褐色,饱和。粉质黏土呈软塑—可塑状态。粉土、粉砂呈稍密—中密状态。中等偏高压缩性土
2	Qh^{al+pl}	15.6	22.7	粉细砂	粉细砂:青灰色,饱和,稍密—中密状态。含云母片、长石、石英等矿物,局部夹细密状薄层粉土。中等压缩性土
2	Qh^{al+pl}	22.7	32.1	细砂	细砂:青灰色,饱和,中密状态。含云母片、长石、石英等矿物。中等偏低压缩性土
2	Qh^{al+pl}	32.1	42.6	细砂	细砂:青灰色,饱和,中密—密实状态。主要矿物成分为云母、长石、石英。局部夹薄层黏土(呈透镜体分布),低压缩性土
2	Qh^{al+pl}	42.6	47.5	含砾中粗砂	含砾中粗砂:灰色—青灰色,饱和,中密—密实状态。主要矿物成分为云母、长石、石英,砾卵石含量5%～30%

续表 6-2-1

钻孔 ID	分层编码	顶板埋深/m	底板埋深/m	岩性名称	岩性描述
2	K—E	47.5	60.3	强风化砂砾岩	强风化砂砾岩:灰绿色—褐红色,主要由砂岩、石英砂岩、硅质岩等岩屑组成,泥质、钙质胶结。具砂砾状结构,取芯困难
2	K—E	60.3	71.5	中风化砂砾岩	中风化砂砾岩:灰绿色—褐红色,主要由砂岩、石英砂岩、硅质岩等岩屑组成,泥质、钙质胶结,具砂砾状结构,岩芯呈柱状

2)地质剖面数据

剖面数据主要包括钻孔剖面和物探剖面。两种剖面数据表达的精度差别较大,但建模的基本思路差不多。剖面数据主要包括钻孔的轨迹线文件和地层区文件。钻孔轨迹线文件和地层区文件都含有一定的属性结构。

根据1∶5万城市三维地质建模的精度要求,采用横纵交叉剖面,剖面间距采用5km×5km。同时考虑建模工作是按1∶5万图幅范围分幅构建的,故地质剖面也是分幅进行构建。图6-2-1至图6-2-5为构建武汉地区三维地质模型所制作的不同图幅范围内的地质剖面数据。

图 6-2-1　1∶5万汉阳幅基础地质剖面

图 6-2-2　1∶5万金口镇幅基础地质剖面

图 6-2-3　1∶5万武昌幅基础地质剖面

图 6-2-4　1∶5万武汉市幅基础地质剖面

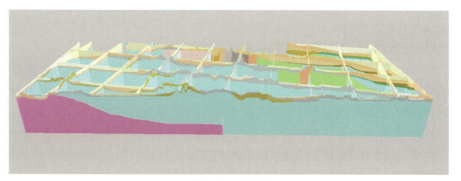

图 6-2-5　1∶5万横店镇幅、茅庙集幅基础地质剖面

3)地层等值线数据

地层等值线数据是反映地层面在空间起伏形态的数据,它主要由两部分构成,即二维矢量线和线的高程属性。地层等值线可以是地质专业人员手绘而成,也可是通过钻孔进行插值而成。在建模过程中,地层等值线并不作为强约束数据,即在构建三角网时不一定强制经过等值线上的坐标点。图6-2-6为工作区部分区域地表等高线数据。

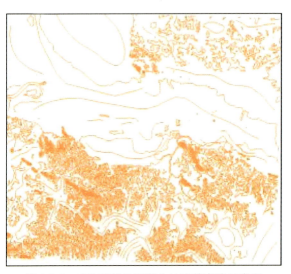

图6-2-6 工作区某地区部分地表等高线示意图

此次建模过程中,运用的等值线数据包括地表等高线、基岩等高线、第四系水文地质模型中分层的等值线等,利用这些带高程的等值线数据,导入MapGIS K9系统,可生成各地层的DEM面,即三维视图中看到的地表面、基岩面等。

4)地质图数据

地质图数据的准备有以下两种方式。

第一种方式是利用专业地质人员绘制地质图件的方式准备数据,这种数据是进行三维地质结构建模所使用的主要数据源。通过观察平面地质图,可以看出该区的地层是如何出露的、地层层序是如何建立的,新老地层的分布规则及产状要素、区内褶皱形态及轴向以及断层发育状况如何确定等。同时分析研究区的断层性质时,也可根据平面地质图数据对断层面产状进行判定、对两盘相对位移进行判定、对断距的测定和断层时代进行确定,还可将平面地质图上提取的等值线数据对断层盘线上的点进行插值,得到具有高程值的断层盘线,使用提取出的这两种数据源进行断层约束下的地层面建模。

第二种地质图数据准备方式是利用文本文件准备数据。如需建立复杂的地质结构模型,可利用地震解释结果数据。它主要包括地层离散点数据、地层上的断层线数据等。这些数据可以是地震解释软件生成的文件,也可以是从构造图扫描后采集得到的数据。

对于武汉市城市地质三维地质建模,需准备的地质图件主要包括武汉地区地质图、武汉地区第四系地质图、武汉地区基础地质图和武汉地区地质构造图等。

5)多源数据的融合与一致性检查

构建三维地质模型所需的主要数据源包括了钻孔数据、剖面数据、地层等值线数据和地质图数据等。这些数据不仅种类繁多,而且会在地质工作者不断地对地质认识加深的基础上进行修正和增加,三维地质多源数据的融合就是解决地质建模数据源多而杂的关键。通过将所有的数据源标准化后,可将这些数据重新划分成具有两大要素的形式,即地质点要素和地质线要素。同时记录每种地质要素的来源,在进行复杂地质面构网时,快速自动搜索具有相同某种地层属性和空间区域条件的数据源,进行点线约束的曲面构网。

将多源数据融合后需要对它们进行一致性检查,主要包括各种数据源的一致性处理和交叉剖面的一致性检查。由于多种数据的精度、特点都不同,且不同的地质人员在不同时期绘制的成果也不尽相同,融合在一起后都会出现各种不吻合的现象,所以需要在建模前进行一致性检查。因为钻孔数据更可信,可以将钻孔数据和因钻孔生成的剖面数据制成基本控制框架,调整其他数据源。

对于交叉剖面一致性检查主要是因为交叉剖面可能会因为剖面相交处地层线或地层区没有套合,导致同一地层在交叉处有不同的高程值(图 6-2-7)。这些一致性检查是建模前必须要校正和调整的,可以通过以下方法来检查:首先通过自己选定剖面线和交点高程值来判断该剖面线首尾点的坐标是否和交点坐标相同,将相等坐标的弧段记录下来,如果一个剖面中交点的出现次数大于或等于3,说明在该点上有地层尖灭线经过,该高程值有效;否则将该弧段从记录中去除。对两个剖面都以此类推,得到两个弧段信息记录表。其次要对剖面地层属性和高程进行校正,可以利用取算术平均值法、替代法和分别调整法来进行高程的校正。

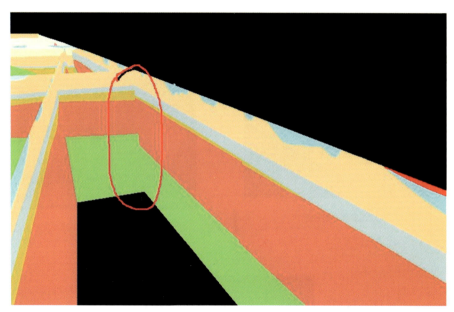

图 6-2-7　剖面交叉处不一致图

3. 地质体的构建

根据武汉地区地质条件复杂性以及三维地质建模的精度要求,武汉地区三维基础地质模型采用分块交互式建模方法。工作区范围为6个1:5万图幅,三维地质模型则是按图幅分别进行构造,然后将6个图幅的三维地质模型进行合并,生成武汉地区城市三维地质基础模型。对于三维地质模型的构建过程,下面以1:5万汉阳幅的三维基础地质模型的构建来进行论述。

地表地质图生成主要利用的数据是地质图界线、平面地质图、等高线,最终进行多层DEM面的生成,完成了带高程的地表地质图(第四系地质图)的构建(图 6-2-8)。

再利用图 6-2-9 中的14条剖面将汉阳区分成了很多个小的单元格,利用"分而治之"的原则对每个单元格里面的面进行层层构建,即利用地表地质图上的线和剖面线,手动地对相同地层的地质线进行连接,并添加辅助线,然后线拓扑构面,最后得到整个区域的三维地质体模型。

图 6-2-10 为汉阳幅地表地质图,利用地表地质图上的地质线和湖泊调查后的湖泊深度,同时考虑交叉剖面上湖泊界线,构建出汉阳水系体,如图 6-2-11 所示。建完湖泊后,再建立汉阳区的第四系地质体,如图 6-2-12 所示。

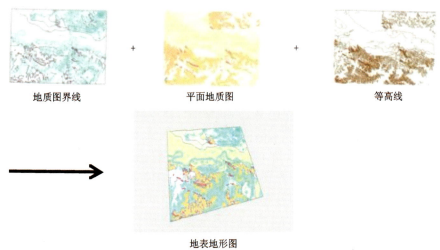

图 6-2-8　地表地形图建模数据源

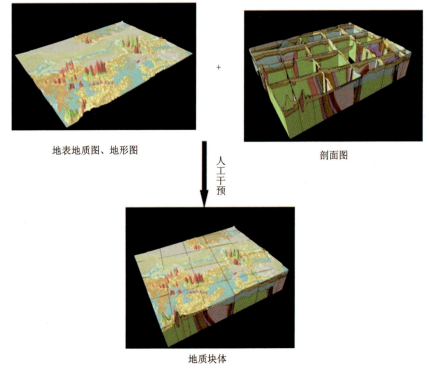

图 6-2-9　汉阳区三维地质体形成过程

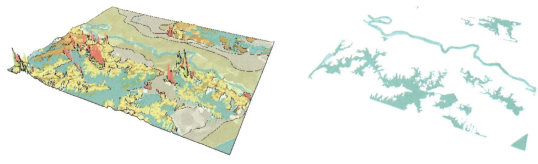

图 6-2-10　汉阳幅地表地质图　　　　　　图 6-2-11　汉阳幅水系体

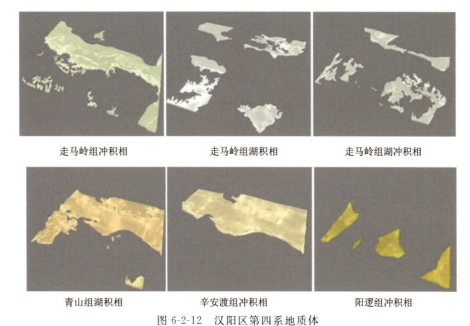

图 6-2-12 汉阳区第四系地质体

由于汉阳区含断层较多且岩溶发育,所以必须先建立断层面模型,再构建基岩面。如图 6-2-13 中红色的面即为断层面,此断层面边界与剖面上的断层线保持拓扑一致。然后依据断层面所在处,建立基岩的岩溶条带,保证岩溶条带在经过断层面处断开,如图 6-2-14 至图 6-2-19 所示。

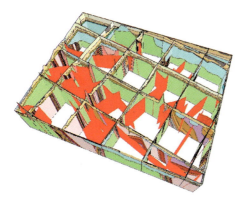
图 6-2-13 汉阳幅断层面与剖面图

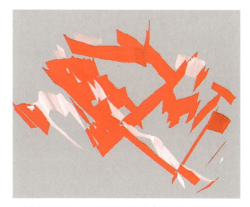
图 6-2-14 汉阳幅三叠系大冶组与断层面

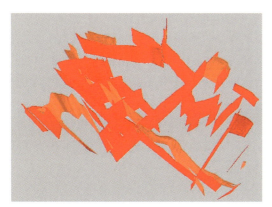
图 6-2-15 汉阳幅二叠系大隆组与断层面

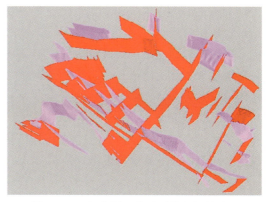
图 6-2-16 汉阳幅二叠系孤峰组与断层面

图 6-2-17　汉阳幅石炭系黄龙组与断层面图　　　图 6-2-18　汉阳幅泥盆系黄家蹬组与断层面

最终利用上述建立的面模型，缝合形成汉阳区地质体模型，如图 6-2-19 所示。由于是分区块建模，所以可通过图 6-2-20 中所展示的，对交叉剖面分成的区域地质体进行分块展示，方便查询和演示。

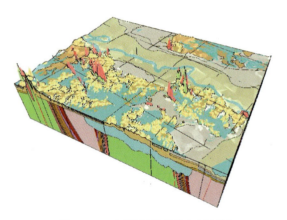

图 6-2-19　汉阳幅地质体与剖面图　　　图 6-2-20　交叉剖面分块地质体

通过将分块交互式建模法应用到汉阳区地质模型的构建中，佐证了此方法对于复杂地质体模型处理的优越性，得出的结论：对于区域面积较大，且第四系覆盖广泛，岩溶发育、断层和基岩出露较多的地区，可利用分块交互式建模法。因此，此法对于断层等复杂地质体模型的处理更精细，适用于建模精度要求高的建模项目。

4. 地质体的建模成果

通过上述建模流程，可以分别构建不同图幅的第四系和基岩地质模型，然后合并成整个工作区的城市三维基础地质模型。由于第四系地层较薄，且建模厚度约 200m，而模型的宽度和长度则为几十千米，为了更形象地展示武汉地区三维地质模型，将模型显示比例设为 $x:y:z=1:1:30$，即纵向上放大 30 倍显示。

1）第四系模型成果

图 6-2-21 至图 6-2-26 分别为工作区不同图幅的第四系三维地质模型，将不同图幅合并后可形成整个武汉地区的第四系三维地质模型（图 6-2-27）。

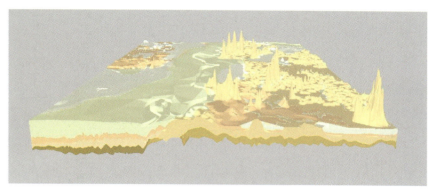

图 6-2-21　汉阳幅第四系三维地质模型

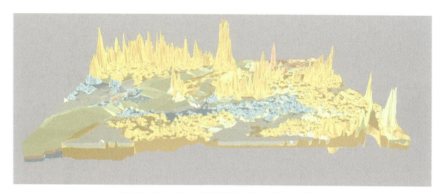

图 6-2-22　金口镇幅第四系三维地质模型

图 6-2-23　武昌幅第四系三维地质模型

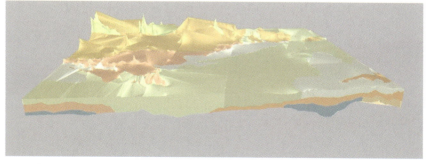

图 6-2-24　武汉市幅第四系三维地质模型

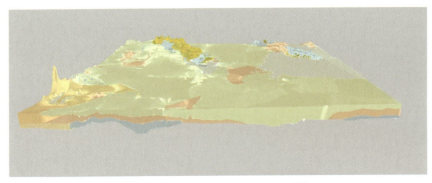

图 6-2-25　横店镇幅第四系三维地质模型

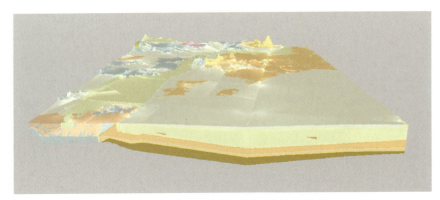

图 6-2-26　茅庙集幅第四系三维地质模型

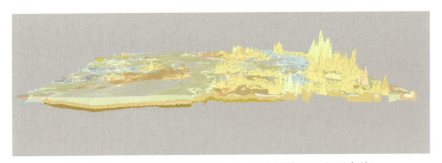

图 6-2-27　整个武汉地区的第四系三维地质模型（6 幅图合并）

2）基岩模型成果

图 6-2-28 至图 6-2-32 分别为工作区不同图幅的基岩三维地质模型，将不同图幅合并后可形成整个武汉地区的基岩三维地质模型（图 6-2-33）。

图 6-2-28　汉阳幅基岩三维地质模型

图 6-2-29 横店镇幅和茅庙集幅基岩三维地质模型

图 6-2-30 武汉市幅基岩三维地质模型

图 6-2-31 武昌幅基岩三维地质模型

图 6-2-32 金口镇幅基岩三维地质模型

图 6-2-33　整个武汉地区的基岩三维地质模型（6 个图幅合并）

3）基础模型成果

将整个工作区的第四系三维地质模型和基岩三维地质模型进行合并，可得到整个工作区的基础三维地质模型，如图 6-2-34 所示。

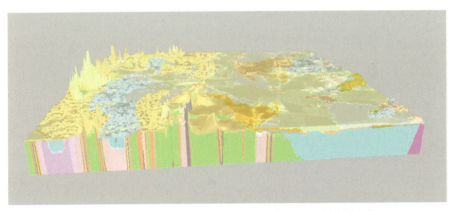

图 6-2-34　整个武汉地区的三维基础地质模型（6 个图幅合并）

综上，我们可以得出整个工作区工程地质模型和水文地质模型，分别如图 6-2-35 和图 6-2-36 所示。

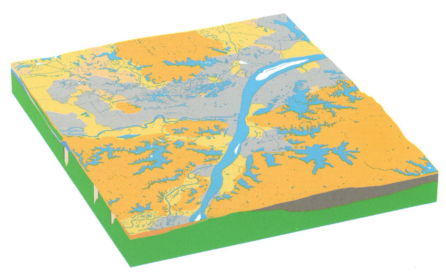

图 6-2-35　武汉地区工程地质模型

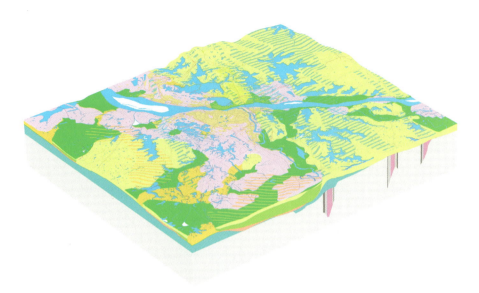

图 6-2-36　武汉地区水文地质模型

5. 三维模型的可视化

基于 MapGIS K9 的平台，对于已建立的模型可进行空间属性查询、参数查询，地质面和地质体的旋转、平移、缩放，地质体的剖切功能，三维场景展示，沿指定路线漫游，三维场景爆炸等操作。

四、三维地质模型分析

（一）三维场景设置

（1）设置模型的透明度。设置地质面、地质实体等地质单元的透明度，实现模型的半透明显示。

（2）设置场景显示属性。点、线、实体模式切换：为了方便用户从不同角度来分析模型，系统提供了点模式、线模式和实体模式之间灵活切换的功能。

模型漫游控制设置。模型漫游有两种方式：一种是手动方式，用户可以自定义键盘上的 4 个方向键控制漫游的前进、后退、左转和右转，如可设置 Home、End、Page Up 和 Page Down 键控制漫游视点的升高、降低、俯视和仰视；另一种是自动方式，即用户可以预先定义一条漫游路径，在需要漫游时直接播放即可。本系统提供了自动漫游功能，用户可事先编辑好漫游的各种参数（如路径、视点等），然后按照编辑好的路径进行自动漫游，起到自动演示的功能。

全屏显示设置：全屏技术是当前应用相当广泛的技术。通过该技术在进行各种系统演示时，在远距离的观看者也能够清晰明了地了解系统。例如景观系统在进行漫游操作时，全屏技术起到了很好的播放效果。

（3）灯光、材质、纹理等参数设置：设置灯光、材质等一系列场景显示参数，以增强场景的真实感。

（4）设置坐标轴、包围盒、图例、方向标等场景辅助对象的显示。

（二）三维场景交互

（1）三维窗口操作：支持鼠标和键盘两种操作方式进行模型放大（开窗放大）、缩小、旋转、实时平移操作。

(2) 路径漫游：提供漫游路径设计功能，允许用户输入规划的漫游路径及视角等参数，可根据用户路径和视角在场景中进行自动漫游。

(3) 三维交互定位功能：利用鼠标操作仿真定位球在三维空间中的移动，实时获取定位点处的三维坐标及地质属性。通过键盘操作定义定位点移动的方向，主要用于模型的精确定位操作。

(三) 三维模型通用拾取

三维模型拾取已经完成了对很多模型的拾取功能，只需用同一个操作功能菜单，即可完成对地层模型、钻孔模型、水文模型、属性模型及管线模型等的拾取查询操作。另外，对于切割后的模型、正在演示的隧道模型等都能进行拾取，并用列表的方式罗列出模型所带的属性，使得模型的拾取操作无处不在。

(四) 三维模型切割

支持对各类地质体进行平面剖切、水平剖切、斜切、折线垂直剖切及组合剖切等多种剖切方式。通过鼠标输入线、对话框输入坐标、读取线文件等方式生成剖切路径，然后沿着切割路径进行切割操作，可以将切割后的模型保存起来。图 6-2-37 为展示模型，即将进行剖切的位置；图 6-2-38 为模型剖切后形成的地质剖面。

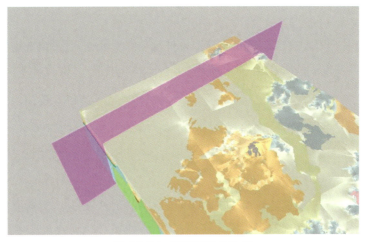

图 6-2-37　模型剖切的位置

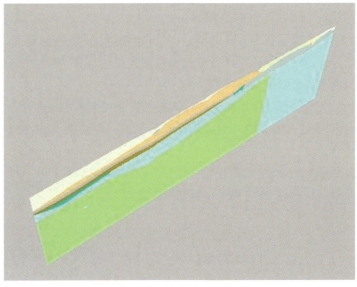

图 6-2-38　模型剖切后形成的地质剖面图

(五)三维模型爆炸显示

三维模型爆炸显示功能可实现将整个模型进行一次爆炸显示的过程,使得模型能够被充分地打散,便于用户了解地层里面的细节问题。系统设计了任意爆炸、整体爆炸、沿轴向爆炸 3 种方式。对爆炸的散开距离、爆炸的过程可用参数进行设置。图 6-2-39 为横店镇幅和茅庙集幅基础地质模型的爆炸显示。

图 6-2-39　横店镇幅和茅庙集幅基础地质模型爆炸图

(六)三维模型编辑

三维模型编辑功能提供给用户可以对模型进行自由的拖放以及旋转等操作,通过参数的设置也可以指定拖动以及旋转的方向,解决对某个创建在模型里面的对象不容易直观分析的缺点,将它拖放出来,放到一个容易观察的地方进行详细地分析。

(七)三维模型体积面积量算

三维模型体积面积量算功能提供了对地层模型的体积和面积进行量算的功能,通过选择需要量算的地层,可以清楚地知道自己关心的那几个地层的大小以及表面积等情况。

第三节　三维地质建模成果应用

一、地层的空间展布

通过三维地质模型,我们可以得到模型中任何地层的三维空间展布情况。图 6-3-1 为上更新统下蜀组的三维地质结构模型,图 6-3-2 为工作区分布最为广泛的志留系坟头组($S_1 f$)三维地质模型。通过某个地层的三维地质模型,可以清晰地了解该地层在工作区的分布情况。

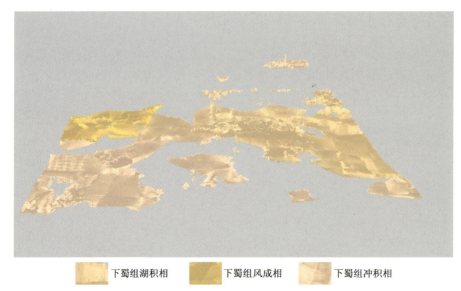

图 6-3-1　上更新统下蜀组三维地质结构模型

图 6-3-2　志留系坟头组（$S_1 f$）三维地质模型

二、服务于武汉地区岩溶灾害调查

武汉地区岩溶广泛发育，通过三维地质模型可以得到工作区灰岩地层的整体分布情况，从而为武汉地区的岩溶调查提供科学指导。图 6-3-3 为武汉地区岩溶发育广泛的地层——三叠系大冶组（$T_1 d$）的三维空间展布，从三维地质模型可以分析出该地层在武汉地区的总体空间展布情况。

三、为城市地下空间开发利用提供基础数据

城市地下空间开发在城市化进程中扮演着越来越重要的角色，精细化三维地质建模技术具有良好的直观性、立体性，以及更多的细节展示效果，为城市地下空间开发提供了良好的科学基础数据。

地下空间的开发利用与其所处的地质环境条件，如地质构造、地层岩性、水文地质条件、不良地质体

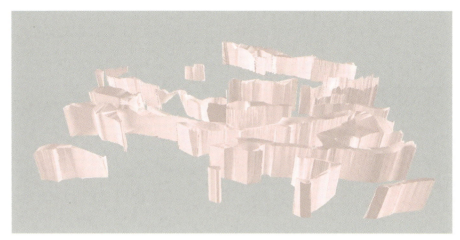

图 6-3-3　武汉地区三叠系大冶组(T_1d)灰岩三维地质模型

等密切相关,但由于地质环境条件往往具有较大的各向异性以及复杂性,缺乏对地质环境条件的深刻把控。目前勘察测绘技术的数据成果大多是以二维空间的形式来展示。这种二维空间的信息资料繁多,且缺乏整体性和连续性,很难直观且科学地展示实际的地质环境条件,这给城市地下空间的规划、设计、建设以及后期维护带来了相当大的困难。与传统的二维数据相比,精细化三维地质建模技术在数据整理上更具全局性、相关连续性以及动态性,在展示效果上更具直观性、立体性以及细节性,可为国土空间规划部门在地下空间开发利用工作中提供良好的技术支撑。

四、支撑服务于武汉地铁工程建设与管理

以建成的水文地质模型和工程地质模型为基础,为武汉地铁集团构建了地铁 2 号线三维地质模型(图 6-3-4 和图 6-3-5),为武汉地铁集团下一步开展 2 号线的监测与管理提供了更为直观的地质成果资料。

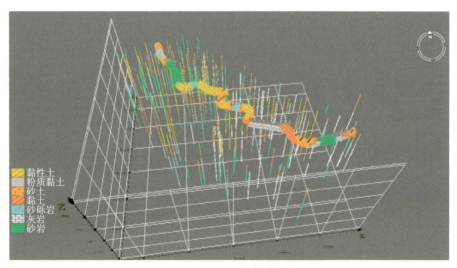

图 6-3-4　地铁 2 号线隧道截图

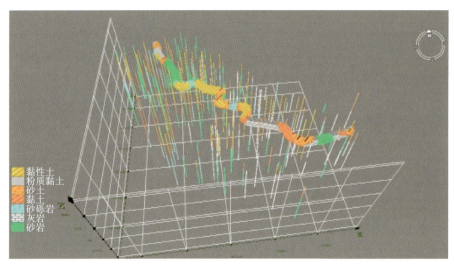

图 6-3-5 地铁 2 号线模型截图

主要参考文献

程光华,翟刚毅,庄育勋,等,2013.城市地质与城市可持续发展[M].北京:科学出版社.
程光华,翟刚毅,庄育勋,等,2013.中国城市地质调查工作指南[M].北京:科学出版社.
程光华,翟刚毅,庄育勋,等,2013.中国城市地质调查技术方法[M].北京:科学出版社.
程光华,翟刚毅,庄育勋,等,2014.中国城市地质调查成果与应用[M].北京:科学出版社.
储征伟,陈昕,韩文泉,等,2006.城市三维地理信息系统的建立、维护更新与应用[J].工程勘察(11):9-13.
崔丽娟,2001.湿地价值评价研究[M].北京:科学出版社.
邓健如,伍维周,秦志能,1991.武汉市第四纪地层的划分[J].湖北大学学报(自然科学版),13(2):178-183.
范翔,2016.城市综合管廊工程重要节点设计探讨[J].给水排水,42(1):117-122.
方家骅,2001.中国城市环境地质工作回顾和今后工作思考[J].火山地质与矿产,22(2):84-86.
甘义群,郭永龙,2004.武汉东湖富营养化现状分析及治理对策[J].长江流域资源与环境,13(3):278.
高亚峰,高亚伟,2007.我国城市地质调查研究现状及发展方向[J].城市地质,2(2):1-8.
高志,2012.国家地下水监测工程站网布设浅析[J].地下水,34(5):71-72.
葛双城,1999.21世纪城市地质工作的思考[J].浙江地质,15(2):54-59.
顾宝和,2006.城市地质环境与工程问题综合评述[J].工程地质学报,14(增刊):1-11.
郭海生,周衍龙,林彬,等,2007.武汉市地下工程的若干环境地质负效应[J].资源环境与工程(21):61-62.
韩文峰,李雪峰,宋畅,2006.城镇化与区域工程地质学发展机遇[J].工程地质学报,14(增刊):198-203.
胡爱华,2004.世界城市化的一般规律和我国的实践[J].经济问题探索(9):115-118.
蒋小珍,雷明堂,陈渊,等,2006.岩溶塌陷的光纤传感监测试验研究[J].水文地质工程地质,33(6):75-79.
鞠茂森,2015.关于海绵城市建设理念、技术和政策问题的思考[J].水利发展研究(3):7-10.
李广诚,2006.城市工程与地质评价研究现状与展望[J].工程地质学报,14(6):734-738.
李晓军,刘雨苈,2016.城市地下空间信息化模式探讨[J].地下空间与工程学报,12(6):1431-1438.
李瑜,朱平,雷明堂,等,2005.岩溶地面塌陷监测技术与方法[J].中国岩溶,24(2):103-108.
李正琪,田永富,2003.湖北省地质遗迹保护与开发研究报告[R].武汉:湖北省地质矿产信息研究所.
林晓,卢佳仪,田望学,等,2011.武汉东西湖区第四系钻孔的沉积环境及古气候变化[J].地质科技情报,30(3):33-40.
刘耀彬,陈红梅,2003.武汉市主城区湖泊发展的演变、问题和保护对策[J].湖北大学学报(自然科学版),25(2):163-167.

刘再华,WDIFGANG D,2007.岩溶作用动力学与环境[M].北京:地质出版社.

娄华君,王宏,夏车,等,2002.地质信息可视化的应用:城市环境地质研究之发展方向[J].中国地质,29(3):330-334.

马剑敏,成水平,贺锋,等,2009.武汉月湖水生植被重建的实践与启示[J].水生生物学报,33(2):222-229.

马韧,2012.我国地下水监测站网建设现状[J].农业与技术,3(5):20-22.

马霄汉,1989.湖北省武汉市区水文地质工程地质综合勘察报告[R].武汉:湖北省武汉水文地质工程地质大队.

宁国民,陈国金,徐绍宇,等,2006.武汉城市地下空间工程地质研究[J].水文地质工程地质(6):29-35.

宁龙梅,王学雷,吴后建,2005.武汉市湿地景观格局的变化与城市景观建设[J].兰州大学学报(自然科学版),41(3):6-9.

齐国凡,杨家驹,徐瑞瑚,等,2005.中国武汉被子植物化石木群[M].北京:科学出版社.

施伟忠,2001.开展城市环境地质工作为城市规划和建设服务[J].湖北地矿,15(3):20-27.

宋定,2014.PPP模式下公共管廊运营管理研究[D].北京:北京建筑大学.

宋文波,2016.北京市综合管廊规划建设现状及发展趋势[J].建筑机械(6):16-22.

谭术魁,邓健如,1995.武汉市区域地质稳定性评价[J].湖北大学学报(自然科学版),17(3):335-338.

谭仲池,2006.城市发展新论[M].北京:中国经济出版社.

唐川,2005.城市空发性地质灾害应急系统探讨[J].中国地质灾害与防治学报,16(3):104-110.

唐辉明,2006.地质环境与城市发展研究综述[J].工程地质学报,14(6):728-733.

童林旭,2005.地下空间与城市现代化发展[M].北京:中国建筑工业出版社.

汪东梅,2005.中国城市化问题研究[M].北京:中国经济出版社.

王爱平,杨建青,杨桂莲,等,2010.我国地下水监测现状分析与展望[J].水文,30(6):53-57.

王孔忠,2003.城市地质工作的需求与目标[J].地质通报,22(8):597-600.

王思敬,1996.中国城市发展中的地质环境问题[J].第四纪研究,15(2):115-118.

吴锡浩,徐和聆,蒋复初,等,1995.长江中下游地区网纹红土中撞击事件记录的首次发现与初步研究[J].地质地球化学,4:83-86.

武汉市水务局,2013.武汉湖泊志[M].武汉:长江出版传媒,湖北美术出版社.

向闹,刘苏,刘胜祥,2006.武汉市湿地分布现状调查与分析[J].湿地科学,4(2):155-160.

谢远云,王秋良,李长安,等,2004.湖泊沉积物粒度的气候指示意义:以江汉平原江陵剖面为例[J].地质科技情报,23(4):41-43.

熊晓亮,刘恒新,岑仰润,等,2016.城市地下综合管廊建设探讨[J].城市勘测(2):148-150.

许建聪,邱海容,2001.城市化进程中的环境地质问题[J].上海地质(S1):26-29.

薛林福,李庆文,张伟,等,2014.分块区域三维地质建模方法[J].吉林大学学报(地球科学版),44(6):2051-2058.

严学新,杨建刚,史玉金,等,2009.上海市三维地质结构调查主要方法、成果及其应用[J].上海地质,109:22-27.

杨东来,张永波,王新春,等,2007.地质体三维建模方法与技术指南[M].北京:地质出版社.

杨勇,李长安,胡思辉,等,2008.武汉青山"砂山"粒度特征及其成因指示[J].沉积学报,26(3):487-493.

张洪涛,2003.城市地质工作:国家经济建设和社会发展的重要支撑[J].地质通报,22(8):549-550.

张丽君,2001.国际城市地质工作的主要态势[J].国土资源情报(6):1-13.

张书函,2015.基于城市雨洪资源综合利用的"海绵城市"建设[J].建设科技(1):26-28.

张水元,刘衢霞,黄耀桐,1984.武汉东湖营养物质的主要来源[J].海洋与湖沼,15(3):203-213.

张旺,庞靖鹏,2014.海绵城市建设应作为新时期城市治水的重要内容[J].水利发展研究(9):5-7.

张毅,邓宏兵,2005.武汉市城市湖泊演化及开发利用初探[J].华中师范大学学报(自然科学版),39(4):559-563.

赵其国,杨浩,1995.中国南方红土与第四纪环境变迁的初步探讨[J].第四纪研究,2:107-116.

郑坤,侯卫生,刘修国,2006.城市三维地质调查数据库[J].中国地质大学学报(地球科学报),31(5):678-682.

郑翔,吴志春,张洋洋,等,2013.国外三维地质填图的新进展[J].东华理工大学学报(社会科学版),32(3):397-402.

朱合华,王长虹,李晓军,等,2007.数字地下空间与工程数据库模型建设[J].岩土工程学报,29(7):1098-1102.

庄育勋,杜子国,李有枝,2002.支撑城市可持续发展的地质调查工作[R].北京:中国地质调查局.

ALLWINKLE S,CRUICKSHANK P,2011. Creating smarter cities:anoverview[J]. Journal of Urban Technology,18(2):1-16.

BELANGER J R,2000. The use value of urban geology in Canada:a case study in National Capital Region[J]. Geoscience Canada,26(3):121-130.

BERGER A R,1998. Environmental change, geoindicators, and the autonomy of nature[J]. Gsa Today,8(1):3-8.

BIRKE M,RAUCH U,2000. Urban geochemistry:investigation in the Berlin Metropolitan area [J]. Environmental Geochemistry and Health,22(3):233-248.

CHANDLER R J,QUINN P M,BEAUMONT A J,et al.,2006. Combining the power of AGS and XML:AGSML the data format for the future[J]. Geo. Congress(187):1-6.

DON V R,1996. Sustainable development and the use of underground space[J]. Tunnelling and Underground Space Technology,11(4):383-390.

FICKEN K J,LI B,SWAIN D L,et al.,2000. An n-alkane proxy for thesedimentary input of submerged/floating freshwater aquatic macrophytes[J]. Organic Geochemistry,31(7/8):745-749.

FOLK R L,WARD W C,1957. Brazos River bar:a study in the significance of grain size parameters[J]. Journal of Sedimentary Petrology,27(1):3-26.

LI Z L,2004. Multi-dimensional geospatial technology for geosciences[J]. Computers&Geosciences,30(4):321-323.

MOHAMEDL A M O,RAYMOND N Y,1995. Contaminant migration in engineered clay barriers due to heat and moisturere distribution under freezing conditions[J]. Can. Geotech.,32:40-59.

STYLER M,HOIT M,MCVAY M,2007. Deep foundation data capabilities of the Data Interchange for Geotechnical and Geoenvironmental Specialists(DIGGS) Mark-up Language[J]. Electronic Journal of Geotechnical Engineering,3(2):102-110.

TEGTMEIER W,ZLATANOVA S,VAN OOSTEROM P J M,et al.,2014. 3D-GEM:Geo-technical extension towards an integrated 3D information model for infrastructural development[J]. Computers and Geosciences,64(3):126-135.

TOLL D G,CUBITT A C,2003. Representing geotechnical entitieson the World Wide Web[J]. Advances in Engineering Software,34(11-12):729-736.